中国石油勘探开发研究院出版物

非洲古生代卡鲁盆地群石油地质特征

FEIZHOU GUSHENGDAI KALU PENDIQUN
SHIYOU DIZHI TEZHENG

马 峰 史忠生 陈彬滔 杨 丽 王 霆 ◎等编著

图书在版编目(CIP)数据

非洲古生代卡鲁盆地群石油地质特征/马峰等编著. —武汉:中国地质大学出版社,2024.11. —
ISBN 978-7-5625-6043-2

Ⅰ. P618.130.206.4

中国国家版本馆 CIP 数据核字第 2024JY0718 号

非洲古生代卡鲁盆地群石油地质特征	马　峰　史忠生　陈彬滔	等编著
	杨　丽　王　霆	

责任编辑:周　旭　王凤林　　　　选题策划:王凤林　　　　　　　　责任校对:徐蕾蕾

出版发行:中国地质大学出版社(武汉市洪山区鲁磨路388号)	邮编:430074
电　话:(027)67883511　　　传　真:(027)67883580	E-mail:cbb@cug.edu.cn
经　销:全国新华书店	http://cugp.cug.edu.cn

开本:787mm×1092mm　1/16	字数:301千字　印张:11.75
版次:2025年4月第1版	印次:2025年4月第1次印刷
印刷:广东虎彩云印刷有限公司	

ISBN 978-7-5625-6043-2	定价:128.00元

如有印装质量问题请与印刷厂联系调换

《非洲古生代卡鲁盆地群石油地质特征》编著者

马　峰　史忠生　陈彬滔　杨　丽
王　霆　薛　罗　郑　茜　马　轮
肖七林　何长荣　张　斌　徐　飞
宋　浩　胡　佳　代寒松　林道茂

前 言 PREFACE

非洲大陆主体位于东半球的西南部,地跨赤道南北,西北部伸入西半球,东濒印度洋,西临大西洋,北隔地中海和直布罗陀海峡与欧洲相望,东北隅以狭长的红海和苏伊士运河与亚洲相隔,大陆东至哈丰角(东经51°23′,北纬10°26′),南至厄加勒斯角(东经20°00′,南纬34°49′),西至佛得角(西经17°33′,北纬14°45′),北至吉兰角(本赛卡角)(东经9°50′,北纬37°21′)。非洲陆地面积约$3020×10^4 km^2$(包括附近岛屿),约占世界陆地总面积的20.2%,仅次于亚洲,为世界第二大洲。非洲拥有丰富的油气资源,在全球能源格局中占据着重要地位。非洲是世界八大产油区之一。截至2022年,非洲已探明石油储量约1250亿桶①。近年来,随着深水勘探技术的运用和几内亚湾地区新油田的发现,非洲地区的石油储量不断增加。非洲的天然气资源也较为丰富,大约占全球总储量的7.1%。随着坦桑尼亚和莫桑比克发现巨额天然气储量,东非已成为近期非洲最具活力的天然气开发前沿。

卡鲁盆地群是含有卡鲁超群沉积物的沉积盆地群,非洲古生代最大的沉积盆地主要分布在非洲的中南部,约占非洲现有陆地面积的2/3(图0-1)。"卡鲁"代表晚石炭世—早侏罗世构造-气候控制的陆相沉积。卡鲁盆地群中的盆地按成因机制分为:①卡鲁裂谷盆地,位于东非的窄地堑、半地堑和谷槽,如坦桑尼亚、肯尼亚、乌干达、赞比亚、津巴布韦、马达加斯加等国家发育的盆地;②横穿南非东西向延伸的主卡鲁盆地(Main Karoo Basin),盆地性质为前陆盆地(Daly et al.,1989),与开普褶皱带的挤压上升有关;③卡鲁前陆盆地西部外围带,为宽阔的内克拉通坳陷(Rust et al.,1975),如博茨瓦纳、纳米比亚、安哥拉、刚果(金)和加蓬等国家发育的盆地。

目前非洲卡鲁盆地群油气勘探程度非常低,国内外关于该类盆地勘探潜力的研究也较少。据公开报道,目前非洲南部以页岩气和煤层气勘探为主,尚未发现可商业性开采的常规油气资源(图0-2)。已发现的两个商业化陆上气田(但产气层并非卡鲁超群)位于莫桑比克,由Sasol和ENH公司共同运营。

EIA统计资料和前人研究表明,目前卡鲁盆地群的沉积盆地中,主卡鲁盆地的油气资源量最高,天然气可采储量(探明储量+控制储量)为44.1万亿m^3,技术上可开采的页岩气储量为11万亿m^3,且该盆地东北部煤层气储量可达0.15万亿m^3;已探明的储量最多的5个沉积盆地分别为Main Karoo盆地、Selous盆地、Kalahari盆地、Sringbok Flats盆地、Cabora Bassa盆地。总体来看,非洲中南部卡鲁盆地群以非常规的页岩气和煤层气为主;卡鲁盆地群

---

① 1桶≈158.99L。

的含气层位主要位于二叠系,虽然勘探程度较低,尚未发现可商业化开采的油气田,但剩余可采资源量丰度高,整体油气资源勘探潜力大。近年来,多家石油公司先后进入非洲卡鲁盆地群,如在主卡鲁盆地、Kalahari 盆地、Cabora Bassa 盆地等开展油气勘探工作,这也说明卡鲁盆地群具有广阔的勘探前景,将对世界石油工业的发展产生重要影响。

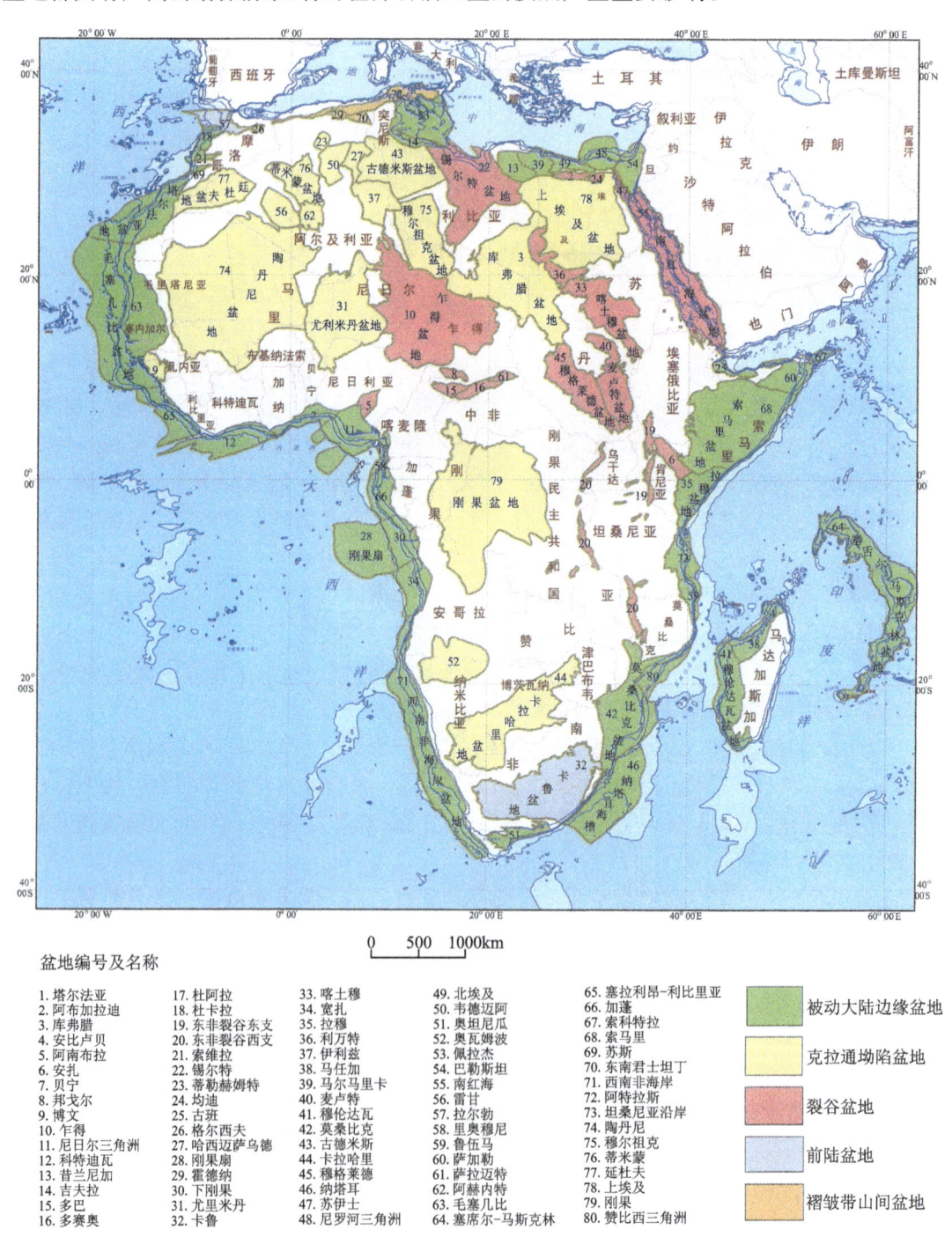

图 0-1 非洲沉积盆地分布(朱伟林,2013;Petters,1991)

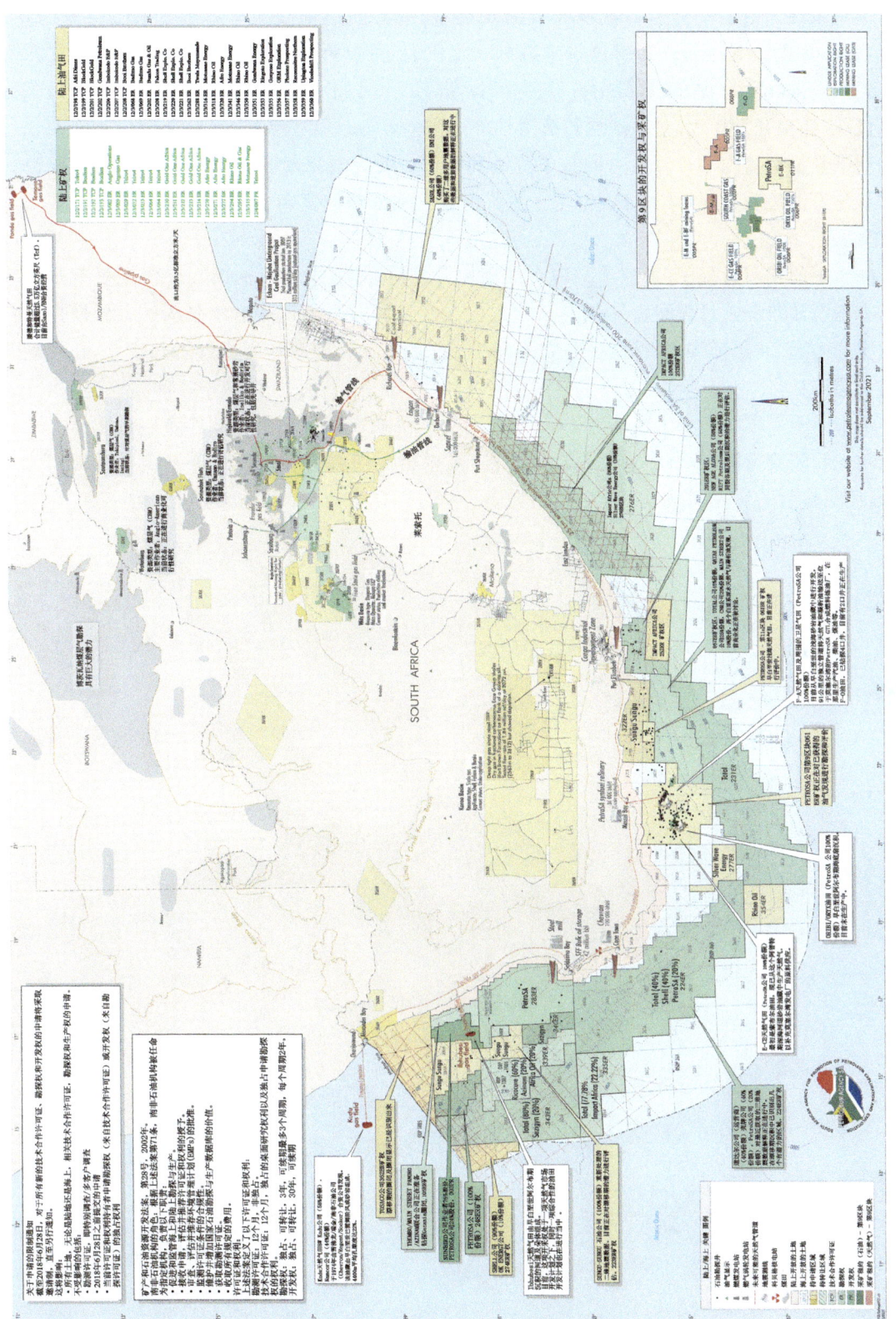

图0-2 南非卡鲁盆地群的油气勘探和生产活动（Petroleum Agency SA, 2021）

本书系统介绍了非洲卡鲁盆地的成因及类型,并对弧后前陆主卡鲁盆地(Main Karoo Basin)、卡拉哈里(Kalahari Basin)与刚果(Congo Basin)卡鲁克拉通坳陷盆地,以及卢安瓜(Luangwa Basin)、奇皮塞(Tshipise)、埃利斯拉斯(Ellisras)卡鲁裂谷盆地等6个重点盆地的盆地概况、勘探开发历程、盆地地质特征及油气地质条件等进行了系统介绍,同时依据研究认识和测试数据对盆地的资源潜力进行了分析和预测。研究成果对系统了解非洲卡鲁盆地勘探现状与石油地质特征,开展非洲陆上古生代卡鲁盆地战略选区与资源潜力评价具有重要参考意义。

在本书的编写过程中,得到了中国石油勘探开发研究院、中国石油国际勘探开发有限公司及中国石油非洲项目公司领导和专家的大力支持与帮助。尤其是笔者在从事海外勘探研究和实践的近20年工作中,得到了窦立荣、汪望泉、庞文珠等前辈和专家的悉心指导,在此表示诚挚感谢!

本书中所引用的资料未能在书中全部注明出处,在此向所引用资料的作者表示感谢。受专业知识和阅读量限制,书中难免有疏漏之处,真诚希望广大读者见谅并提出宝贵意见和建议,以便在今后的研究和编写工作中不断提高。

目 录 CONTENTS

第一章 非洲含油气盆地区域地质背景 …………………………………… (1)
  第一节 非洲板块构造演化与岩相古地理特征 ………………………… (1)
  第二节 非洲沉积盆地类型与石油地质特征 …………………………… (29)

第二章 非洲卡鲁盆地成因及类型 ………………………………………… (37)
  第一节 卡鲁盆地概况 …………………………………………………… (37)
  第二节 卡鲁盆地群成因 ………………………………………………… (40)
  第三节 卡鲁盆地群类型 ………………………………………………… (41)
  第四节 卡鲁盆地沉积特征 ……………………………………………… (44)

第三章 弧后前陆主卡鲁盆地 ……………………………………………… (52)
  第一节 主卡鲁盆地（Main Karoo Basin）概况 ………………………… (53)
  第二节 主卡鲁盆地基础地质特征 ……………………………………… (57)
  第三节 盆地油气地质条件 ……………………………………………… (76)
  第四节 卡鲁盆地资源潜力 ……………………………………………… (107)

第四章 卡鲁克拉通坳陷盆地 ……………………………………………… (109)
  第一节 卡拉哈里盆地（Kalahari Basin）………………………………… (109)
  第二节 刚果盆地（Congo Basin）………………………………………… (119)

第五章 卡鲁裂谷盆地 ……………………………………………………… (136)
  第一节 卢安瓜盆地（Luangwa Basin）…………………………………… (136)
  第二节 奇皮塞盆地（Tshipise Basin）…………………………………… (144)
  第三节 埃利斯拉斯盆地（Ellisras Basin）……………………………… (149)

第六章 非洲陆上古生代卡鲁盆地群油气勘探前景 …………………… (154)

主要参考文献 ……………………………………………………………… (158)

第一章　非洲含油气盆地区域地质背景

非洲板块经历了漫长而复杂的地质演化过程,形成了不同类型的构造单元和沉积单元。不同构造单元上沉积盆地的构造史和沉积史都有所不同,决定了各盆地油气地质方面的差别,从而决定了盆地含油气性的差异。

第一节　非洲板块构造演化与岩相古地理特征

现今的非洲大陆及其大陆边缘,自太古宙以来的地质演化可分为6个阶段(表1-1-1),其中前寒武纪2个阶段,显生宙4个阶段。前寒武纪2个阶段分别是:①前泛非纪阶段(1000Ma),为罗迪尼亚大陆或超大陆潘基亚Ⅰ大陆形成阶段;②泛非纪阶段,为潘基亚Ⅱ大陆形成阶段。非洲大陆的构造-沉积过程在显生宙经历了4个阶段:①加里东期为冈瓦纳大陆阶段,发育了重要的志留系烃源岩;②海西期为联合古陆形成阶段,决定了志留系—石炭系残留盆地的位置;③中生代为冈瓦纳大陆解体阶段,形成了非洲第二套重要的烃源岩——白垩系烃源岩;④新生代为漂移、裂谷和挤压褶皱阶段,形成了古近系—新近系烃源岩。

一、前寒武纪

非洲前泛非纪的太古宙为克拉通核形成期,中元古代末期形成罗迪尼亚大陆(Unrug et al.,1996)。新元古代,进入泛非构造演化阶段,其演化过程表现为典型的威尔逊旋回,经历了初始裂开、漂移和俯冲碰撞等阶段,主要活动表现在泛非活动带上,这些活动带对显生宙盆地的形成具有重要影响(Guiraud et al.,1999)。至新元古代末期,泛非运动形成潘基亚Ⅱ大陆(Condie et al.,1989;Petters et al.,1991)。

1. 太古宙

太古宙为初始陆壳形成期,地壳厚度小、岩浆活动强烈,形成了复杂的岩石组合,包括绿岩带、克拉通沉积物、花岗岩质岩石和层状火成岩。非洲太古宙的克拉通沉积见于南部的开普瓦尔陆核,主要由石英岩、页岩、碳酸盐岩和砾岩组成,下伏为镁铁质和长英质火山岩。

表 1-1-1　非洲地层时代、地质运动与全球对比表（关增淼等，2007；Petters et al.，1991；Guiraud et al.，2005）

地质时代			同位素年龄(Ma)	构造阶段与地壳运动			
				地质事件	欧美	中国	非洲
新生代	第四纪	全新世	0.011 5	联合古陆解体阶段	喜马拉雅运动(晚)	喜马拉雅阶段	第四纪早期事件(1.5Ma) — 阿尔卑斯期
		更新世	1.806				
	新近纪	上新世	5.332				拖尔通事件(8.5Ma)
		中新世	23.03		撒夫运动	喜马拉雅运动(早)	波尔多事件(18Ma)
	古近纪	渐新世	33.9±0.1		比利牛斯运动		阿启坦事件(22Ma)
		始新世	55.8±0.2				比利牛斯-阿特拉斯事件(37Ma)
		古新世	65.5±0.3		拉腊米运动	燕山运动(晚)	⑤白垩纪末期事件 — 84Ma
中生代	白垩纪		145.5±4.0		新末利运动	老阿尔卑斯阶段 燕山运动(中)	④三冬事件(84Ma) 开普期
	侏罗纪		199.6±0.6			燕山运动(早)	③阿尔布事件(101Ma)
	三叠纪		251.0±0.4		老末利运动	印支运动(晚)	②阿普特事件(120Ma) 燕山印支阶段 白垩纪-侏罗纪转换期事件 里亚斯(J₁)末期事件 三叠纪末期事件
晚古生代	二叠纪		299.0±0.8	联合古陆形成阶段	阿伯拉钦运动	伊宁运动 印支运动(早)	石炭纪-二叠纪过渡期事件 海西期
	石炭纪		359.2±2.5		海西阶段	天山运动	中石炭世事件(315Ma) 海西阶段
	泥盆纪		416.2±2.8		布列东运动		中阿卡德事件(D/S) 泥盆纪-泥盆纪盆地转换期事件
早古生代	志留纪		443.7±1.5		伊里运动	祁连(广西)运动	加里东运动晚期 加里东期
	奥陶纪		488.3±1.7		太康运动	古浪运动 加里东阶段	加里东运动中期
	寒武纪		542.0±1.0			兴凯运动	加里东运动早期
元古宙	新	震旦纪	850	潘基亚Ⅱ	阿奈提运动	晋宁运动(晚)	泛非运动末期 泛非期
	中		1000		哥德-格林威尔运动	晋宁运动(早) 吕梁阶段	泛非运动早期
	古		1600	潘基亚Ⅰ	卡瑞呈-赫德孙运动	吕梁(中条)运动	前泛非期
太古宙			2500		萨姆-肯诺尔运动	五台运动 阜平吕梁阶段	
			2800	陆核形成		阜平运动	
冥古宙			未定	天文阶段			

2. 元古宙

古元古界在非洲大陆的南部和西部发育最完整。非洲南部的古元古界主要发育在开普瓦尔和罗德西亚两个陆核之间的古元古代活动带上，自下而上由智水滨群、温特斯多普群和特兰斯瓦群组成。

非洲的中、新元古界自下而上为水山群、基巴拉群和布可斑群，主要发育在非洲西部的塞拉利昂、利比里亚的南部、几内亚的西北部、塞内加尔的东南部和非洲的南部、中部等地区。

非洲震旦系主要分布在克拉通之间的海槽内，如中东部的刚果克拉通和南部的卡拉哈里克拉通之间的卡丹加海槽以及东南部的泛非海槽。震旦系在非洲中部为卡丹加超群，在西南部为那马群和达马拉群，在西北部为阿杜杜尼系。震旦系与上覆寒武系呈角度不整合接触（关增淼等，2007）。

二、早古生代

1. 寒武纪—奥陶纪

现今的非洲板块在寒武纪—奥陶纪时期南北位置倒转（图 1-1-1）。奥陶纪时，冈瓦纳古陆漂过南极（Neugebauer et al.，1989），晚奥陶世时，南极已到达内陆的西北非[图 1-1-2(a)]，引起了非洲大陆广泛的大陆冰川作用（图 1-1-3）。此时，先期非洲大陆的南边变为北边，北边变为南边，使非洲处于古特提斯洋和古太平洋的包围中[图 1-1-2(a)]。

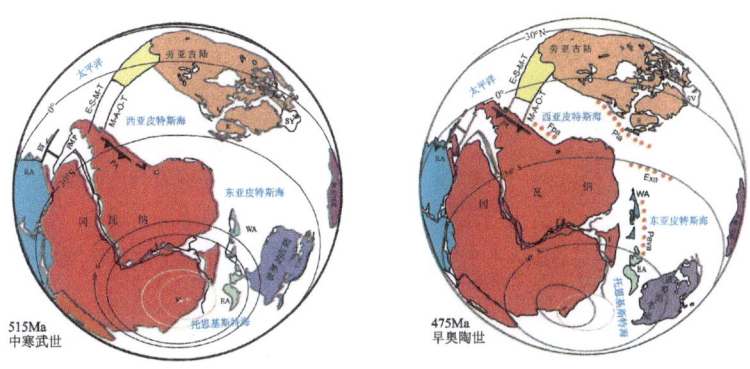

图 1-1-1　寒武纪—早奥陶世非洲板块位置

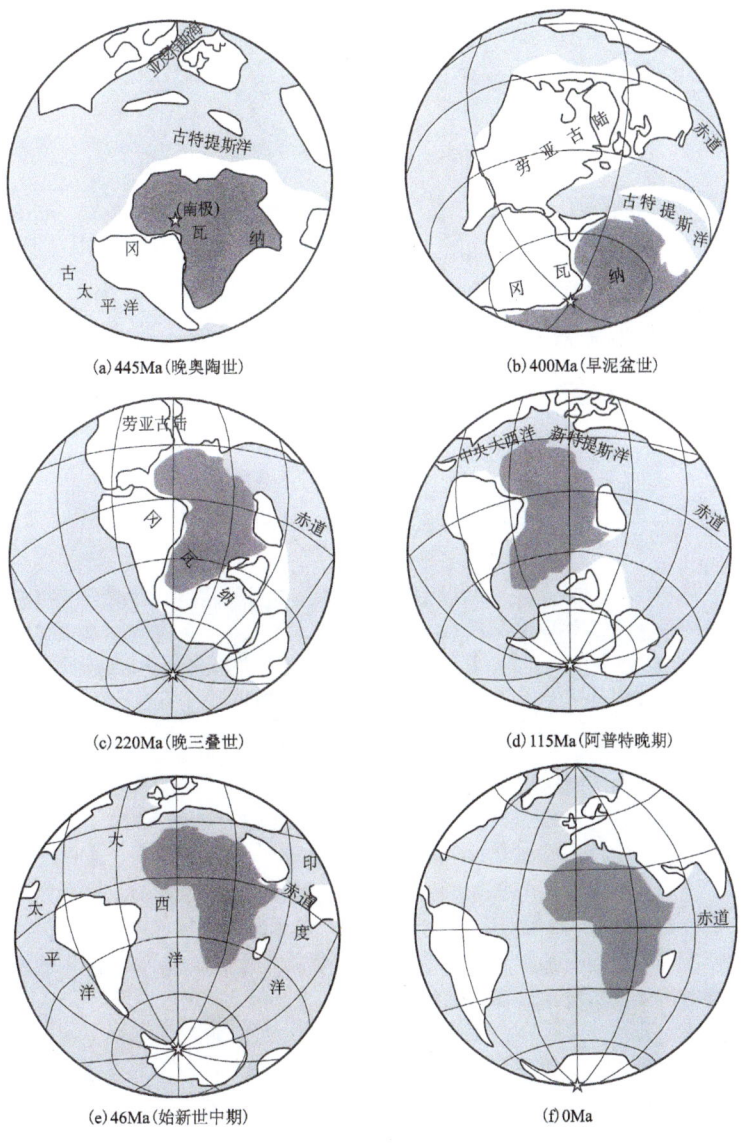

图 1-1-2　显生宙非洲、冈瓦纳和劳亚大陆古地理重建（Bumby et al.，2005）

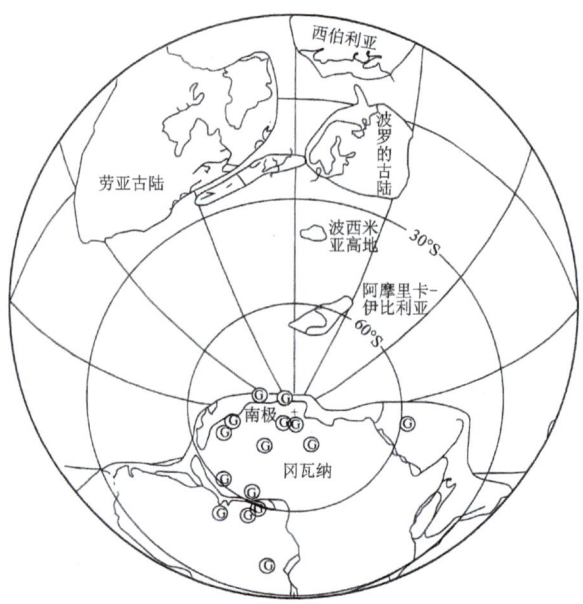

G 为已知的晚奥陶世冰川沉积地。

图 1-1-3　晚奥陶世—早志留世板块重建(Torsvik et al.,1996)

寒武纪—奥陶纪期间，与泛非造山带相关的剥蚀、塌陷和逃逸作用在北非引起了裂谷相关的沉积作用，沉积物保存在诸如廷杜夫、陶丹尼、古德米斯和锡尔特等盆地中(图 1-1-4)。南非在此期间可能也发生了后泛非纪的磨拉石沉积，但现在可能已被剥蚀殆尽。

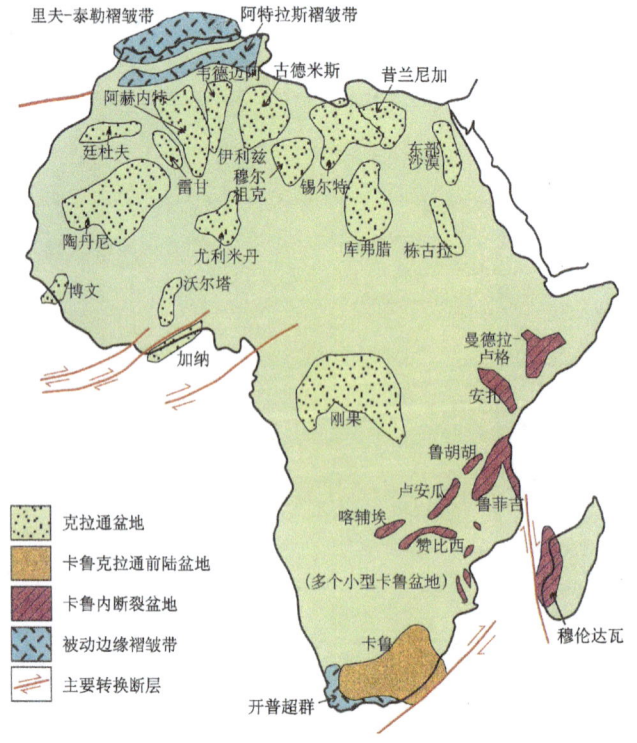

图 1-1-4　非洲的古生代盆地(Petters et al.,1991,修改)

非洲的寒武系—奥陶系总体表现为陆缘沉积特征(表1-1-2),厚约1000m,主要分布在中非、北非地区,与下伏前寒武系角度不整合接触。

表1-1-2 寒武系、奥陶系简表(关增森等,2007)

地层			岩性
奥陶系	上统	阿什及尔阶	冰碛岩
			克陶瓦灰岩
	中统	卡拉道克阶	砂岩
			下克陶瓦砂泥岩
		兰代洛阶	砂岩
			塔什拉泥岩
	下统	兰维恩阶	砂岩
		阿伦尼格阶	上费祖塔泥岩
		特马克道阶	地层剥蚀
			底砾岩
寒武系	上统		(地层缺失)
	中统		砂页岩
	下统		石灰岩、页岩
			石灰岩

寒武系—下奥陶统为海进陆缘沉积,底部主要为低位域粗粒砂岩、中—细粒砂岩和页岩互层。海侵域及高位域沉积了较厚的黑色深海相海绿石页岩(图1-1-5、图1-1-6)。

奥陶纪,北埃及和苏丹有多个出露的地块(图1-1-6)。自东向西,从河流相砂岩变为浅海相砂岩,到摩洛哥变为页岩。在库弗腊盆地和北古德米斯盆地,该层系厚度达到1200m,在南北向展布的高地上变薄。中奥陶世,该层系受到劳亚大陆的挤压作用,发生构造变动,引起微角度不整合,局部地区剥蚀强烈,可达寒武系。斜压作用沿南北向断层在霍加尔地块上形成拖曳褶皱。

晚奥陶世,沉积主要发生在基底断裂作用形成的多个南北向凹陷内。上奥陶统底部在撒哈拉地台东南部为深切谷沉积,发育低位域河道复合体和前积复合体,局部因构造作用遭受剥蚀。

奥陶纪最晚期的全球性赫南特期冰川作用引起了全球海平面低位期,陆上和海洋中冰川沉积频繁,海岸线向北后退。沿撒哈拉地台北缘,发生冰川成因的浅海和近滨海相沉积(图1-1-7)。随后发生了奥陶纪—志留纪转换期轻微但广泛的构造作用。志留系不整合在抬升或掀斜的地块以及残留的冰蚀高地上。

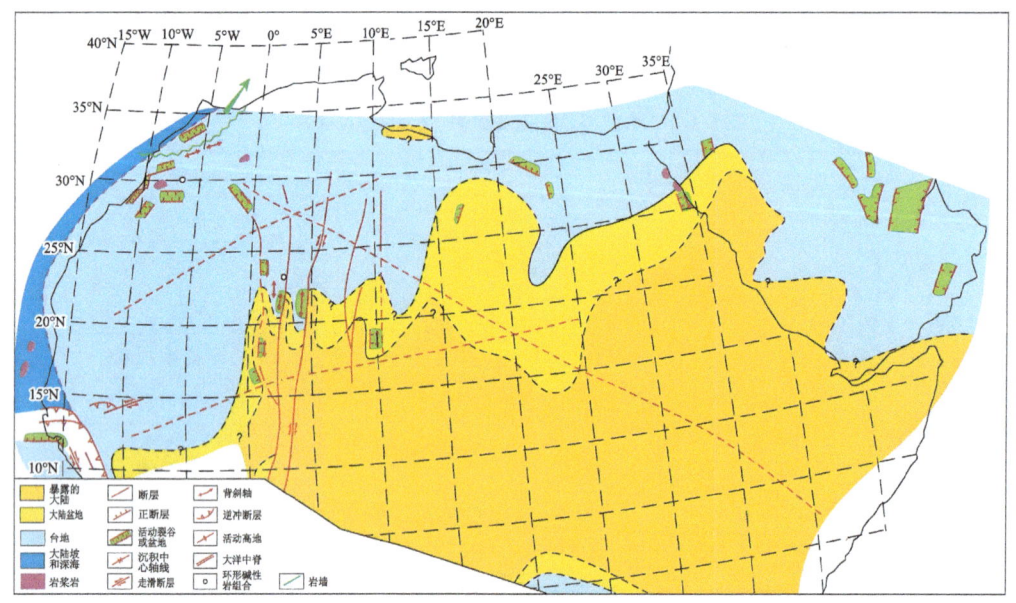

图 1-1-5　中非、北非寒武纪古地理图（Guiraud et al.，2001）

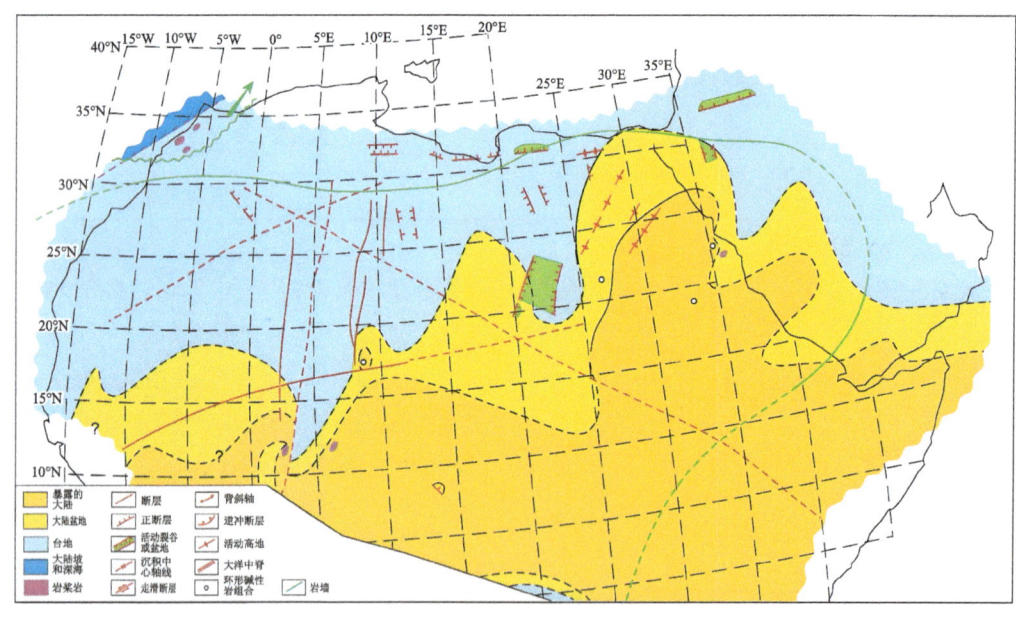

注：绿线代表奥陶纪末期冰盖最大范围。

图 1-1-6　中非、北非奥陶纪古地理图（Guiraud et al.，2005）

2. 志留纪

奥陶纪冰期后，早志留世的快速北漂再次将西冈瓦纳北部带入热气候带，发生冰融作用，使极地冰壳融化，发生海侵，海水淹没了撒哈拉地台北缘，形成的海湾向南一直延伸到开普区，宽广的北冈瓦纳大陆架被埃及和苏丹附近的古隆起隔开（图 1-1-8）。因此非洲志留系主要分布在非洲北部，南部开普区有少量分布。

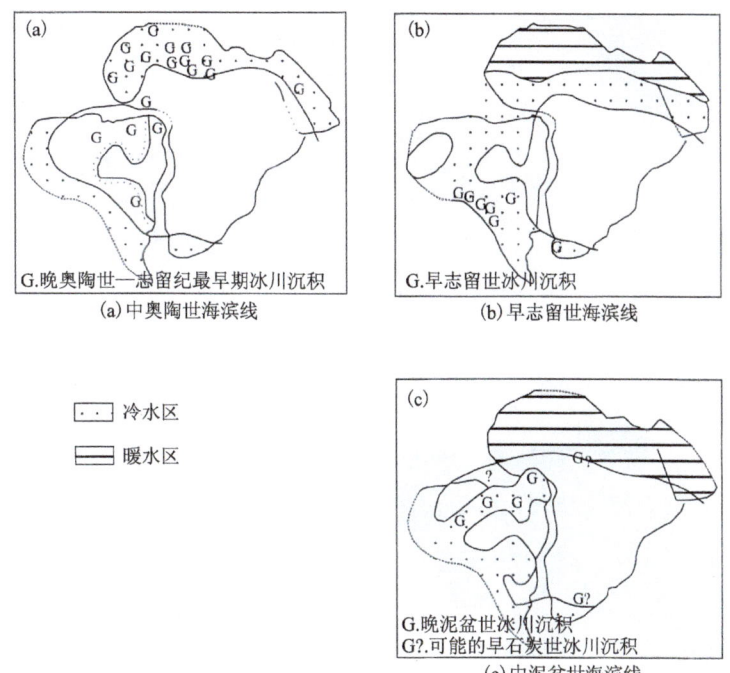

图 1-1-7 冰川沉积的西冈瓦纳奥陶纪—泥盆纪古地理图(Hargraves et al.,1987)

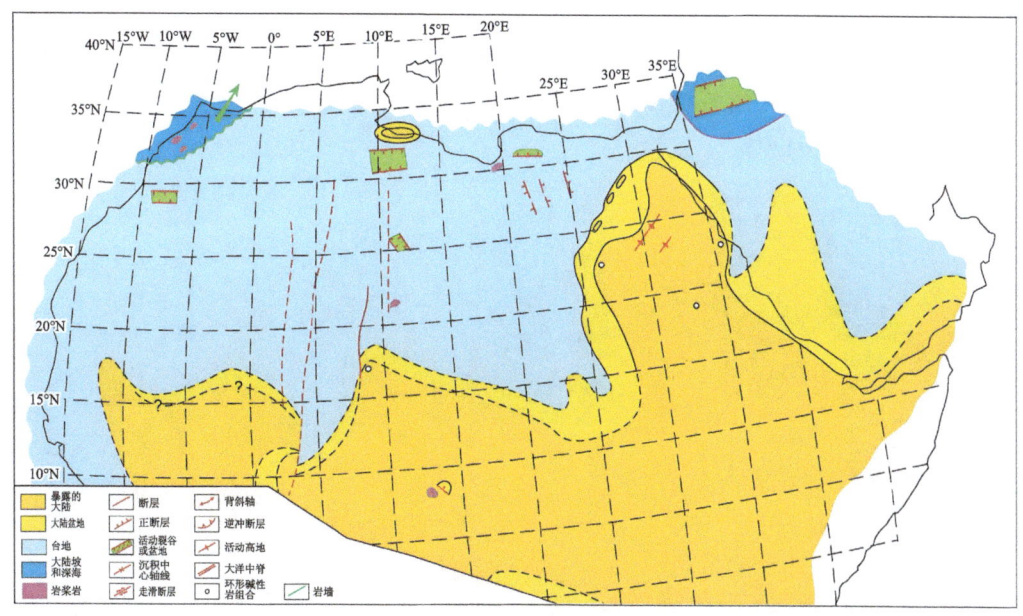

图 1-1-8 中非、北非志留纪古地理图(Guiraud et al.,2005)

志留系总厚度为 400~500m,其底面为海侵面,超覆在上奥陶统高位域石英砂岩之上。志留纪海侵速度很快,随着海平面的快速上升,海水深度迅速增大,低位域和海侵域不发育,仅发育一薄层砾岩,为海侵滞留沉积,局部见强烈的生物扰动。该地层高位域遍布整个撒哈拉地台,是一套厚层页岩沉积,即坦尼舒夫特组页岩(表 1-1-3)。

表 1-1-3　志留系简表(关增淼,2007)

地层	岩性	
上统	普里多利阶	阿卡库斯组砂岩
	罗德洛阶	
中统	文罗克阶	坦尼舒夫特组页岩
下统	兰德维里阶	

志留纪末—泥盆纪转换期,劳亚大陆和冈瓦纳大陆分开 100Ma 左右后,在西部开始了初始碰撞,亚皮特斯海和古特提斯海开始闭合,但向东仍残留古特提斯洋开口,该古特提斯洋开口一直持续到二叠纪。劳亚大陆与冈瓦纳大陆间碰撞作用的表现即加里东运动,主要影响北非北部,形成多处不整合面,表现为北西-南东向挤压,强度中等,比后来的海西运动弱得多。

三、晚古生代

(一)泥盆纪

非洲的泥盆系主体沉降区域在非洲北部(图 1-1-7、图 1-1-9、图 1-1-10),覆盖在加里东不整合面之上,该不整合为角度不整合,非洲西部该不整合不明显,只是存在岩相的变化。泥盆系为海相与三角洲的复合体。

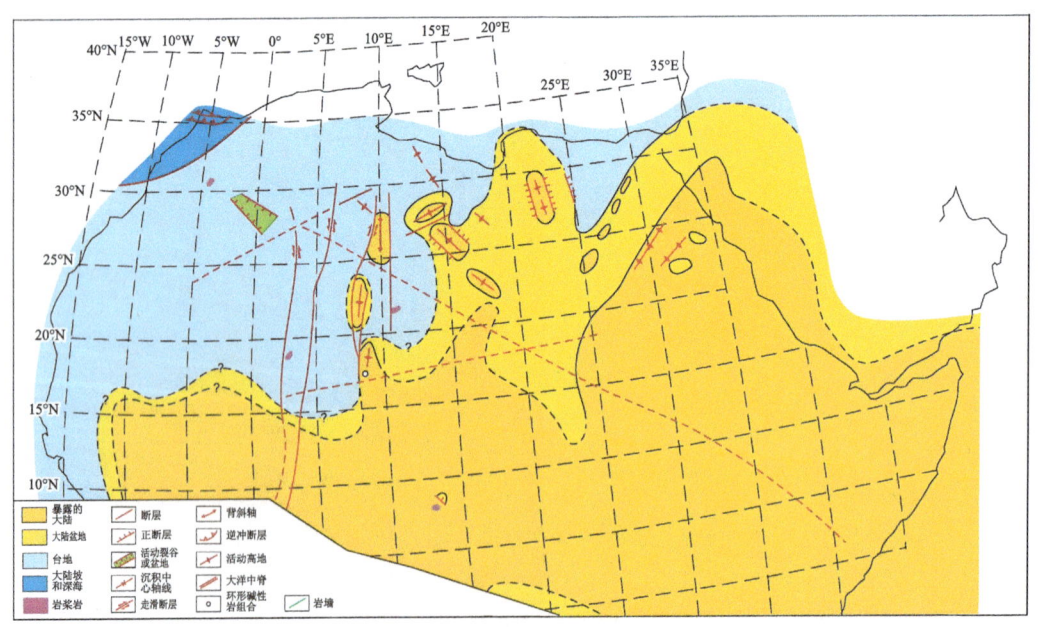

图 1-1-9　中非、北非早泥盆世古地理图(Guiraud et al.,2001)

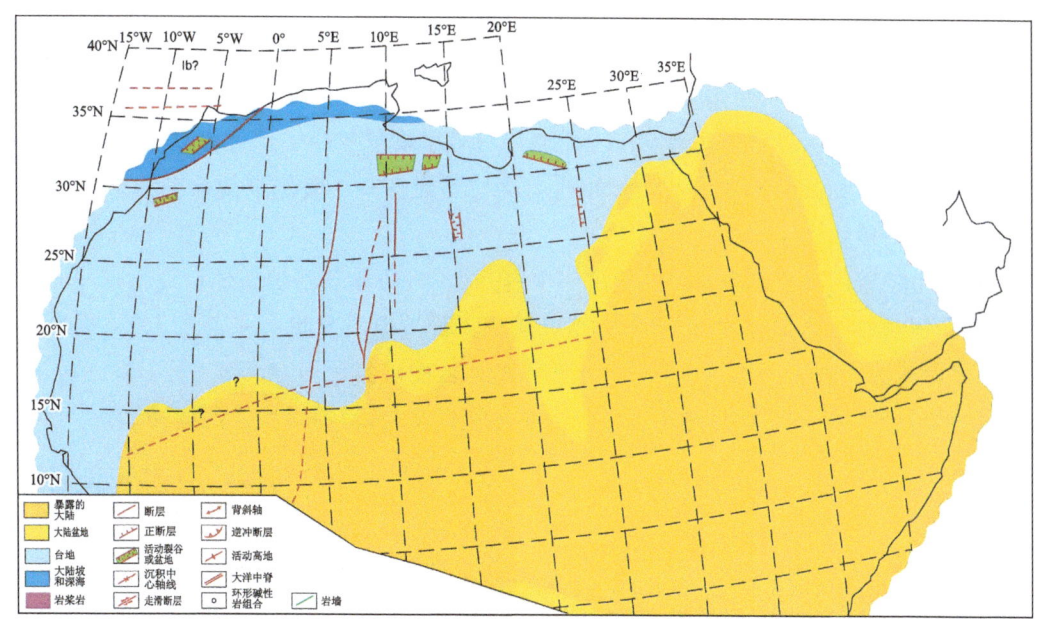

注:Ib.伊比利亚。

图 1-1-10　中非、北非中—晚泥盆世古地理图(Guiraud et al.,2001)

志留纪末期发生的晚加里东隆升运动伴随着区域海退。早泥盆世,在南阿尔及利亚—利比亚的一些盆地中,发育了辫状河平原进积层序,沉积了大陆砂岩。向北,广泛发育潮坪沼泽和浅海砂岩,到摩洛哥变为浅海泥岩,中非、北非的苏丹和南埃及存在暴露的陆块(图 1-1-9)。

早泥盆世晚期,盆地内曾发生过短暂的海侵,沿北非地台沉积了浅海砂岩和近滨海相泥岩,在摩洛哥和西北埃及沉积了碳酸盐岩。

早泥盆世和中泥盆世之间,发生了重大的区域构造作用——中阿卡德事件,引起了与加里东事件相关断层的复活和强烈的侵蚀作用。晚泥盆世海侵开始,在阿尔及利亚—利比亚一带的盆地中沉积了富有机质页岩。该时期,稳定的南西西—北东东向展布的大陆到海洋沉积带被中等强度抬升的高地所分隔(图 1-1-10)。

晚泥盆世,受古特提斯洋向北俯冲作用的影响,北非发生轻微变形。非洲南部开普地区发育泥盆系,形成了开普超群的主要组成部分(图 1-1-7)。

(二)石炭纪—二叠纪

石炭纪—二叠纪,非洲的挤压构造作用和裂谷作用均表现强烈。首先,海西期(石炭纪—早二叠世,350~280Ma)构造运动强度大,在非洲南、北边缘发生了广泛的褶皱、逆冲和变质作用,非洲内部也有相应变形,形成褶皱、鞍状构造和坳陷盆地。其次,晚石炭世以来,冈瓦纳大陆多处发生裂谷作用,如南部卡鲁盆地群开始发育。

1. 中非、北非地区

石炭纪—二叠纪以来,中非、北非地区构造运动达到高潮,为海西造山运动的主要阶段。构造作用使北非北缘沿北非阿尔及利亚—摩洛哥—毛里塔尼亚一带发生强烈的褶皱、冲断和变质作用,里夫-泰勒褶皱带开始形成。海西运动与石炭纪—二叠纪亚皮特斯海和古特提斯海闭合以及非洲板块的顺时针旋转有关。

早石炭世频繁的沉积间断及局部角度不整合是西非、北非和阿拉伯地台泥盆纪—石炭纪过渡期构造运动的反映,是海西造山期的第一阶段。随着早石炭世海平面的上升,在利比亚沿南东-北西向沉积带沉积了陆相砂岩、边缘海相页岩质砂岩和海相泥岩(图1-1-11)。硅质碎屑-碳酸盐岩台地沉积继续沿最北缘发育。早石炭世晚期,构造不稳定性增强。

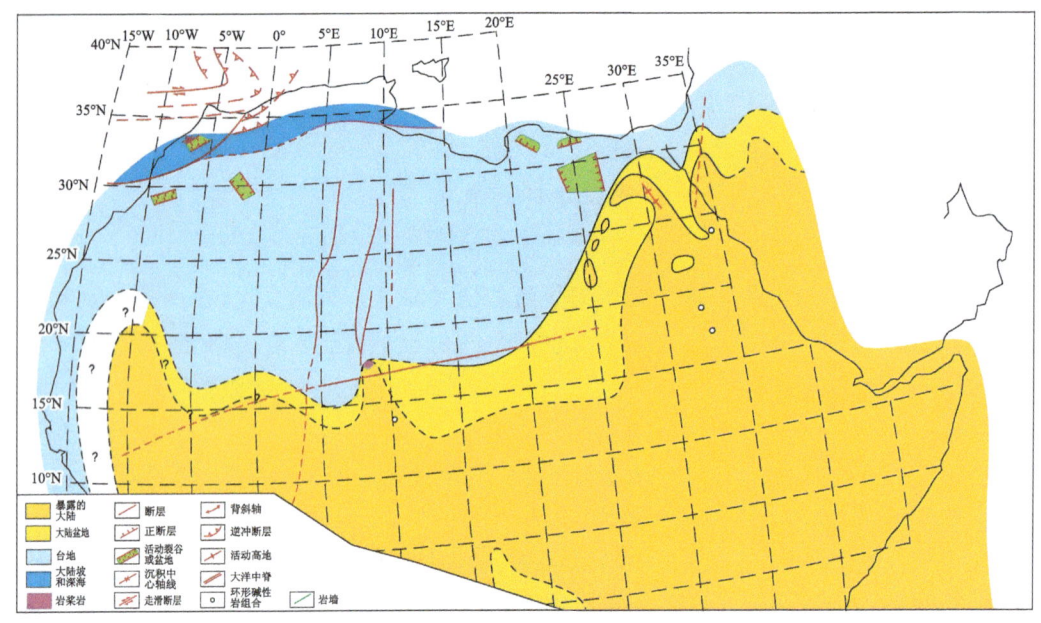

图 1-1-11　中非、北非早石炭世古地理图(Guiraud et al.,2001)

在该构造事件和气候变冷的影响下,巴什基尔早期发生海退事件。随后沿北非地台发生了海侵,形成蒸发盐及碳酸盐岩台地,该台地向南一直延伸到陶丹尼盆地(图1-1-12)。晚石炭世晚期,构造不稳定性加强,造成撒哈拉地台抬升及陆缘沉积(图1-1-13)。沿南撒哈拉地台,沉积了著名的"大陆夹层沉积"(continental intercalaire)层序。石炭纪末—二叠纪初,冈瓦纳大陆发生大规模的冰川作用。

早二叠世,非洲北部边缘的裂谷作用具有非等时性,盆地内部充填有厚的大陆沉积(摩洛哥—阿尔及利亚)、海陆交互相(埃及)或海相沉积(南突尼斯—北西利比亚),南撒哈拉地台有薄的大陆沉积(图1-1-14)。晚二叠世,裂谷作用持续增强,沉降作用影响到了东地中海边缘(图1-1-15),阿特拉斯洋打开。

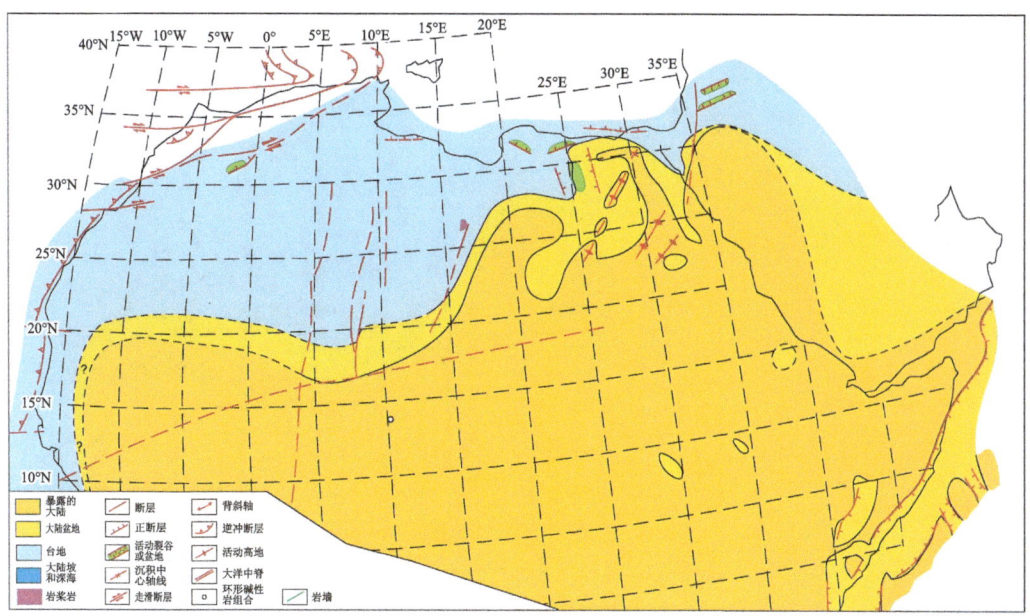

图 1-1-12　中非、北非维斯特伐利亚期古地理图(Guiraud et al.,2001)

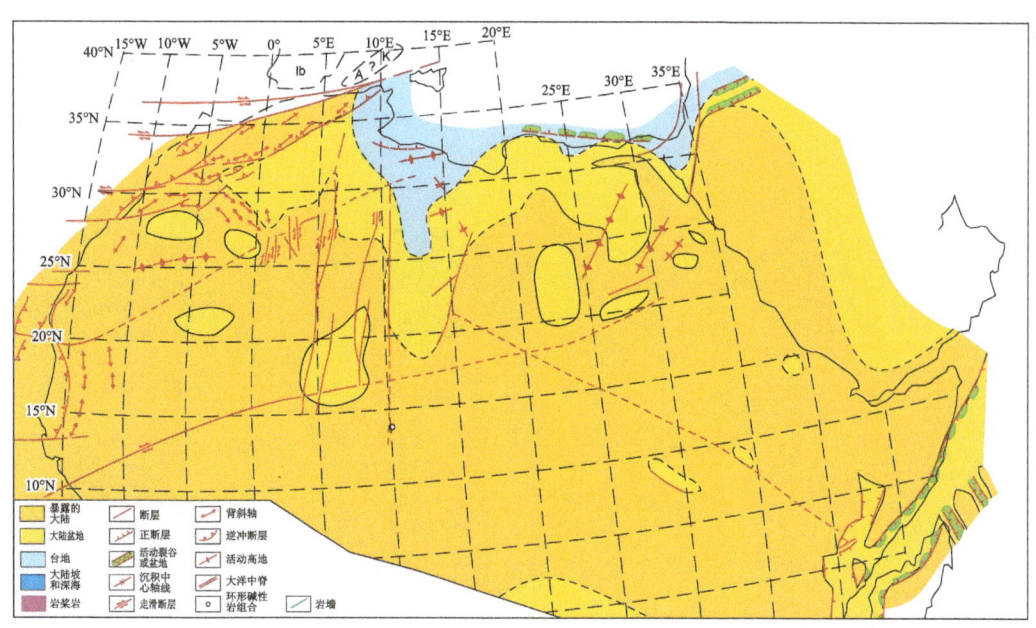

注：A.阿尔沃兰；Ib.伊比利亚；K.卡比利亚斯。

图 1-1-13　中非、北非斯蒂芬期古地理图(Guiraud et al.,2001)

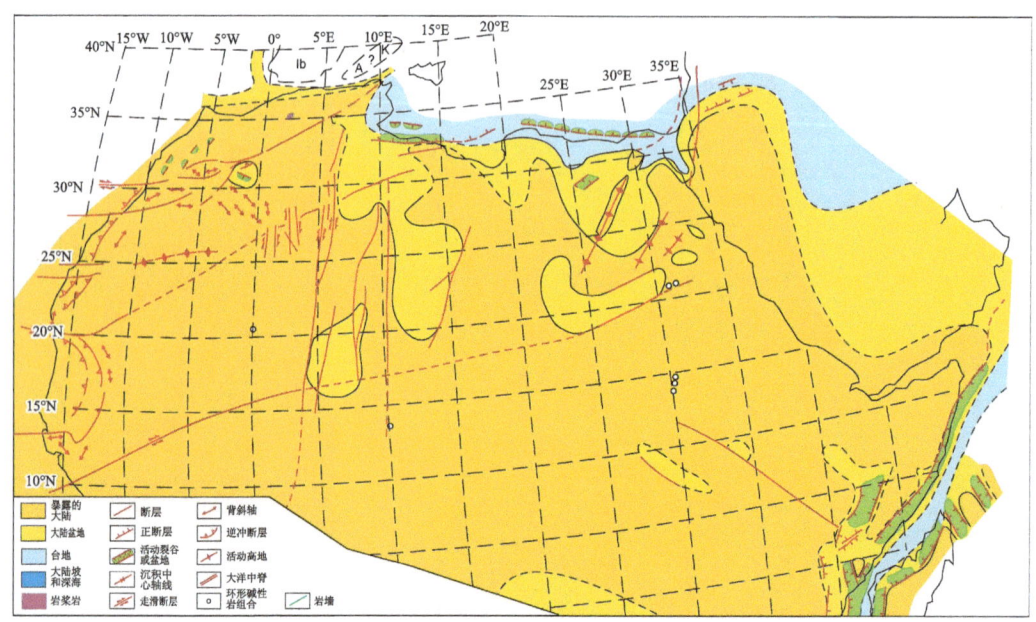

注：A.阿尔沃兰；Ib.伊比利亚；K.卡比利亚斯。

图 1-1-14　中非、北非早二叠世古地理图(Guiraud et al., 2001)

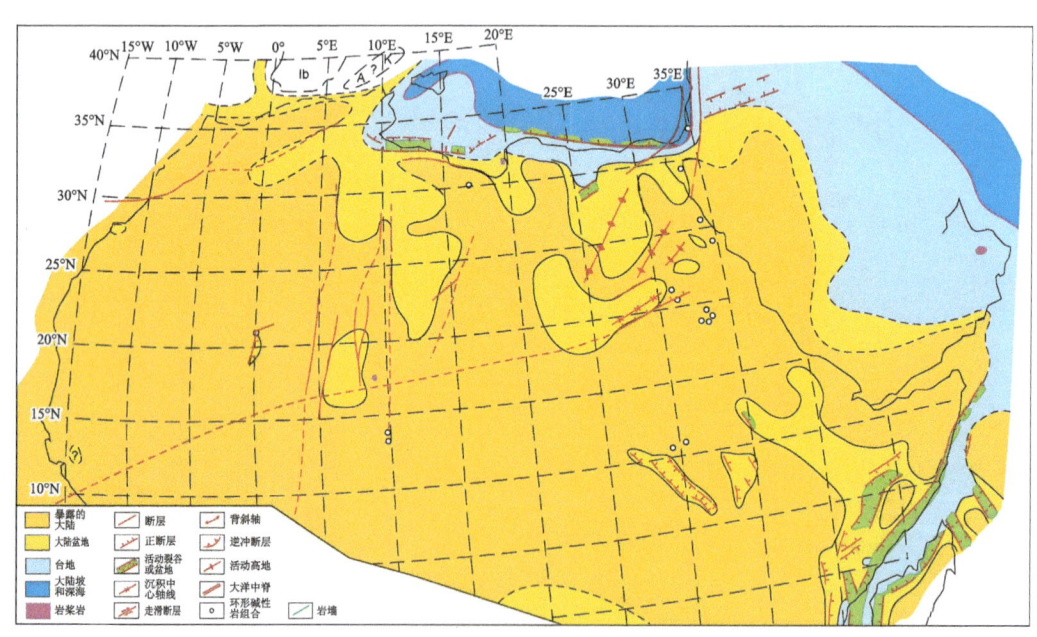

注：A.阿尔沃兰；Ib.伊比利亚；K.卡比利亚斯。

图 1-1-15　中非、北非晚二叠世古地理图(Guiraud et al., 2001)

2. 南非地区

在西北非海西造山运动同时，冈瓦纳南部边缘在石炭纪—二叠纪经历了从被动边缘到古太平洋板块的北向俯冲，俯冲活动从晚石炭世一直延续到中生代，并以开普超群的卷入为特征（图1-1-16）。开普超群开始沉积于冈瓦纳南部被动边缘，后期卷入北向褶皱逆冲带，形成开普褶皱带。开普褶皱带的远程效应在刚果克拉通都有记录（Daly et al.，1992），造山旋回期周期性负载作用间接控制了南非中生代盆地的发育。

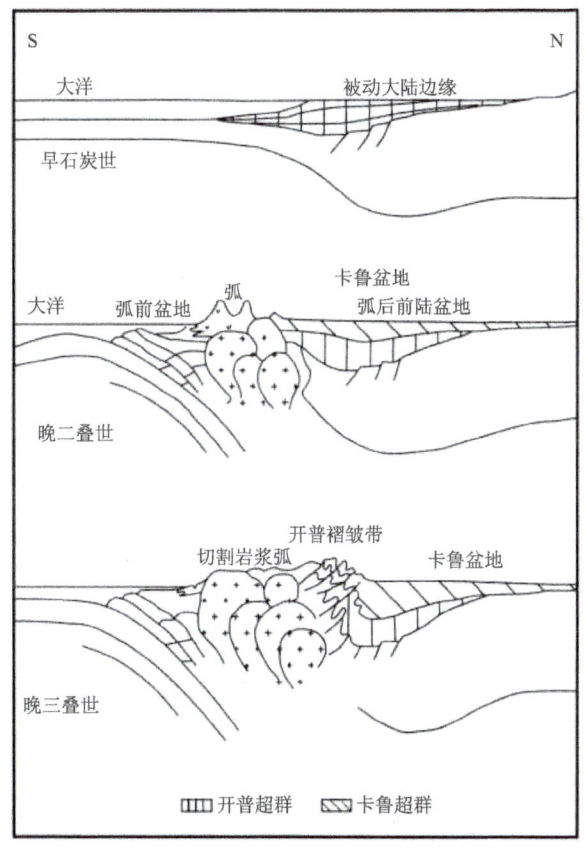

图1-1-16 开普褶皱带构造演化格架图（IHS，2007）

晚石炭世，开普褶皱带以及卡鲁盆地形成时，非洲东南部发生了广泛的裂谷作用，沉积了卡鲁超群，它是非洲显生宙最广泛的巨厚沉积，分布范围从南非一直到埃塞俄比亚（图1-1-17），卡鲁盆地厚度达到8000m（Smith et al.，1993）。卡鲁超群由上石炭统达维卡（Dwyka）群、二叠系埃卡（Ecca）群、二叠系上部—三叠系下部博福特（Beaufort）群、三叠系上部—下侏罗统的斯托姆伯格（Stormberg）群（包括上三叠统的莫尔泰诺组和埃利奥特组、下侏罗统的克拉朗组）以及下—中侏罗统的德拉肯斯堡群（Drakensberg）组成。卡鲁盆地群除南非主卡鲁盆地是弧后前陆盆地外，其他众多小盆地多具有裂谷盆地的性质（Watkeys et al.，1988；Groenewald et al.，1991；Johnson et al.，1996），是石炭纪末期—早二叠世冈瓦纳西缘和南缘褶皱作用的远程效应。

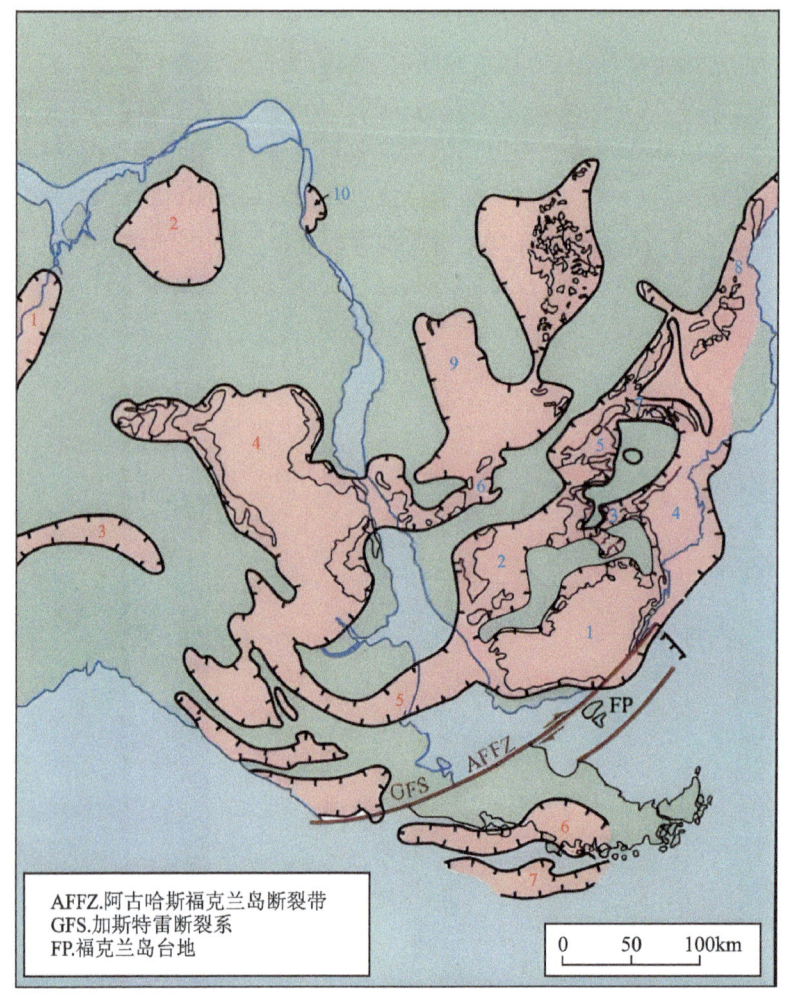

非洲(蓝色数字):1.卡鲁盆地;2.卡拉哈里盆地;3.林波波盆地;4.莫桑比克盆地;5.埃乔盆地;6.奥万搏盆地;7.赞比西盆地;8.南非盆地;9.刚果盆地;10.加蓬盆地。拉丁美洲(红色数字):1.亚马孙盆地;2.巴纳伊巴盆地;3.秘鲁盆地;4.巴拉那盆地;5.西拉德拉本塔娜盆地;6.中塔哥尼次盆地;7.南塔哥尼次盆地。

图1-1-17 南非和南美的冈瓦纳卡鲁盆地群(IHS,2007)

上石炭统达维卡群为冰川沉积的冰碛岩层[图1-1-18(b)],是石炭纪末—二叠纪初冈瓦纳大陆漂移至南极附近,发生大规模冰川活动的见证。到早二叠世,冰川带融化形成堆积在浅海中的河流-三角洲沉积体系[图1-1-18(c)、(d)]。二叠系上部为博福特群,为河流和浅湖相[图1-1-18(e)],其中下部为绿黄色砂岩及红色泥岩。

总体而言,海西运动主幕结束了地台区海相沉积,形成了局部地区的不整合面,之后转为过渡相和陆相沉积。二叠纪末,海西构造运动结束,由非洲、南美洲、大洋洲、南极洲、印度等板块组成的南方冈瓦纳大陆和由北美洲、欧亚、格陵兰等板块组成的劳亚大陆再次合为一个整体,形成超大陆。

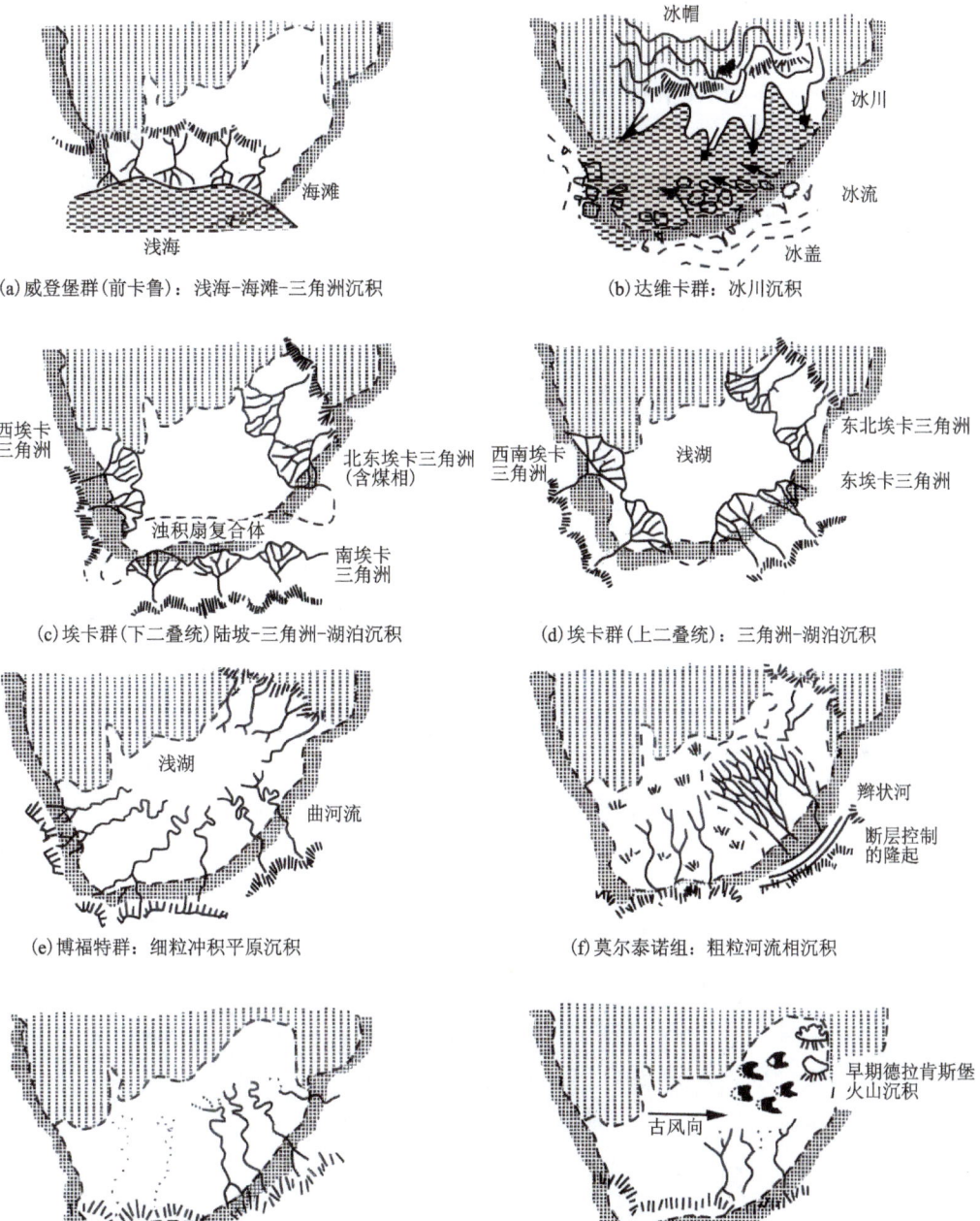

图 1-1-18　南非卡鲁超群石炭纪—三叠纪沉积古地理图(Smith,1990)

四、中生代

中生代以来,冈瓦纳大陆进入新一轮的裂解过程,非洲板块周边最早从晚石炭世开始陆续进入裂谷作用阶段,并逐渐使非洲进入独立板块的演化阶段,侏罗系及其以上地层已不再具有冈瓦纳大陆的性质。非洲北部经历了阿特拉斯洋和新特提斯洋的开合过程(图1-1-4),非洲西部、南部经历了大西洋的拉开过程,非洲东部则逐渐形成印度洋,非洲北东部形成红海。非洲板块内部中生代以来发生广泛的裂谷作用,形成西非、中非和东非裂谷系。该发育过程伴随被动大陆边缘盆地、裂谷盆地等的形成和发育,相应的沉积物在非洲组合成两个生储盖组合,下部组合为侏罗系—白垩系,上部组合为白垩系—新近系(图1-1-19)。

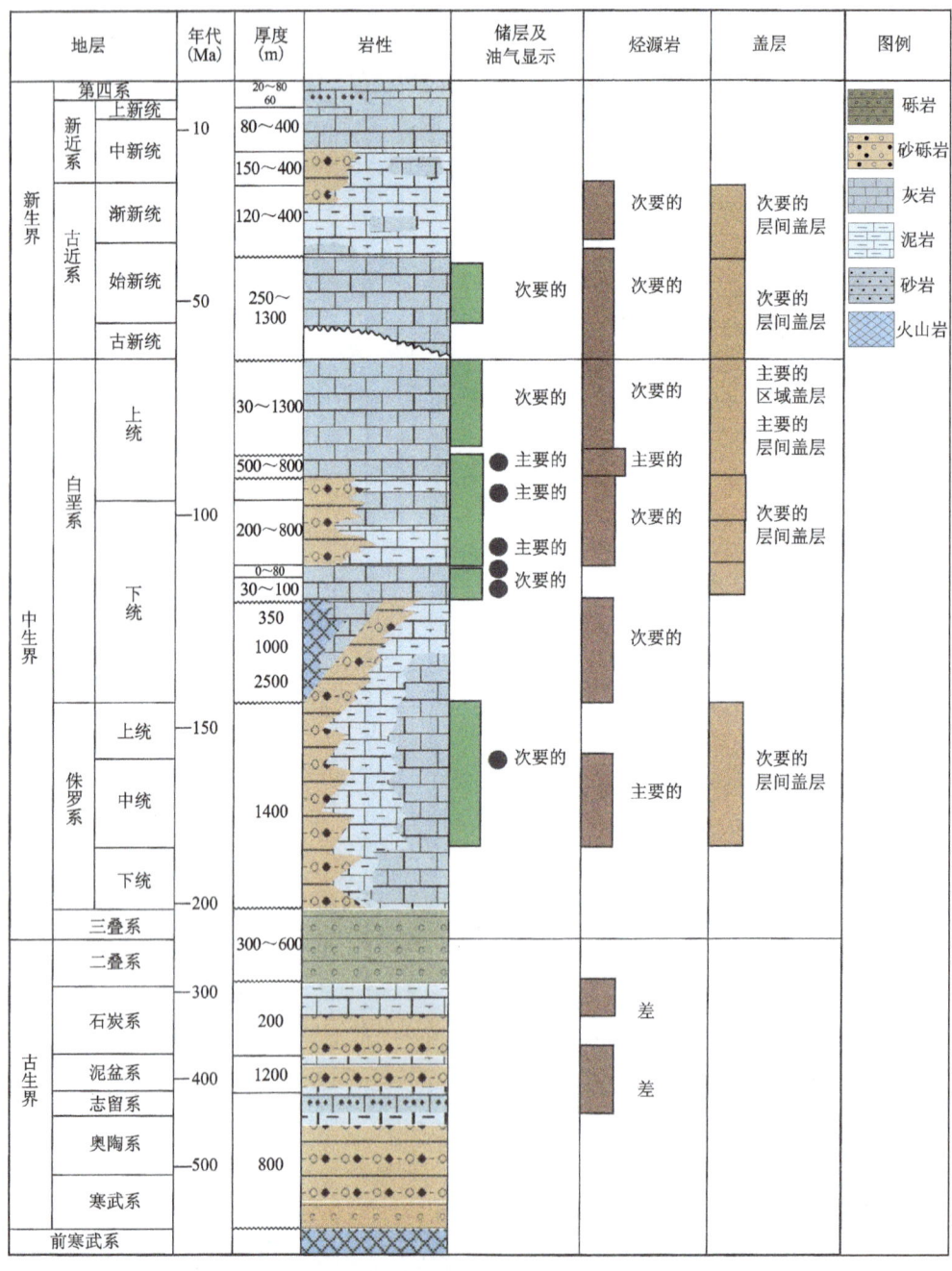

图1-1-19　非洲中北部中、新生代地层柱状图(转引自关增淼等,2007)

（一）三叠纪

三叠纪，非洲的裂谷作用主要发生在非洲北部、东部和南部，大陆内部则少有裂谷作用。

1. 北非地区

晚石炭世的裂谷作用持续到中生代，且在此期间达到高潮，形成阿特拉斯盆地。阿特拉斯盆地是北美与非洲板块分离时遗弃的一个裂谷，是中生代期间海西断层的复活。三叠纪，非洲板块相对向东运动，由此产生的左旋应力场拉开了阿特拉斯盆地发育的序幕。早三叠世，东地中海裂谷作用重新开始，"始基梅里"陆块形成并向北漂移，新特提斯洋形成，古特提斯洋逐渐消减。晚三叠世—早白垩世，在地幔柱作用下中央大西洋开始形成（图1-1-20）（Guiraud et al.，1995；Wilson et al.，1998）。东地中海裂谷作用重新开始，从突尼斯到埃及形成东西向裂谷。与新特提斯洋形成有关的裂谷作用沿非洲东部向南延伸。非洲北部的三叠系不整合于下伏海西期不整合面之上，古地理环境与晚二叠世有相似之处（图1-1-15、图1-1-21），最显著的变化是新特提斯洋开始了海侵，形成陆相—海陆交互相沉积。中、晚三叠世，由于主动裂谷作用，海侵演变成海湾或水道（图1-1-22、图1-1-23）。

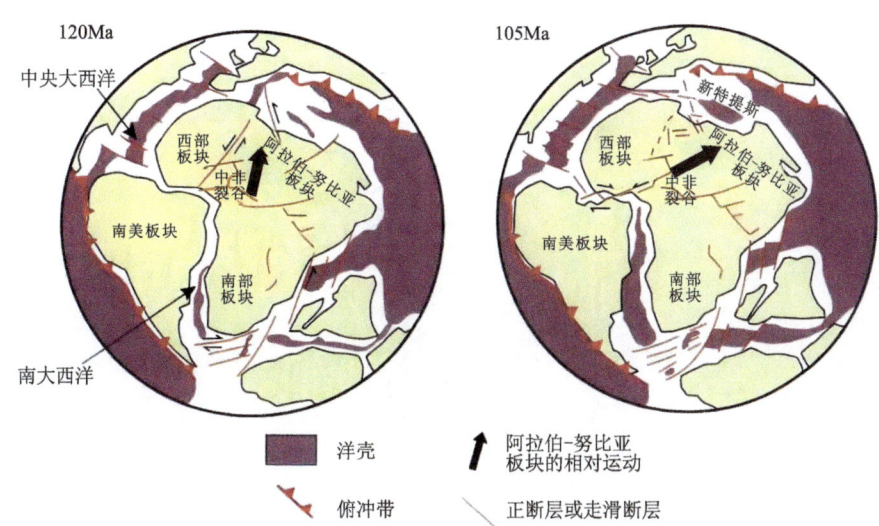

图1-1-20　西冈瓦纳晚侏罗世—早白垩世古地理重建示意图（Guiraud et al.，1995）

2. 南非地区

三叠系是非洲南部卡鲁群的组成部分（表1-1-4），以大型河湖相盆地沉积为特征（图1-1-18），碱性岩浆活动活化。非洲角附近，发育了卡鲁型裂谷。非洲东部和马达加斯加—塞舌尔—印度之间，发育了一个窄的海洋分支，充填陆相及混合相。中三叠世，在东沙特阿拉伯发育了边缘海台地，晚三叠世发生的海退，反映了三叠纪晚期的一次大范围抬升剥蚀。

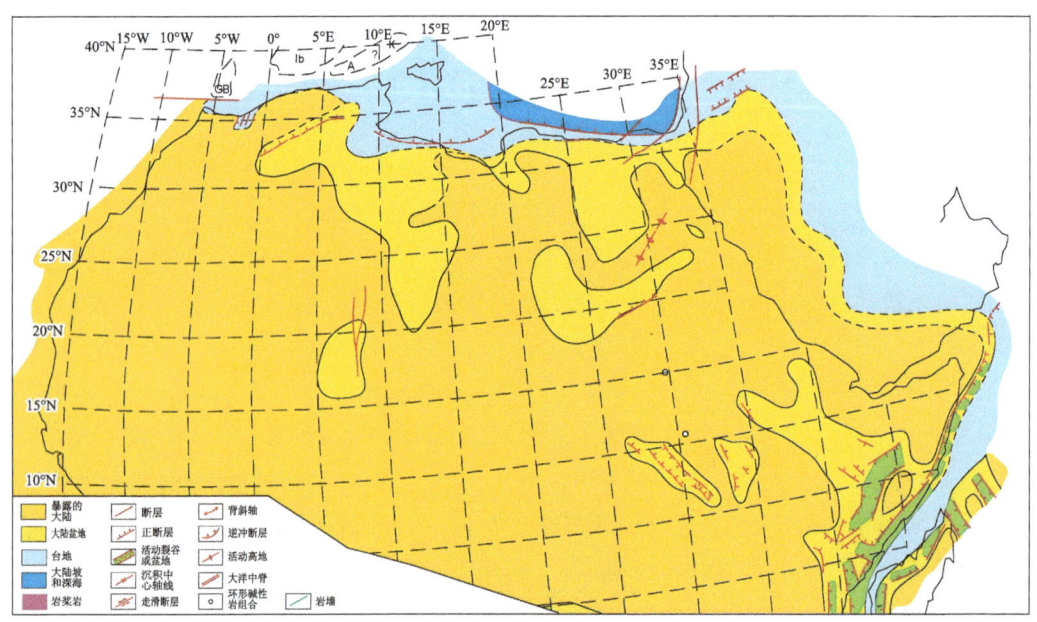

注：A.阿尔沃兰；GB.大沙洲；Ib.伊比利亚；K.卡比利亚斯。

图 1-1-21　中非、北非早三叠世古地理图（Guiraud et al.，2001）

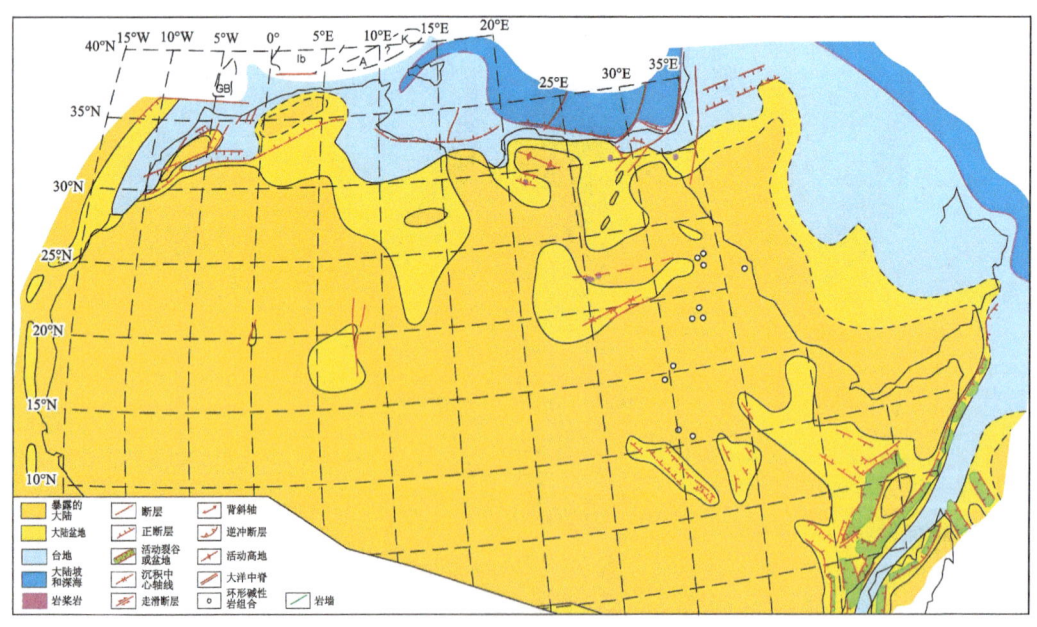

注：A.阿尔沃兰；GB.大沙洲；Ib.伊比利亚；K.卡比利亚斯。

图 1-1-22　中非、北非中三叠世古地理图（Guiraud et al.，2001）

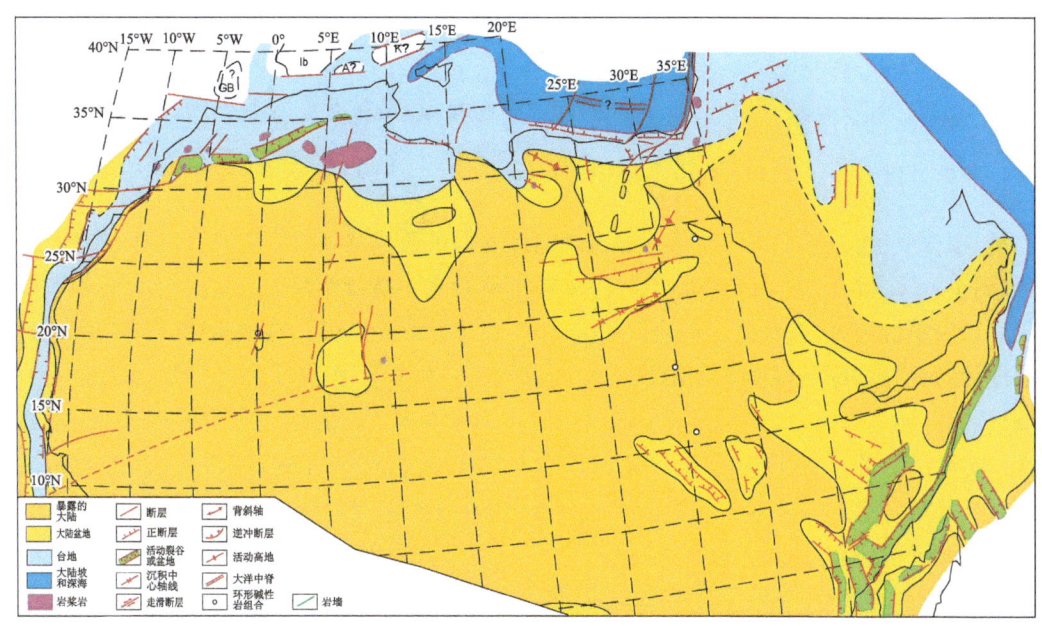

注：A.阿尔沃兰；GB.大沙洲；Ib.伊比利亚；K.卡比利亚斯。

图 1-1-23 中非、北非中三叠世古地理图（Guiraud et al.，2001）

表 1-1-4 非洲三叠系、侏罗系简表

系	统		阶	岩性地层
侏罗系	上统	麻姆统	提塘阶	
			基末利阶	
			牛津阶	
	中统	道格统	卡洛夫阶	德拉肯斯堡群
			巴通阶	
			巴柔阶	
			阿林阶	
	下统	里阿斯统	土阿辛阶	斯托姆伯格群
			普林斯巴阶	
			辛涅缪尔阶	
			赫塘阶	
三叠系	上统			
	下统—中统			博福特群

注：斯托姆伯格群上界和德拉肯斯堡群上界与各阶的对应关系是根据 IHS（2007）关于卡鲁盆地地层的绝对年龄做出的大致对应关系。

(二)侏罗纪

侏罗纪的构造环境和沉积特征及分布与三叠纪相似,是三叠纪裂谷作用的延续。

1. 北非地区

早、中侏罗世,东地中海边缘断块继续活动,发育东西向半地堑,沉积了三角洲和海相烃源岩(图1-1-24、图1-1-25)。向西,沿阿尔卑斯迈格勒比槽持续沉降,发育边缘海,沉积了厚层泥灰岩和浊积岩层系,沉降较小的地区和台地上沉积了碳酸盐岩。穆尔祖克盆地和韦德迈阿盆地提供的良好陆源沉积物开始沿海岸线广泛沉积。中央大西洋非洲边缘经历了弱—中等的热沉降,碳酸盐台地向西扩展,页岩和砾岩沿大陆坡沉积。海岸河流盆地依然很窄,中央大西洋域的南边界终止于几内亚-努比埃构造线的西向延伸部分,该构造线后来发生的弱活化作用引起了沿马里南缘及邻区的弱沉降。在非洲角,沿欧加登盆地沉积了包括厚层蒸发岩在内的边缘海沉积。阿拉伯地盾东部边缘为一个窄的大陆边缘-海洋枢纽带,随后演变成浅海碎屑岩/碳酸盐岩台地,最终为浅海碳酸盐台地。早侏罗世最重大的构造事件是地幔柱引起的中央大西洋岩浆岩区(CAMP)的喷发,形成时间为201Ma,标志着中央大西洋的裂开,在欧洲和西北非盆地之间形成大西洋海道。非洲角附近裂谷作用复活。

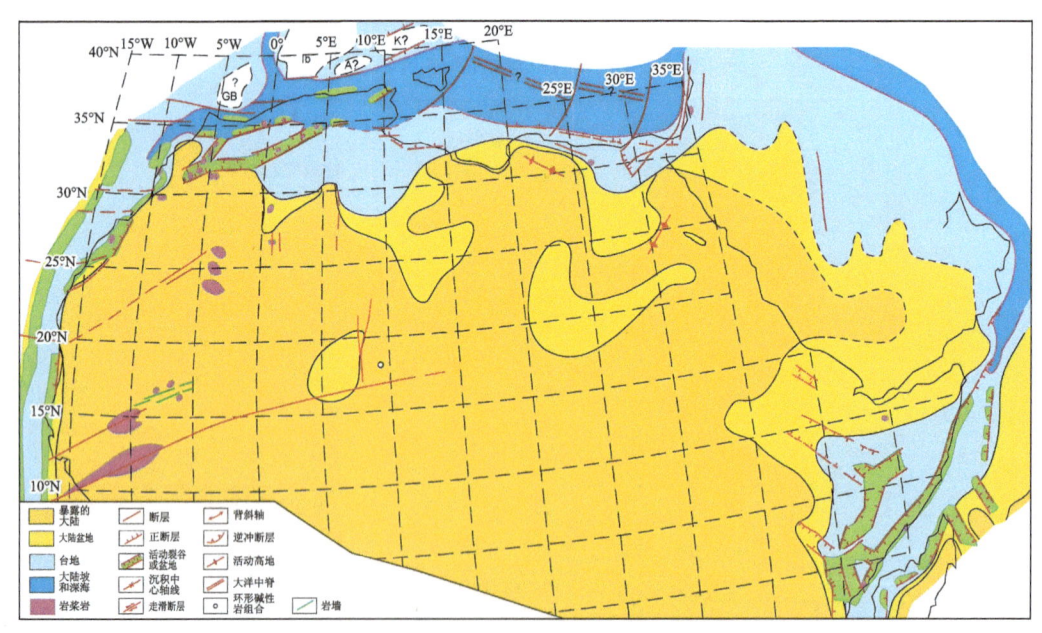

注:A.阿尔沃兰;GB.大沙洲;Ib.伊比利亚;K.卡比利亚斯。

图1-1-24　中非、北非赫塘期—土阿辛期古地理图(Guiraud et al.,2001)

晚侏罗世,沿东地中海边缘,北西奈山断块继续倾斜,西北埃及的阿布加拉迪盆地开始出现裂谷作用(图1-1-26、图1-1-27)。大型大陆河流相盆地(杜卡拉、库弗腊)继续活动或开始形成(南锡尔特),它们都被一些隆起环绕。向西,随着中央大西洋的快速打开,沿高阿特拉斯、撒哈拉阿特拉斯、突尼斯阿特拉斯和南里夫-泰勒槽发生主动沉降。向南,从利比亚到阿尔及利亚再到摩洛哥,为一窄的大陆坡,是一大型碳酸盐岩台地。再向南,形成混合或陆源沉积物。

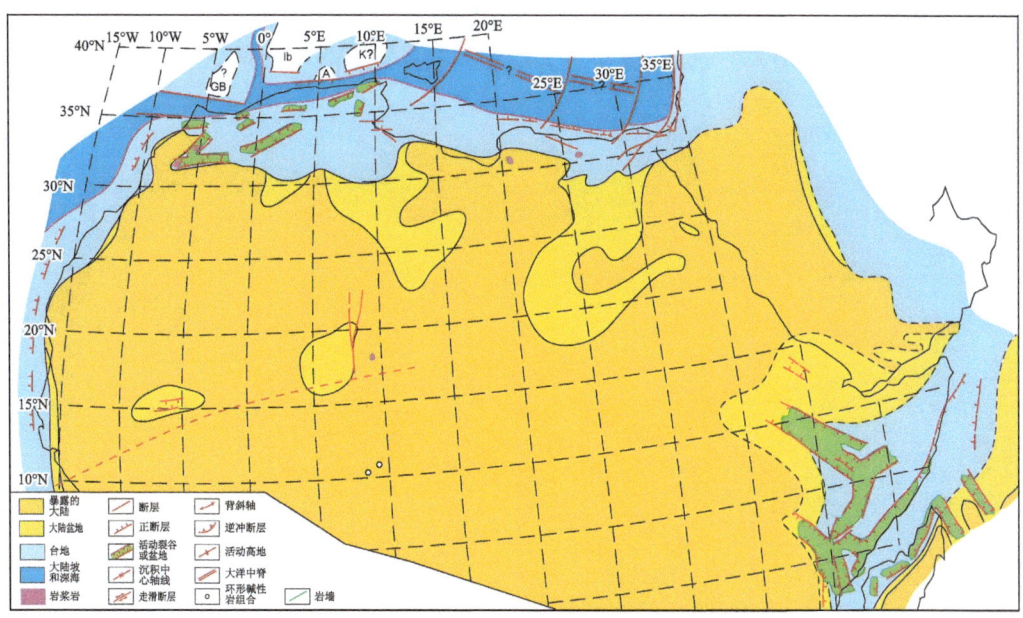

注:A.阿尔沃兰;GB.大沙洲;Ib.伊比利亚;K.卡比利亚斯。

图 1-1-25 中非、北非阿林期—巴通期古地理图(Guiraud et al.,2001)

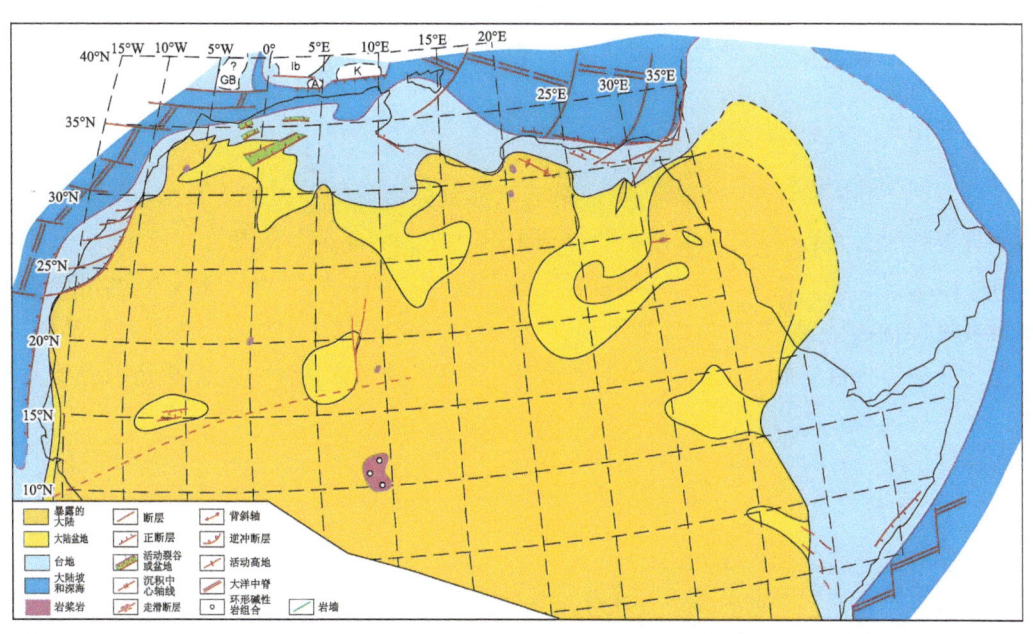

注:A.阿尔沃兰;GB.大沙洲;Ib.伊比利亚;K.卡比利亚斯。

图 1-1-26 中非、北非卡洛夫期—牛津期古地理图(Guiraud et al.,2001)

晚侏罗世,在非洲大陆内部,沿现今的几内亚湾开始了前裂谷阶段,裂谷作用到达贝努埃地区。非洲东部角裂谷沿青尼罗河谷延伸到中央苏丹,当时这里发育一窄的裂谷(图1-1-27)。北部的努比亚区碱性岩浆岩区复活。西南方向,早基末利期的海侵扩展到了扎伊尔盆地。沿南阿拉伯半岛的也门发育了北西-南东到东西走向的主动裂谷,裂谷作用延伸到索马里北部。非洲角附近裂谷作用的开始或活化,与西印度洋索马里盆地段的开始漂移有关。

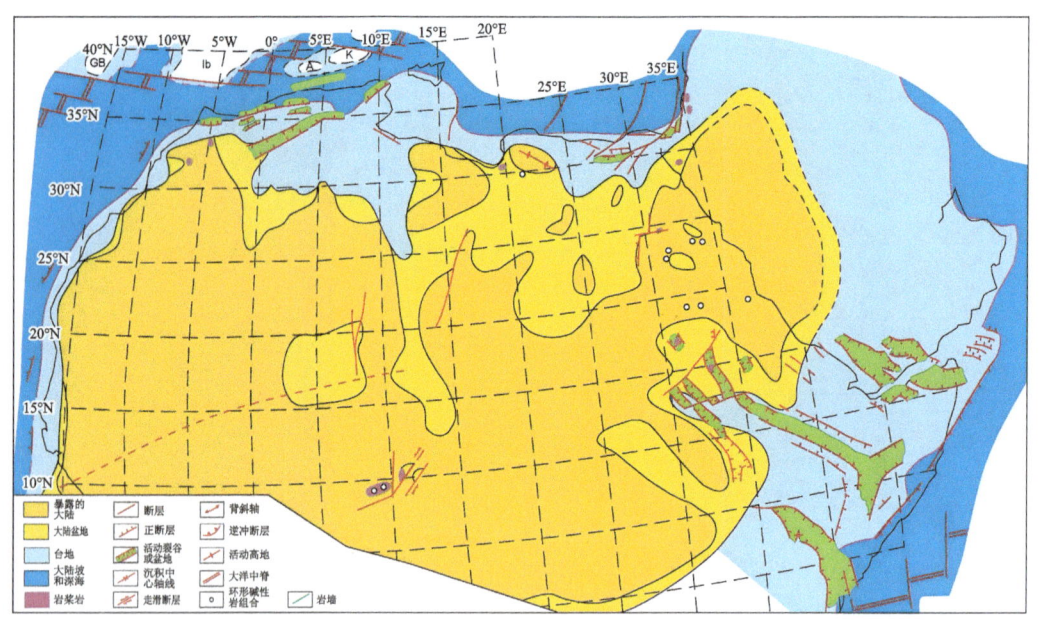

注:A.阿尔沃兰;GB.大沙洲;Ib.伊比利亚;K.卡比利亚斯。

图1-1-27 中非、北非基末利期—早贝利阿斯期古地理图(Guiraud et al.,2001)

2. 南非地区

下侏罗统下部为砂岩、页岩沉积,受冈瓦纳大陆解体出现的沙漠环境影响。下侏罗统上部和中侏罗统为玄武岩,组成卡鲁超群的上部地层。玄武岩厚度一般超过1000m,分布面积达$100×10^4 km^2$。玄武岩喷发之后,卡鲁盆地随即转化成剥蚀区。中—晚侏罗世,非洲东部与印度板块、南极洲板块分离,发生海侵,形成稳定的浅海沉积。侏罗纪—白垩纪转换期,大部分盆地表现为构造变形,但在中非和北非表现较弱,代表了东南欧洲较强构造活动的远程影响。

(三)白垩纪

白垩纪对于非洲大陆来说是一个非常重要的时期。侏罗纪冈瓦纳大陆普遍出现的大规模玄武岩喷发,标志着泛大陆已进入解体阶段,但泛大陆各部分之间的完全分离却是白垩纪期间的事情。白垩纪期间,北美洲和非洲已分离形成了中央大西洋,非洲与欧洲分离形成新特提斯洋,白垩纪晚期开始,新特提斯洋开始了闭合过程,这与北大西洋和比斯开湾打开有关。南美洲和非洲分离形成南大西洋,非洲与印度、澳大利亚和南极洲分离形成印度洋。白垩纪,非洲大陆内部形成西非裂谷系和中非裂谷系(图 1-1-28)。大陆分裂和大洋的形成,造成海侵作用广泛地发生,这使得内陆地区发育碳酸盐岩,沿岸地区发育碳酸盐岩和盐岩。

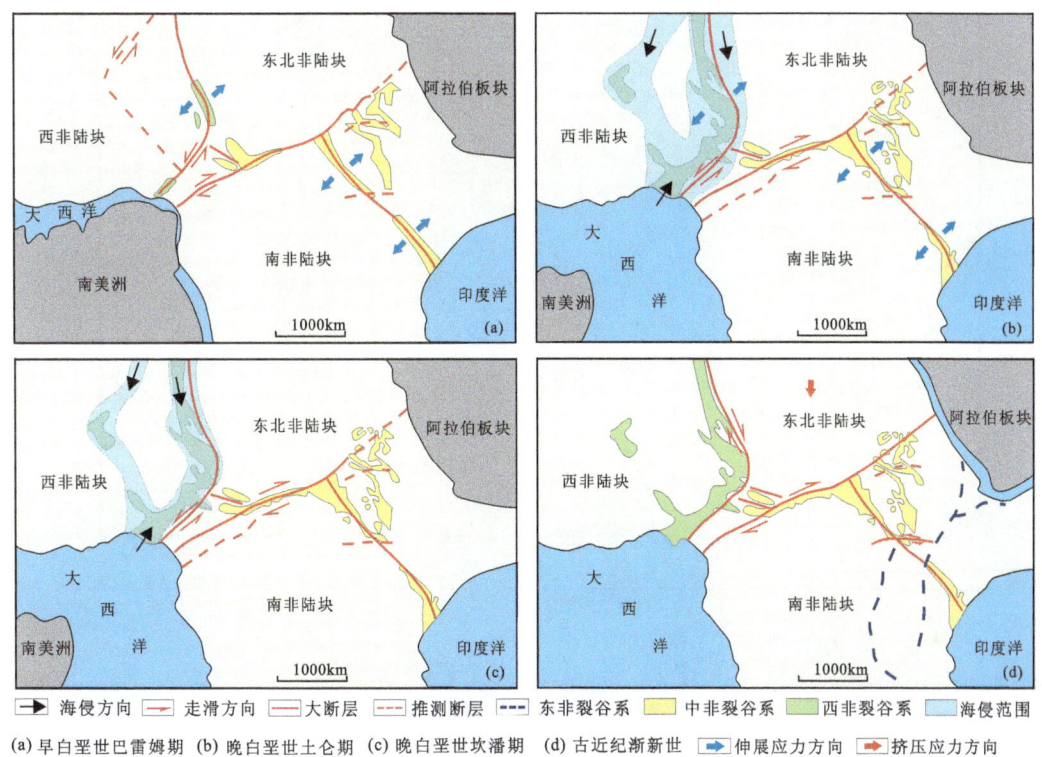

图 1-1-28 西非裂谷系和中非裂谷系的形成演化(Genik et al.,1993)

受大陆解体、北部边缘板块闭合以及非洲内部裂谷作用的控制,非洲的白垩系(表 1-1-5)主要分布在非洲大陆边缘和非洲中、北部的中非裂谷系和西非裂谷系,是除古生界含油气系统之外,非洲的第二个含油气系统。白垩系(尤其是下白垩统)是大陆边缘盆地和陆内中新生代盆地最重要的烃源岩。

1. 中非、北非地区

晚贝利阿斯期—早阿普特期,非洲-阿拉伯板块的漂移活动非常活跃,进入白垩纪同裂谷期Ⅰ阶段。中非地区及非洲-阿拉伯板块特提斯边缘东西向和北西-南东向裂谷开始形成或发育(图 1-1-29～图 1-1-31)。阿尔及利亚—利比亚—尼日尔一带的南北向断层带受左旋走滑作用影响而复活,形成拖曳褶皱和拉分盆地。非洲—南美区域裂谷活动也异常活跃,非洲-阿拉伯板块与南美板块分离,并进一步分裂为 3 个块体,即西部地块、阿拉伯-努比亚地块和南部地块。120Ma 时,与索马里洋壳的打开相呼应,阿拉伯-努比亚地块向北运动。

裂谷盆地中充填了厚层陆源河湖沉积,南乍得萨拉迈特谷沉积了 4km 厚的黑色页岩烃源岩。大型大陆盆地得以发育,以陆源沉积为主,阿尔及利亚西撒哈拉阿特拉斯发育大型三角洲。该阶段结束于区域不整合——"奥地利不整合"。

表 1-1-5 非洲白垩系简表

统		欧洲及非洲分阶		
二分	三分			
上白垩统	上白垩统	马斯特里赫特阶		
		森诺阶	坎潘阶	
			三冬阶	
			康尼亚克阶	
	中白垩统	土仑阶		
		赛诺曼阶		
		阿尔布阶		
		阿普特阶		
下白垩统	下白垩统	巴雷姆阶		
		纽康姆阶	欧特里夫阶	
			凡兰吟阶	
			贝利阿斯阶	

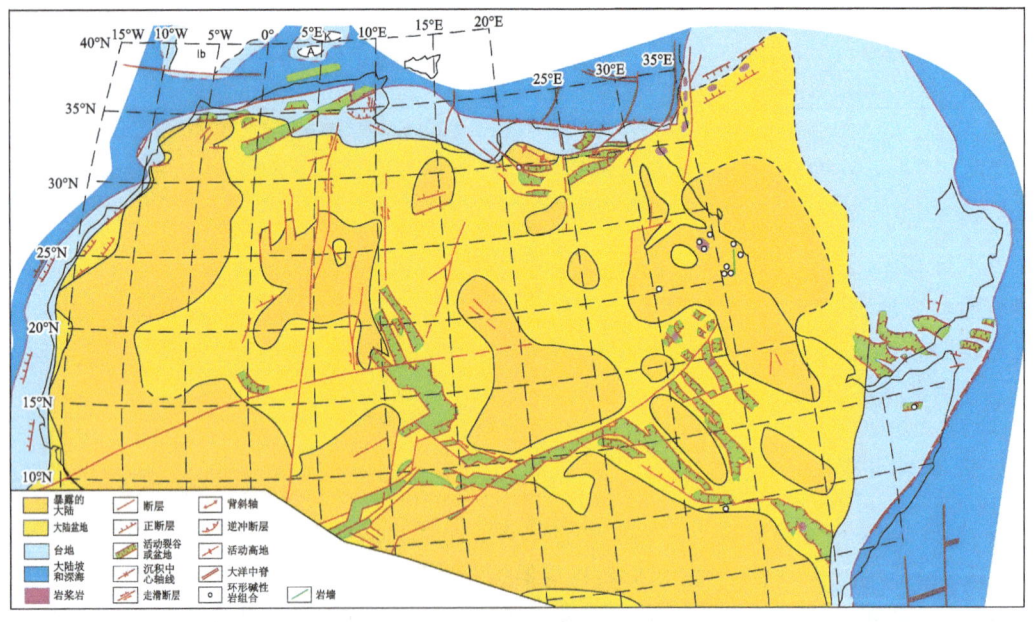

注：A.阿尔沃兰；Ib.伊比利亚；K.卡比利亚斯。

图 1-1-29 中非、北非晚贝利阿斯期—早阿普特期古地理图（据 Guiraud et al.,2001）

早阿普特期—晚阿尔布期，为白垩纪同裂谷期Ⅱ阶段，120～119Ma 以后的早阿普特期，板内应力场发生了急剧变化。北东-南西向谷地急剧沉降。沿中非断裂带，右旋斜张作用开始，在南乍得形成小型北西-南东向裂谷或拉分盆地，并沿贝努埃裂谷活动继续（图 1-1-30）。南北向的撒哈拉断层走滑活动停止或减弱。阿拉伯-努比亚地块向北东运动。

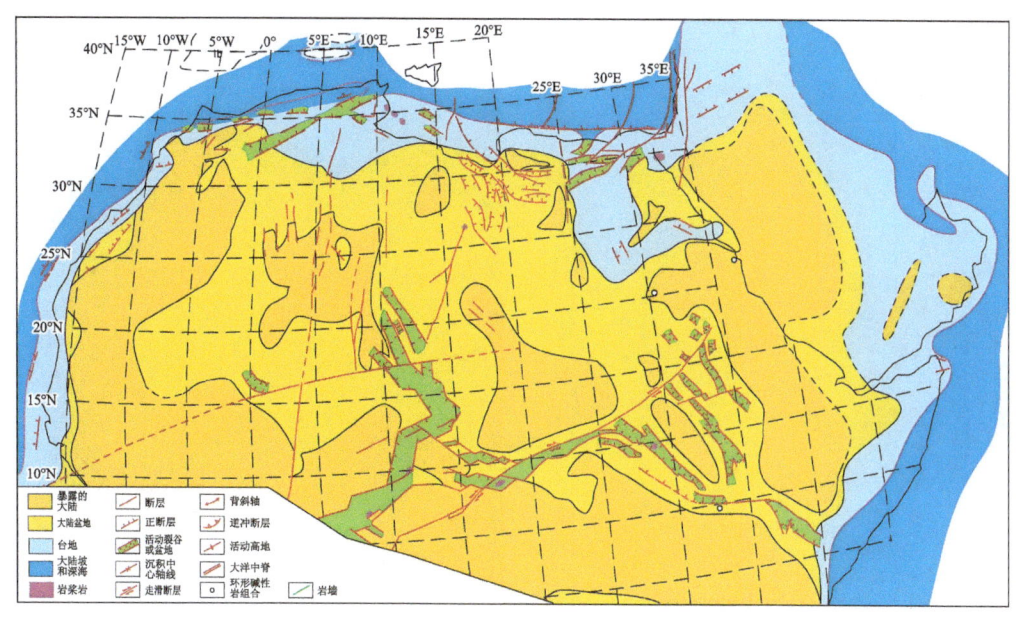

注：Ib. 伊比利亚。

图 1-1-30　中非、北非阿普特期—阿尔布期古地理图（Guiraud et al.，2001）

该时期大型大陆盆地在非洲广泛发育，然而，在中阿普特和晚阿尔布期曾发生过两次斜压作用。裂谷期Ⅱ阶段的结束以中非裂谷系和北非边缘区的不整合为标志（图 1-1-31）。非洲和南美赤道边发生构造改变，是非洲和南美大陆解体的开始，该事件发生在晚阿尔布期（102～101Ma）。

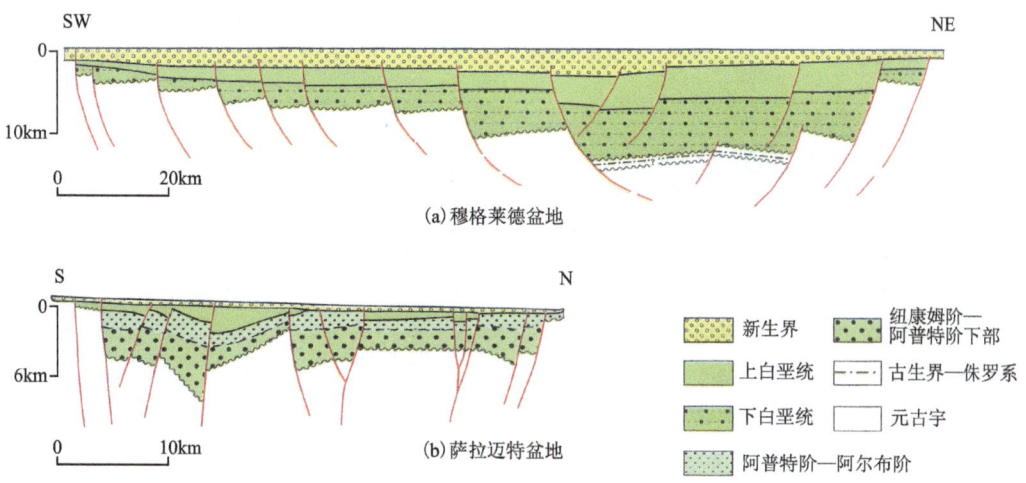

图 1-1-31　中非裂谷盆地系列剖面图（Guiraud et al.，2001）

阿尔布晚期—中三冬期，为白垩纪晚裂谷期—拗陷期。北非和中非西部构造活动减弱，海侵开始（图 1-1-32），苏丹谷仍为陆内裂谷。赛诺曼期，多巴盆地、上贝努埃、泰内雷和东地中海大陆边缘都有裂谷作用发生。中非沉降与北东-南西向伸展有关。西北非的迈格勒比边缘发生了复杂的断块掀斜作用。

赛诺曼期，古地理情况发生重大改变，海水从新特提斯洋和南大西洋（沿贝努埃谷）侵入

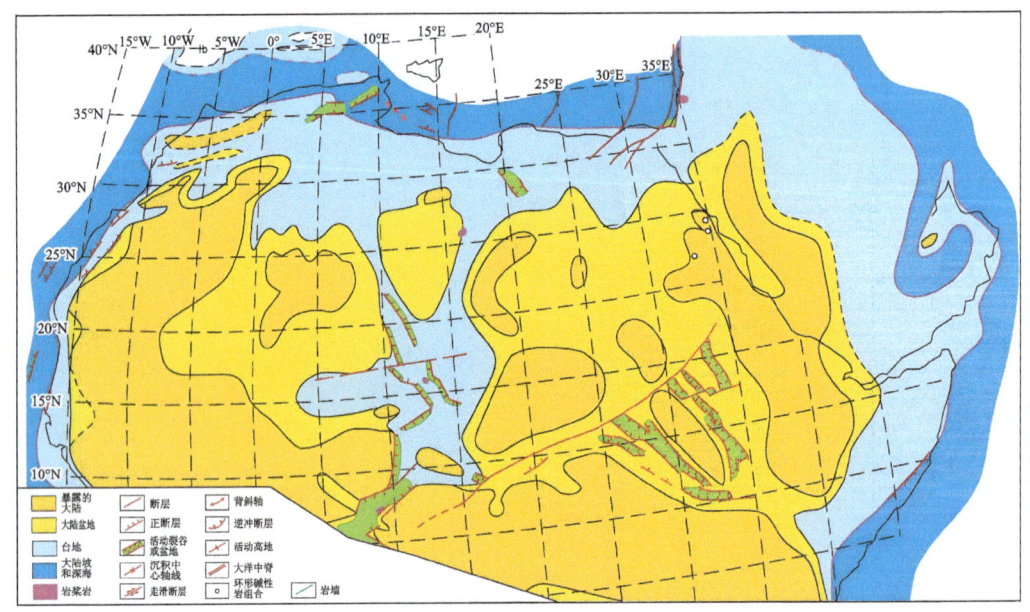

注：Ib.伊比利亚。

图 1-1-32　中非、北非晚阿尔布期—早森诺期古地理图(Guiraud et al.,2001)

北非地台、尼日尔和乍得陆内盆地。

晚三冬期的构造事件是非洲-阿拉伯板块所记录到的阿尔卑斯旋回的第一次挤压事件。沿非洲板块西北边界,阿尔卑斯造山带开始形成发育,并且一直延伸到非洲-阿拉伯板块北东边。中非裂谷系和西非裂谷系经历斜压作用,形成大型褶皱、正花状构造和反转构造。总之,该构造事件具有板块规模,在南东160°方向的挤压作用下,北东东—南西西向盆地发生反转。

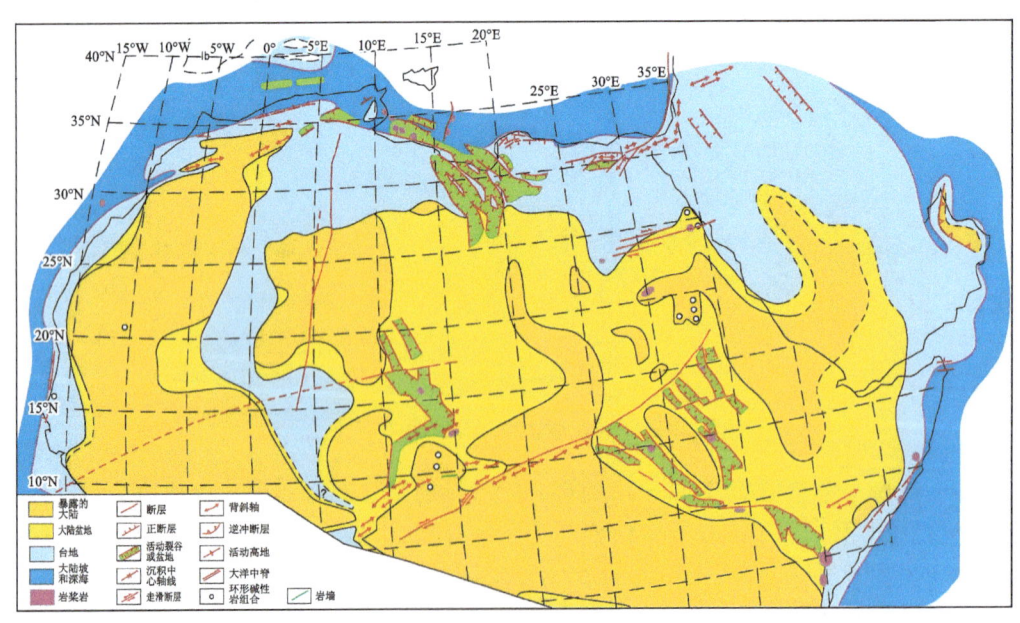

注：Ib.伊比利亚。

图 1-1-33　中非、北非晚三冬期—马斯特里赫特期古地理图(Guiraud et al.,2001)

晚森诺期,东尼日尔—西乍得陆表海退出,但新一轮的全球高海平面在东陶丹尼盆地和西尼日尔的尤利米丹盆地沉积了海相页岩(图1-1-33)。其中,坎潘期初,非洲-阿拉伯板块和欧亚板块的聚敛速度降低,但构造活动依然强烈,在此作用下,苏丹—肯尼亚和东尼日尔北西-南东向裂谷复活,锡尔特裂谷也强烈发育。沿北非特提斯边缘,发育了东西向盆地,是与右旋斜张有关的拉分盆地。马斯特里赫特期—古新世转换期,新的挤压幕影响了非洲-阿拉伯褶皱带北部,就板块规模来看,收缩方向为北北西—南南东向,与晚三冬期构造事件相似。

2. 大陆边缘区

大陆边缘区主要指西非被动大陆边缘和东非被动大陆边缘。白垩纪以来,非洲或是在前白垩纪裂谷基础上,或是在早白垩世新生裂谷基础上,于晚白垩世逐渐进入了被动大陆边缘发育期。沉积相从湖泊河流相到海陆过渡相再到海相变化,岩性组成有碎屑岩、碳酸盐岩和盐岩。由于各地演化过程不同,沉积特征存在差异。

西非被动大陆边缘的中大西洋段,为被动大陆边缘的海相、海陆过渡相碎屑岩和碳酸盐岩。赤道大西洋为陆相、海相碎屑岩。

南大西洋阿普特盐盆段,沉积层序可划分为裂谷期(纽康姆期)、裂谷过渡期层序(阿普特阶)和被动边缘期层序(阿尔布阶及其上地层)。裂谷期层序,为湖相、河流相和三角洲相沉积,岩性以砂岩、粉砂岩和页岩夹层为主,局部发育碳酸盐岩。裂谷过渡期层序,由早阿普特期的湖相和三角洲相巨厚的旋回性碎屑岩以及晚阿普特期的蒸发岩(盐系列)组成,标志着大西洋的裂开。早白垩世阿尔布期以来,为被动大陆边缘沉积期,发育灰岩和碎屑岩。

西南非海岸盆地段可划分为上侏罗统—巴雷姆阶裂谷层序、阿普特阶过渡层序和阿尔布阶—新生界被动边缘层序,以碎屑岩为主,缺少碳酸盐岩和盐岩。

五、新生代

新生代,西非、东非被动大陆边缘持续发展,并伴随大型三角洲发育,如尼日尔三角洲和尼罗河三角洲等。非洲北部边缘的西部逐渐发育了阿尔卑斯造山带,如里夫-泰勒造山带和阿特拉斯造山带,东部成为残留被动大陆边缘。受阿法尔地幔柱作用(31Ma)(Burke et al.,2003),非洲阿拉伯板块开始裂解,裂谷作用从晚始新世持续到早中新世(Guiraud et al.,1995),死海-红海-亚丁湾裂谷系开始形成,而东非裂谷系的裂谷作用持续至今。

1. 古近纪—新近纪

非洲的古近系—新近系在大陆边缘以及陆内新生代裂谷盆地中都有发育和分布(表1-1-6)。非洲中部和北部,古新世普遍发生海侵(图1-1-34),浅海页岩或灰岩不整合于老地层之上。晚古新世,陆缘海包围了霍加尔地块,沉积了厚层有机质页岩,同时发生了与西欧"拉腊米事件"等时的挤压变形。早—中始新世,海岸线略微后退(图1-1-35)。

表 1-1-6　非洲古近系—新近系简表(关增淼,2005 修改)

地质年代(Ma)		欧洲标准层序盆地		尼日尔三角洲	尼罗河三角洲盆地		苏伊士盆地
新近纪	上新世 1.8 5~7	Astian Plaisancain Pontian	(阿斯特) (拔拉桑) (蓬蒂)	贝宁组	上 中 下	瓦斯冈尼组 卡夫鲁舍克 阿布马迪	
	中新世	Mocotian Samtatian Vindobonian Burdigalian Aquitenian	(麦奥提) (沙尔马特) (温多博) (布尔迪加尔) (阿启坦)	阿哥巴达组		如西达组 夸瓦西姆组 西迪沙莱姆组	泽特组 南格哈里布组 比拉伊姆组 卡瑞姆组 如德斯组 努克胡尔组
古近纪	渐新世 22.5 37.5	Chattian Stampian Sannoisian	(夏特) (斯塔姆) (桑瓦兹)	阿卡塔组			
	始新世 50	Ludian Barionian Lutetian Cuisian Spainacian	(留弟) (巴顿) (留切脱) (居依西) (斯巴纳克)				克哈波巴组 日月尼阿组 达拉特组 泽拜斯组
	古新世	Thanetian Montian Danian	(大泥特) (蒙特) (达宁)				

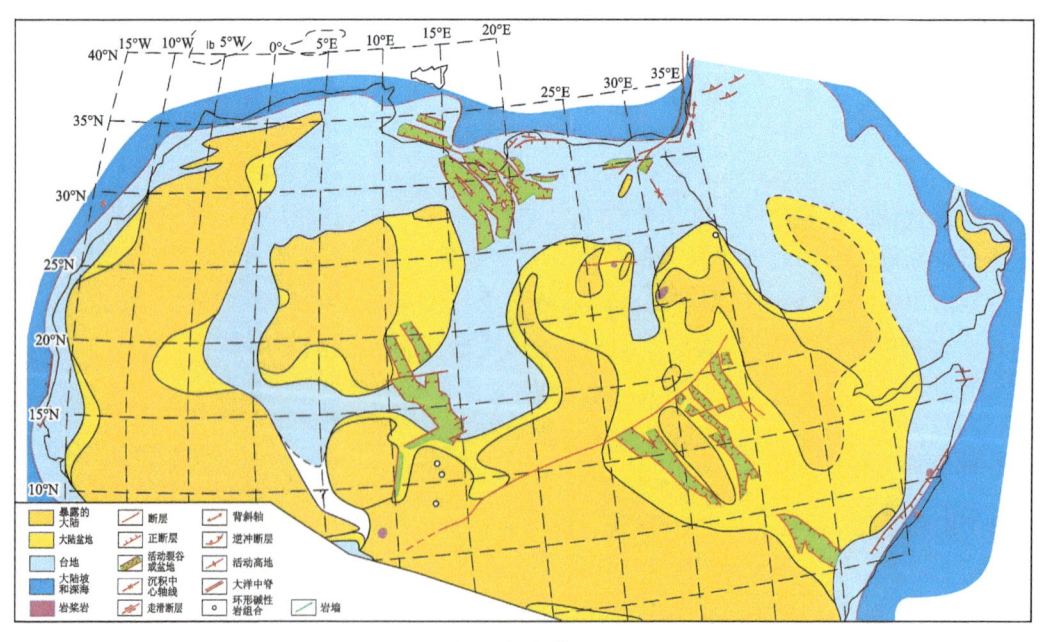

注:Ib.伊比利亚。

图 1-1-34　中非、北非古新世古地理图(Guiraud et al.,2005)

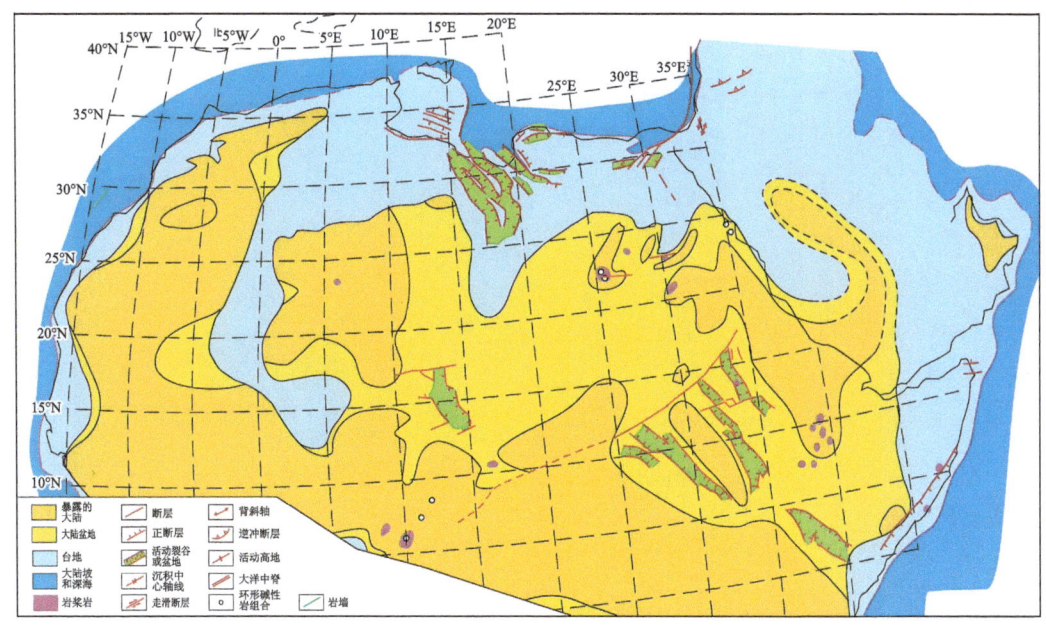

注：Ib. 伊比利亚。

图 1-1-35　中非、北非早—中始新世古地理图（Guiraud et al., 2005）

始新世晚期的"比利牛斯—阿特拉斯"挤压事件在板内使许多断层带复活，发生走滑活动并形成拖曳褶皱和隆起，板内沉积盆地的规模减小。

沿西非、北非海洋台地边缘，沉积物以陆源沉积为主，但中中新世因气候较热，产生了海侵和碳酸盐台地。阿拉伯北部和东部，渐新世和中新世发育碳酸盐台地。

非洲南部，古近系—新近系沉积主要发育在西非被动大陆边缘和东非大陆边缘，其中西非大陆边缘发育了尼日尔三角洲和刚果扇，东非被动大陆边缘发育了鲁伍马三角洲和赞比西三角洲。

2. 第四纪

非洲南部第四系存在于干旱沙漠区，发育第四系沙丘，非洲西北部的阿特拉斯山系、东部的肯尼亚山脉，第四纪曾发育山岳冰川，现今非洲的最高峰—坦桑尼亚东北部的乞力马扎罗山顶上仍有山岳冰川。非洲的第四系目前尚不具备与油气有关的条件。

第二节　非洲沉积盆地类型与石油地质特征

非洲板块的西界为大西洋中央海岭，东界为印度洋中央海岭的西支和北段，北东边以红海中央海岭与阿拉伯板块分界，北部以地中海与欧亚板块分界，除了与欧亚板块之间的北界为聚敛边界外，其余边界均为离散边界。非洲板块历经了38亿年的地质发展历史，主要形成了4种类型的构造单元（图 1-2-1），即克拉通、裂谷系、褶皱带和被动大陆边缘（表 1-2-1）。

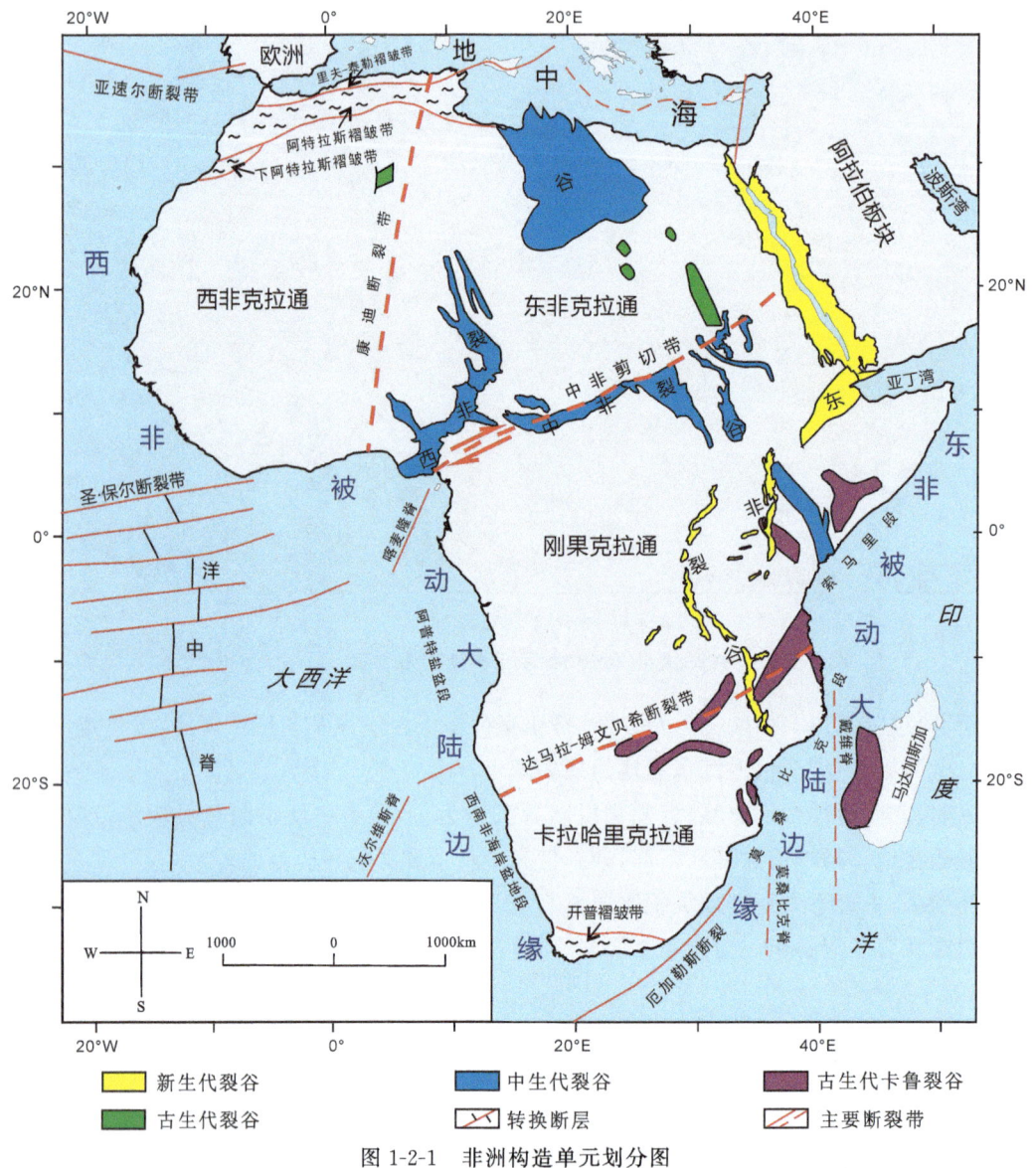

图 1-2-1 非洲构造单元划分图

(Daly et al., 1988; Fairhead et al., 1989; Key et al., 1989; Petters et al., 1991; Unrug et al., 1997; De Wit et al., 1999; Bumby et al., 2005)

非洲的80多个沉积盆地中有54个含油气盆地,这些沉积盆地可划分为4种类型,即被动大陆边缘盆地、裂谷盆地、克拉通坳陷盆地和压陷盆地(褶皱带山间盆地和前陆盆地),油气储量分别占非洲含油气盆地已发现油气总储量的56.33%、21.89%、21.76%和0.02%(朱伟林,2013)。前3种类型盆地为非洲主要含油气盆地,压陷盆地(褶皱带山间盆地和前陆盆地)勘探程度低,可能具有一定的油气勘探潜力,其油气富集规律尚待进一步研究。非洲卡鲁盆地群中的盆地包括3类,即弧后前陆盆地、陆内克拉通盆地和卡鲁裂谷盆地。据公开报道,目前非洲南部尚未发现可开采(商业性)的常规油气资源,以页岩气和煤层气勘探为主。已发现的两个商业化陆上气田(但气层并非位于卡鲁超群)位于莫桑比克,由Sasol和ENH公司共同运营。卡鲁盆地群的含气层位主要位于二叠系,整体油气资源潜力大,但勘探程度较低。

表 1-2-1 非洲构造区划表

克拉通	被动大陆边缘		裂谷系	褶皱带
西非克拉通	西海岸	中大西洋段	古生代裂谷系 (卡鲁裂谷)	阿特拉斯(海西- 阿尔卑斯)褶皱带
东非克拉通		几内亚湾赤道大西洋段		
刚果(扎伊尔) 克拉通		阿普特盐盆段	中生代裂谷系 (西非裂谷、中非裂谷)	
		西南非海岸盆地段		
卡拉哈里克拉通	东海岸	莫桑比克段	新生代裂谷系 (东非裂谷、红海)	开普(海西)褶皱带
		索马里段		
		东地中海		

各类型盆地在非洲板块上具有明显的地域分布特点,在时间上具有明显的分阶段发育特征。被动大陆边缘盆地中以三角洲型盆地油气最为富集,其次为阿普特盐盆地群。非洲 4 个三角洲型盆地(尼日尔三角洲、尼罗河三角洲、鲁伍马三角洲和刚果扇)油气储量占据了整个非洲被动大陆边缘 26 个含油气盆地油气总储量的 68.71%。尼日尔三角洲占据了非洲被动大陆边缘含油气盆地油气总储量的 54.14%,成为世界头号三角洲型含油气盆地。尼日尔三角洲油气富集的首要条件是长期、大量、迅速、稳定的物源补给,这主要得益于西非和中非裂谷系的发育,其次得益于发育具有生长性质的、完整的重力滑动体系。西非被动大陆边缘的喀麦隆安哥拉段,即阿普特盐盆地群,占非洲被动大陆边缘含油气盆地油气总储量的 20.89%。阿普特盐盆地群为中生代陆相裂谷盆地,在漂移期叠加了新生代沉积,与大西洋对岸的坎波斯盆地、桑托斯盆地遥相呼应,是世界被动大陆边缘盆地中油气最为富集的地区之一。这一油气富集区形成的区域地质背景与 130Ma 时开始的特里斯坦地幔柱作用有关,主要烃源岩是下白垩统咸水—半咸水湖相页岩。

一、克拉通

非洲板块由多个克拉通(即古陆的稳定陆核)组成,这些克拉通核经过泛非纪(新元古代,1000~550Ma)克拉通化过程,逐渐扩大并联合,形成联合大陆。现今的非洲大陆(除马达加斯加外)以古断裂和中生代以来的活动断裂为界,可以划分为 4 个克拉通,自南向北依次为卡拉哈里克拉通、刚果克拉通、西非克拉通和东非克拉通(图 1-2-1),Wright 等(1985)又将非洲北部的克拉通统称为撒哈拉克拉通。非洲板块的每一个克拉通都可以进一步分成几个更小的地块或地体,它们沿着前冈瓦纳造山带拼合在一起。

西非克拉通是在太古宙西非克拉通核的基础上发育起来的,与东非克拉通之间以康迪断裂带为界。康迪断裂带大致沿撒哈拉泛非活动带延伸,由多条断层组成,泛非纪早期为复杂活动带,为西非克拉通向东撒哈拉克拉通之下俯冲活动带的一部分,泛非纪后期—早古生代晚期停止活动。加里东事件使其复活,晚古生代活动强度小,中生代至始新世强烈活动,随后停止。

东非克拉通是由多个太古宙克拉通核联合,并经后期克拉通化过程逐渐发展起来的,与刚果克拉通以中非剪切带为界,该剪切带是中生代以来沿泛非活动带发育起来的走滑断裂带,以右行活动为主,但早期有左行活动的迹象(IHS,2007)。断裂带内发育厚层白垩系,其上为坳陷期的新生界。紧邻中非剪切带的东非克拉通和刚果克拉通部分则主要为元古宇,中新生界沉积盖层较薄。

刚果克拉通与卡拉哈里克拉通的分界为达马拉-姆文贝希断裂。该断裂以左旋走滑为主,但间有右旋活动特点(Daly et al.,1988;Porada et al.,1989;Key et al.,1992),其西起达马拉活动带,经过赞比西活动带,向东延伸到莫桑比克活动带北部,主活动期为泛非纪,后期活动弱。

二、裂谷体系

非洲大陆内部,显生宙以来发生了古生代、中生代和新生代3期裂谷作用,相应地形成了3期裂谷系(图1-2-1)。其中一些裂谷的裂谷作用延续时间较长,从古生代到中生代,或从中生代到新生代。

1. 古生代裂谷体系

古生代非洲曾发生广泛的裂谷作用,有些地区在裂谷作用下发育成了裂谷盆地,如东非的卡鲁盆地群;有些地区只是经历了有限的裂谷作用,之后很快进入坳陷期,形成克拉通内坳陷盆地,如刚果盆地、卡拉哈里盆地等。非洲的古生代裂谷盆地发育在非洲的东南部及北部,尤以东南部的卡鲁盆地群最为发育,其裂谷作用一直持续到中生代。

2. 中生代裂谷体系

中生代裂谷体系主要分布在非洲中部和西部,分别称为中非裂谷系和西非裂谷系,两者合称为西非-中非裂谷系。中生代裂谷系的主要发育期为白垩纪,但裂谷作用一直延续到新生代,因此也称为中、新生代裂谷体系(图1-2-2)。

西非裂谷系沿贝努埃槽向北东先延伸到乍得盆地,再延伸到锡尔特盆地,构成西非裂谷系。中非裂谷系沿中非剪切带及其两侧分布,它的形成与中非剪切带有关,该剪切带沿北东东方向延伸(Schandelmeier et al.,1990)。现今非洲板块的被动大陆边缘都是在中生代裂谷的基础上,经白垩纪晚期到新生代逐渐发育起来的,但不同地段中生代裂谷开始的时间存在差异。

3. 新生代裂谷体系

新生代裂谷体系主要发育在非洲东部,与阿拉伯裂谷带相连,合称为非洲-阿拉伯裂谷带(图1-2-3),是大陆区延伸最长的现代裂谷带,该裂谷带从北面的地中海向南延伸至莫桑比克湾,长度超过6000km。

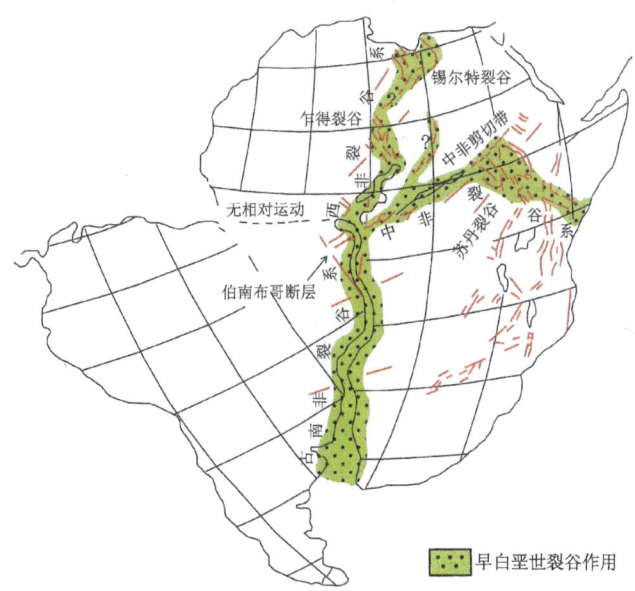

图 1-2-2　早白垩世西冈瓦纳裂谷体系(Fairhead et al.,1989 修改)

图 1-2-3　非洲-阿拉伯裂谷系结构图(Petters,1991)

三、褶皱带

非洲的褶皱带分布在南部和北部,分别为开普褶皱带和阿特拉斯褶皱带。非洲南部的开普褶皱带为晚古生代海西期褶皱带(图1-2-4),古生代早期开普褶皱带地区位于冈瓦纳泛大陆南部被动大陆边缘,沉积了巨厚的开普超群(奥陶系—下石炭统)(Flint et al.,2011),其后受海西构造旋回多期构造运动的影响,发生褶皱作用。

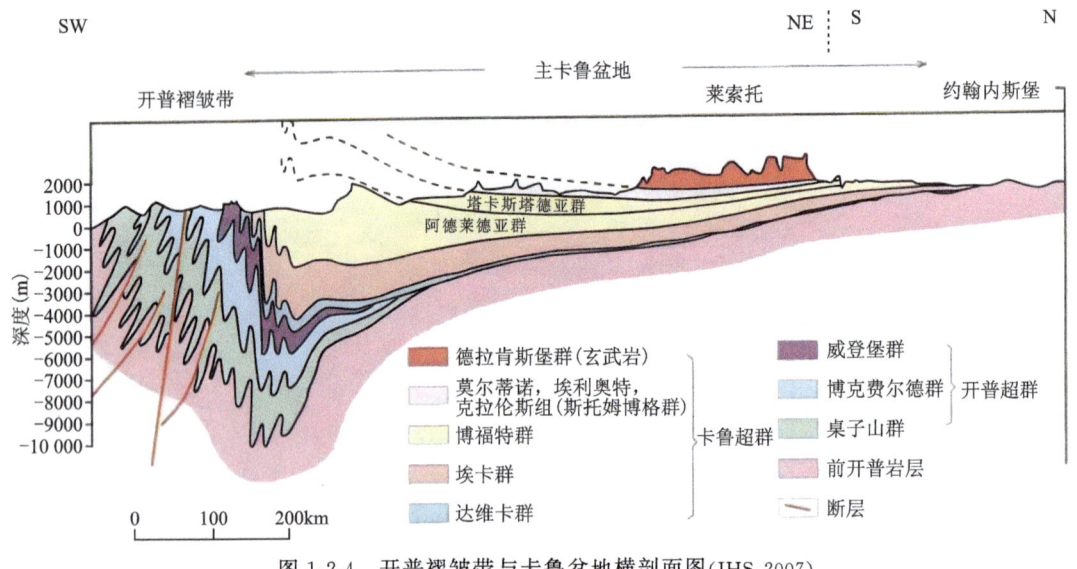

图1-2-4　开普褶皱带与卡鲁盆地横剖面图(IHS,2007)

非洲北部的阿特拉斯褶皱带是在海西期褶皱带的基础上,主要于中、新生代形成的褶皱带,是非洲板块和欧洲板块碰撞作用的结果,属于阿尔卑斯褶皱带(图1-2-5)。阿特拉斯褶皱带主体部分虽形成于中、新生代,但至少还经历了泛非纪和海西期褶皱作用。

四、被动大陆边缘

中、新生代冈瓦纳大陆的破裂漂移在非洲形成了广阔的被动大陆边缘,其按地理位置可划分为西非被动大陆边缘、东非被动大陆边缘(图1-2-1)和东地中海残留被动大陆边缘。

西非被动大陆边缘可以划分为4段,即中大西洋段、几内亚湾赤道大西洋段、阿普特盐盆段和西南非海岸盆地段。东非被动大陆边缘北起索马里,南到莫桑比克,与南大西洋段的分界为莫桑比克脊。非洲北部边缘的东段,即东地中海的南部仍残留新特提斯洋的被动大陆边缘。非洲板块北东边的红海已经出现洋壳,其两边可以认为是幼年期被动大陆边缘。

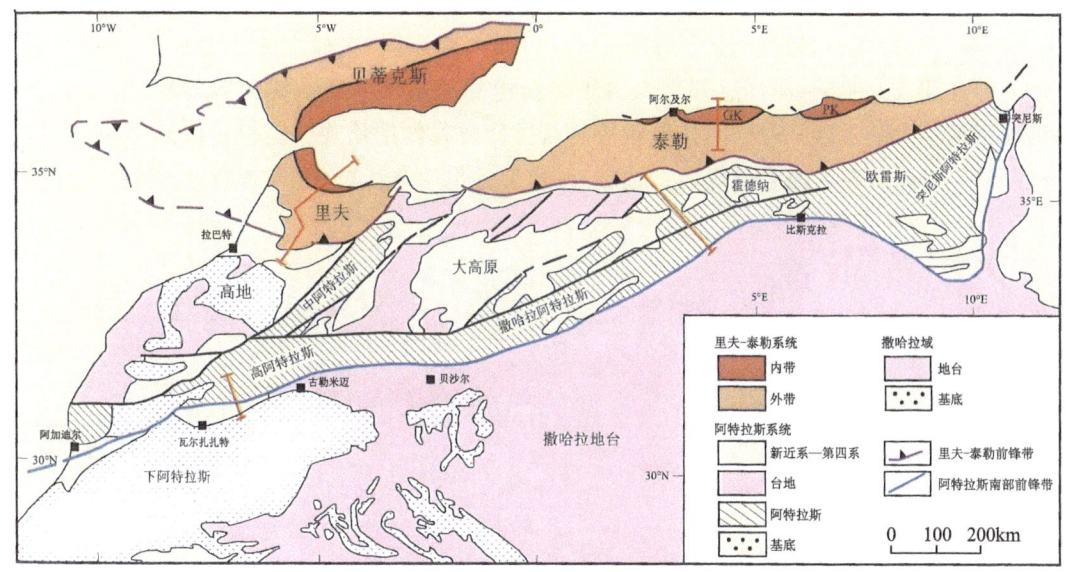

注:GK.大卡比利亚;PK.小卡比利亚。

图 1-2-5　西北非阿尔卑斯构造带主要构造单元(Guiraud et al.,2005)

五、小结

(1)非洲板块可以划分为4种类型的构造单元,克拉通、裂谷、褶皱带和被动大陆边缘。构造变形和地貌特点表现为"一个稳定的古大陆、宽广的被动大陆边缘、有限的褶皱带"。

(2)泛非纪活动带对后期非洲板块的构造演化和内部裂谷盆地发育有重要影响,在很大程度上决定着裂谷发育的部位和方向。

(3)加里东期,冈瓦纳大陆非洲部分为克拉通盆地沉积,其中西非、北非为海相,其他地区普遍为陆相。

(4)海西期为联合古陆形成阶段,西非、北非延续了浅海相沉积。劳亚大陆与冈瓦纳大陆的碰撞在北非和西非是重要构造事件,决定了志留系—石炭系残余盆地的分布,影响了中非、北非盆地的油气成藏。

(5)中生代为冈瓦纳大陆解体阶段,在此期间,北非在早侏罗世与北美大陆和欧洲大陆分离;南大西洋最早自晚侏罗世从南部开始裂开,裂谷作用逐渐向北传递,到早白垩世晚期(阿普特晚期),南大西洋形成;赤道大西洋早白垩世为陆内拉分裂陷,晚白垩世进入被动大陆边缘演化阶段;非洲大陆东缘的裂解始自中侏罗世,经历了早—中侏罗世的裂谷作用及晚侏罗世—早白垩世的海底扩张作用,晚白垩世—新生代进入漂移阶段。非洲北部的地中海,侏罗纪—白垩纪表现为新特提斯洋被动大陆边缘。非洲大陆内部,白垩纪以来也发生广泛的裂谷作用。阿普特含盐盆地、内部裂谷盆地的下白垩统都沉积在深湖缺氧环境中,而锡尔特盆地的上白垩统为缺氧海湾沉积,都已成为良好的烃源岩,使安哥拉至加蓬段的西非被动大陆边缘成为世界上油气富集区之一,也使锡尔特盆地成为非洲油气富集程度第二的盆地。

(6)新生代为漂移、裂谷和挤压褶皱阶段,西非大陆边缘、东非大陆边缘在持续裂谷作用下进入漂移期或拗陷期;非洲北部边缘由于始新世的阿尔卑斯运动成为造山带,东部东地中海仍残留被动大陆边缘;非洲-阿拉伯板块的新生代裂谷作用从晚始新世持续到早中新世,死海-红海-亚丁湾裂谷系随之形成,东非裂谷系的裂谷作用持续至今。

第二章 非洲卡鲁盆地成因及类型

第一节 卡鲁盆地概况

"卡鲁"代表着晚石炭世—早侏罗世期间沉积的陆相地层,受构造活动和气候作用的影响。卡鲁盆地群是含有卡鲁超群沉积物的沉积盆地,为非洲古生代最大的沉积盆地之一,主要分布在现今非洲的中南部,约占非洲现有陆地面积的2/3(图2-1-1)。按盆地成因机制可以将卡鲁盆地群分为三大类:一是卡鲁裂谷盆地,主要位于东非,包括窄地堑、半地堑和谷槽,分布在坦桑尼亚、肯尼亚、乌干达、赞比亚、津巴布韦、马达加斯加等地;二是横穿南非东西向延伸的主卡鲁盆地,盆地性质为前陆盆地(Daly et al.,1989),与开普褶皱带的挤压上升有关,开普褶皱带的地质活动导致地壳的挤压与上升,进而形成了主卡鲁盆地独特的地质构造;三是卡鲁前陆盆地西部外围带的克拉通盆地,为宽阔的陆内克拉通坳陷(Rust et al.,1975),以卡拉哈里(Kalahari)盆地和刚果(Congo)盆地为代表,主要分布在非洲的博茨瓦纳、纳米比亚、安哥拉、刚果(金)和加蓬等地。

非洲卡鲁盆地群是在盘古超大陆会聚和分裂期间演化形成的,受到冈瓦纳大陆南缘和北缘两种不同构造机制的影响。南部构造体系与沿冈瓦纳古太平洋边缘的俯冲和造山作用有关,最终演化形成了弧后前陆体系"主卡鲁(Main Karoo)盆地"。该盆地保存了晚石炭世—中侏罗世的卡鲁超群。主卡鲁盆地北部以伸展和转换拉伸为主,从离散的冈瓦纳古陆和特堤斯洋边缘向南扩散至超大陆。除构造叠加作用对盆地演化的控制之外,气候变化同样对该盆地起到了一定的作用。

盆地环境的总体趋势是,晚石炭世至早二叠世再到卡鲁后期,气候从寒冷、半干旱环境转变为温暖炎热环境。由于卡鲁超群沉积时期构造和气候条件的变化,整个非洲大陆卡鲁超群的岩性特征也发生了显著变化。因此,严格意义上的卡鲁盆地群与南非主卡鲁盆地具有明显的相似性,但一般仅限于非洲中南部,而赤道以北保存的卡鲁沉积序列则截然不同。因此,本书重点关注非洲中南部严格意义上的卡鲁盆地群。

非洲中南部卡鲁盆地群中的盆地数量众多,在非洲中南部总共有22个卡鲁盆地,其中弧后前陆盆地仅有1个,为主卡鲁(Main Karoo)盆地,陆内克拉通盆地有7个,而卡鲁裂谷盆地

图 2-1-1 非洲中南部卡鲁盆地群分布(Catuneanu,2005)

系列有 14 个小盆地(图 2-1-1,表 2-1-1)。卡鲁盆地群中面积前 5 的盆地分别为主卡鲁盆地、卡拉哈里盆地、刚果盆地、中赞比亚(Mid-Zambezi)盆地和 Aranos 盆地,而裂谷盆地的面积相对较小,主要集中分布在非洲东南部。已有文献报道的卡鲁盆地群油气资源以页岩气和煤层气为主,卡鲁盆地群的含气层位主要位于二叠系,整体油气资源潜力大,但勘探程度较低,资料积累少,研究相对比较薄弱,尤其是卡鲁裂谷盆地,盆地面积较小,并且勘探程度低,空白区面积大。目前,南非的主卡鲁盆地是卡鲁盆地群中面积、资源潜力最大的一个盆地,也是油气勘探活动最活跃的盆地。总体而言,非洲中南部古生代卡鲁盆地群探明的油气储量较低,但近几年主卡鲁盆地页岩气及煤层气的发现,证实了卡鲁盆地群具有一定的油气资源潜力,页岩气和煤层气资源丰富,勘探潜力大,非洲卡鲁盆地群具有广阔的勘探前景,是非洲未来油气勘探的主要场所。

第二章 非洲卡鲁盆地成因及类型

表 2-1-1 非洲古生代卡鲁盆地情况简表

盆地名称	盆地类型	盆地面积（km²）	资源类型	文献报道资源量（亿 m³）	目的层	目的层岩性
Main Karoo 盆地	弧后前陆盆地	614 800	页岩气	6.08×10^6	二叠系 Ecca 群	页岩、黑色泥岩
Kalahari 盆地	陆内克拉通盆地	430 000	煤层气	85 600	二叠系 Ecca 群	煤系地层
Congo 盆地	陆内克拉通盆地	3.4×10^6	常规油气（尚未发现）	—	二叠系 Ecca 群	黑色页岩、煤
Mid-Zambezi 盆地	陆内克拉通盆地	120 000	煤层气	—	二叠系 Ecca 群	煤系地层
Aranos 盆地	陆内克拉通盆地	40 000	煤层气	—	二叠系 Ecca 群	煤系地层
Owambo 盆地	陆内克拉通盆地	268 000	常规油气	—	二叠系 Ecca 群、Dwyka 群，新元古代—早古生代 Otavi 群与 Mulden 群	碎屑岩与碳酸盐岩
Huab 盆地	陆内克拉通盆地		未发现	—		
Waterberg 盆地	陆内克拉通盆地		未发现	—		
Selous 盆地	裂谷盆地	71 000	页岩气	14 200～56 600	二叠系	页岩、泥岩
Luangwa 盆地	裂谷盆地	39 000	煤层气—常规油气（可能）	—	二叠系 Luwumbu 组和 Madumabisa 组	煤、碳质泥岩、页岩
Caboa Bassa 盆地	裂谷盆地（半地堑）	12 000	常规油气	1100 亿 m³ 天然气、1.8 亿桶油	二叠系 Mkanga 组	泥岩和煤，含云母砂岩夹层
Tuli 盆地	裂谷盆地	24 000	煤层气	—	二叠系 Ecca 群	煤
Springbok Flats 盆地	裂谷盆地（地堑）	9300	煤层气	1400	二叠系 Ecca 群—Beaufort 群	煤、页岩、泥岩、碳质泥岩
Ellisras 盆地	裂谷盆地	2800	煤层气	—	二叠系 Ecca 群	煤
Tshipise 盆地	裂谷盆地	9000	煤层气	—	二叠系 Madumabisa 组	煤系地层
Karasburg 盆地	裂谷盆地	8500	未发现	—		
Tanga 盆地	裂谷盆地	4200	未发现	—		
Ruhuhu 盆地	裂谷盆地	6400	煤层气（未发现）	—	二叠系 Ecca 群	煤系地层
Metangula 盆地	裂谷盆地	8000	未发现	—		
Save 盆地	裂谷盆地		未发现	—		
Nuanetsi 盆地	裂谷盆地		未发现	—		
Duruma 盆地	裂谷盆地		未发现	—		

第二节 卡鲁盆地群成因

卡鲁盆地群是冈瓦纳古陆与劳亚古陆以及劳亚古陆、亚细亚与西伯利亚陆块之间的陆陆碰撞拼合形成的。在晚二叠世,冈瓦纳古陆与劳亚(劳伦西亚)古陆之间发生了显著的相对运动,从泛大陆时中石炭世—早二叠世的挤压作用,转变为晚二叠世—三叠纪的扩张作用,最终致使泛大陆和冈瓦纳古陆解体。卡鲁时期的构造格局是冈瓦纳古陆南缘挤压增生与伸展作用共同影响的结果,范围从特提斯边缘一直延伸到超大陆。卡鲁时期的构造演化主要分为以下3个阶段。

(1)石炭纪—早二叠世,冈瓦纳古陆长时间处于冰川沉积(图2-2-1),非洲南部位于南极地区,被厚层的冰川覆盖。自石炭纪以来,劳亚古陆和冈瓦纳古陆开始会聚,并逐渐向北漂移,大约在320Ma,盘古大陆已初步形成,到二叠纪时盘古大陆已基本形成,且以赤道为中心,其范围从南极一直延伸到北极地区,覆盖了地球表面的大部分陆地。

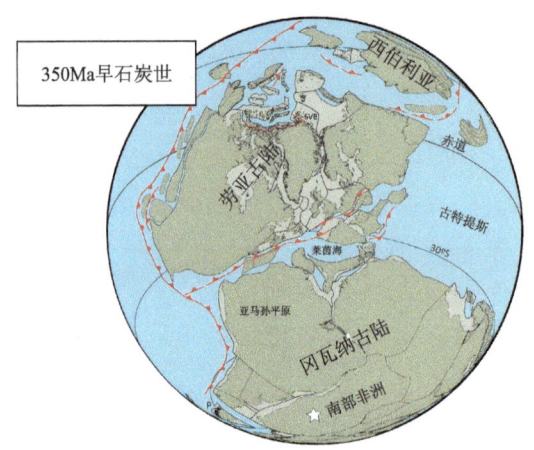

图2-2-1 早石炭世劳亚古陆和冈瓦纳古陆位置(Torsvik et al.,2012)

(2)早二叠世—早三叠世,盘古大陆达到了地质历史上的最大规模(图2-2-2),但其最重要的生长阶段发生在晚石炭世,此时,冈瓦纳古陆、劳亚古陆和其他地块相互碰撞,在此过程中形成了西欧海西造山带。据推测,大约在250Ma时,盘古大陆的面积达到了1.6亿km^2,包含93%的大陆物质和约30%的地球表面。南部非洲位于古太平洋板块与盘古大陆俯冲带的边缘,此时非洲板块向北漂移,冰川融化。

(3)晚三叠世—晚侏罗世,盘古大陆一直向北漂移,直到在中大西洋发生分裂,导致劳亚大陆与冈瓦纳大陆分离(图2-2-3)。冈瓦纳大陆在南非地区解体,同时,盆地整体向上抬升。古太平洋板块持续向非洲南部俯冲,该作用不仅加剧了地壳的变形和抬升,还导致了开普褶皱带的形成。开普褶皱带是地壳在俯冲作用下发生褶皱和变形的结果,它的形成对南非地区的地质构造和地貌形态产生了深远的影响。

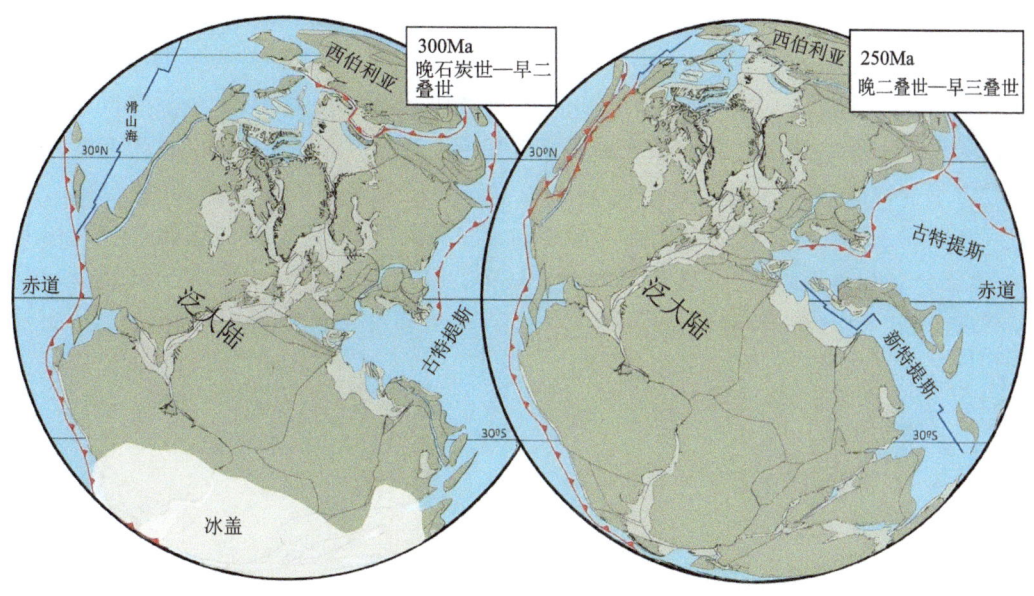

图 2-2-2 早二叠世—早三叠世古大陆重建(Torsvik et al., 2012)

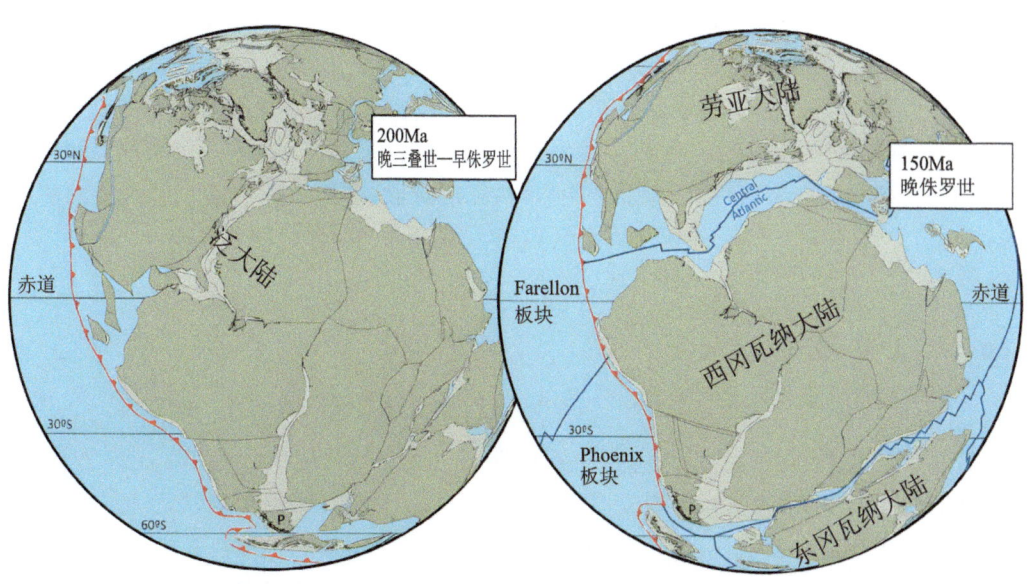

图 2-2-3 晚三叠世—晚侏罗世古大陆重建(Torsvik et al., 2012)

第三节 卡鲁盆地群类型

非洲卡鲁盆地群是在盘古超大陆聚合和分裂期间演化形成的,受冈瓦纳大陆南缘和北缘两种不同构造机制的影响。南部构造体系与沿冈瓦纳古太平洋边缘的俯冲和造山作用有关,最终演化形成了弧后前陆体系"主卡鲁盆地"。在主卡鲁盆地以北,构造体系则以伸展和转换

41

拉伸为主,从冈瓦纳古陆的特堤斯边缘向南扩散至超大陆。根据盆地构造演化及成因机制,可将非洲古生代卡鲁盆地群分为 3 类,分别为弧后前陆盆地(主卡鲁盆地)、陆内克拉通盆地(卡拉哈里盆地、刚果盆地)和裂谷盆地(Luangwa 盆地、Tshipise 盆地)。弧后前陆盆地为横穿南非东西向延伸的主卡鲁盆地,是开普褶皱带挤压上升后形成的弧后前陆盆地。陆内克拉通盆地位于卡鲁前陆盆地西部外围带,主要为卡拉哈里盆地和刚果盆地,其中卡拉哈里盆地是直接沉积于冈瓦纳不整合基底之上的陆内克拉通盆地;刚果盆地的卡鲁超群整体上不发育,地层分布相对局限,卡鲁超群厚度相对较薄。裂谷盆地多为窄地堑、半地堑和谷槽,在非洲东南部广泛分布,其盆地面积都相对较小,卡鲁超群相对较为发育,但地层分布范围有限。

一、弧后前陆盆地

非洲中南部的主卡鲁盆地群形成于盘古超大陆聚合周期和泛大陆的裂解演化之间,受到冈瓦纳大陆南缘和北缘两种截然不同的构造体系影响。南部构造体系与沿冈瓦纳古太平洋边缘的俯冲和造山作用有关,最终演化形成了弧后前陆体系,该体系包括主卡鲁盆地及其以北至 Tuli 盆地的其他较小的卡鲁盆地。在早古生代,冈瓦纳大陆南部边缘形成被动大陆边缘盆地——开普(Cape)盆地,沉积了连续的开普超群系列。主卡鲁盆地是开普盆地的继承性盆地,伴随开普褶皱带的发育和形成,卡鲁盆地演化成弧后前陆盆地,弧后前陆盆地的构造演化可以划分为被动大陆边缘阶段、俯冲造山阶段、弧后阶段、前陆阶段和冈瓦纳大陆解体阶段(图 2-3-1)。

二、陆内克拉通盆地

发育在克拉通上的沉积盆地即为克拉通盆地,它可位于前中生代刚性岩石圈之上,也可位于前寒武纪结晶基底、古生代褶皱变质基底、古生代裂陷或其他增生地块之上。非洲的克拉通坳陷盆地主要发育古生界,其上的中、新生界沉积盖层较薄。非洲克拉通盆地主要分布在北非和中非,其次分布在南非,非洲大陆中南部主要有两个克拉通盆地。根据克拉通盆地发育时的构造位置,又将其分为克拉通内陆坳陷盆地和克拉通边缘坳陷盆地,两类盆地的含油气性存在显著差异。中南部非洲克拉通盆地主要分布在主卡鲁盆地西部外围带,为宽阔的内陆克拉通坳陷(Rust,1975),包括博茨瓦纳、纳米比亚、安哥拉、刚果(金)和加蓬等盆地。

卡拉哈里盆地和刚果盆地早期的原型盆地是在卡拉哈里克拉通和刚果克拉通基础上演化而来的,为宽阔的内陆克拉通坳陷。卡拉哈里克拉通和刚果克拉通经历了不同的演化历史,新元古代泛非造山运动开始拼接在一起,形成统一的冈瓦纳大陆,构成非洲大陆的原始构造格架。至中新生代,随着冈瓦纳大陆的裂解,非洲大陆独立出来,逐渐演化构成现今的主体构造格架。

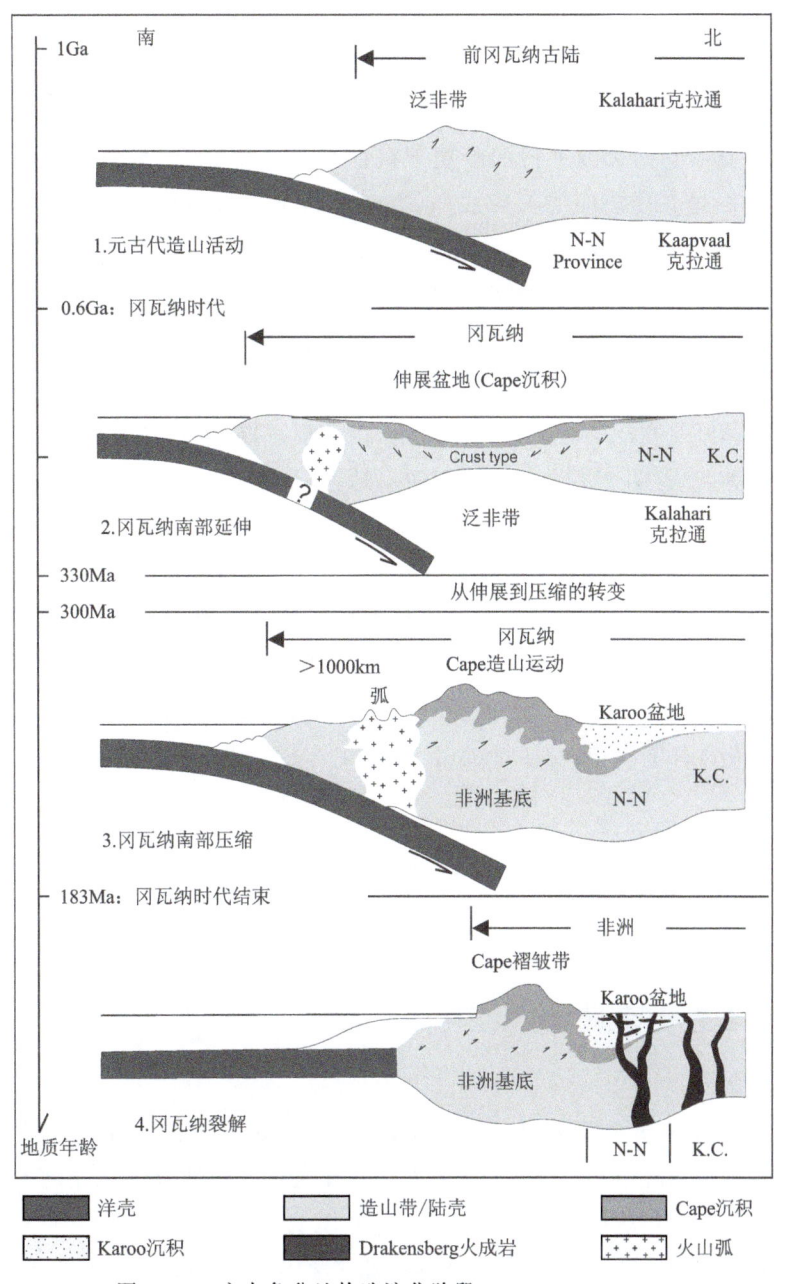

图 2-3-1 主卡鲁盆地构造演化阶段(Guiraud et al.,2005)

卡拉哈里盆地为冈瓦纳大陆西南部石炭纪—二叠纪卡鲁盆地之一。南非中南部的盆地被称为主卡鲁盆地,而位于博茨瓦纳的卡鲁盆地被称为卡拉哈里盆地。分布于纳米比亚东部的 Aranos 盆地和津巴布韦西部的 Mid-Zambezi 次盆地实际上与博茨瓦纳的卡拉哈里盆地相连,属同一个盆地,由于分属不同国家而被分别命名,因此可笼统地将三者统称为大卡拉哈里盆地。卡拉哈里盆地属于坳陷盆地,该盆地为石炭纪—二叠纪冈瓦纳大陆活跃时期的产物。

三、裂谷盆地

裂谷盆地是指沿走向大致平行的断层下沉而形成的盆地，伴有火山活动和地震活动。裂谷盆地一般是在地壳伸展环境下形成的，有时也将走滑作用形成的盆地划为裂谷盆地。与克拉通坳陷盆地相比，裂谷盆地面积相对较小，具有更高的地温梯度。从时间上看，非洲存在古生代、中生代和新生代三大裂谷体系，这些裂谷体系的分布具有明显的地域性，古生代裂谷主要分布在南非、东非，中生代裂谷分布在中非和西非，新生代裂谷分布在东非和东北非。

古生代裂谷体系是在泛非活动带的基础上，由加里东期和海西期的断层活化形成，以南非的卡鲁盆地群为代表（图2-3-2）。卡鲁裂谷盆地，是位于东非的窄地堑、半地堑和谷槽，主要分布在坦桑尼亚、肯尼亚、乌干达、赞比亚、津巴布韦、马达加斯加（如Luangwa盆地、Save盆地、Ellisras盆地等）。目前，关于卡鲁裂谷盆地的形成至少存在3种观点：第一种观点认为卡鲁裂谷盆地是二叠纪—三叠纪冈瓦纳造山旋回期由姆文贝剪切带左行走滑断层引起的地壳伸展形成的（Daly et al.，1989）；第二种观点认为卡鲁裂谷盆地是晚侏罗世—早白垩世冈瓦纳裂解前地壳经历长期的区域伸展形成的（Petters et al.，1991）；第三种观点认为卡鲁裂谷盆地的形成与新特提斯洋有关（Wopfner et al.，2002）。

第四节 卡鲁盆地沉积特征

一、卡鲁超群分布特征

100多年前，德国地质学家Wilhelm C. E. Bom-hardt在其论文中首次对坦桑尼亚北部地区的卡鲁地层进行了描述。1980年，"Karoo"一词首次被当作地层沉积序列术语引入，用来记录晚石炭世—早侏罗世这段时期的沉积历史，而"Karoo"最早是南非一个小镇的地名。非洲卡鲁沉积序列与泛大陆的一级旋回相对应。目前学术界对卡鲁超群的界定有狭义和广义之说。持狭义观点的学者以Schluter等为代表，他们认为卡鲁超群具有典型的地层沉积序列，从底到顶依次由冰碛岩、煤系地层、扇三角洲碎屑岩和玄武岩组成，主要记录了晚石炭世—早侏罗世的沉积史。从广义观点来看，大多数学者认为撒哈拉南部的非海相地层统称为卡鲁超群，广泛分布在现今东非、南非的地堑盆地内，泛指晚石炭世—早侏罗世在东非卡鲁盆地的沉积记录和演化历史。

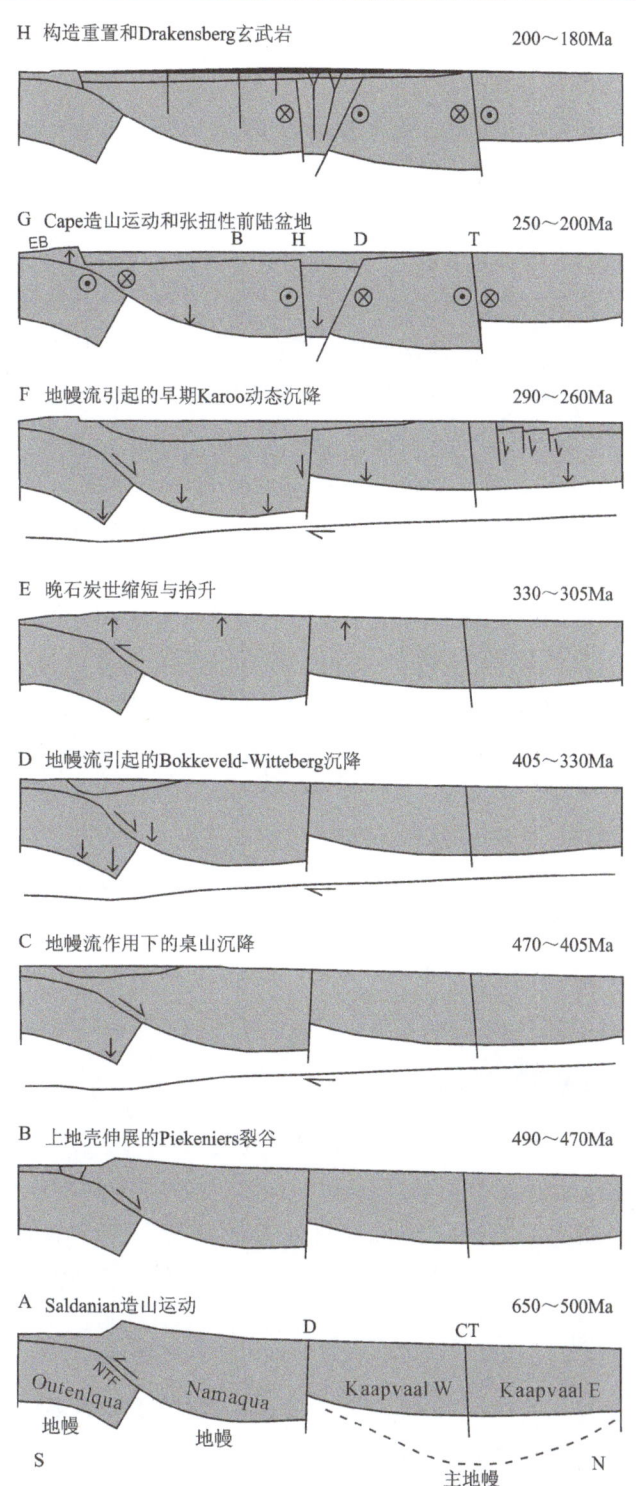

注：A～D. Saldanian造山运动和开普盆地形成期；E～F. 区域隆起和早卡鲁盆地形成期；G～H. 走滑造山运动和晚卡鲁盆地形成期；B. Beattie磁异常；CT. Colesberg-Trompsburg 断裂带；D. Doringberg 断裂；EB. Ewing Bank（尤因浅滩）；H. Hartbees-Mbotyi 断裂带；NTF. Namaqua 逆冲断层前缘；T. Tugela 剪切带。

图 2-3-2　卡鲁盆地构造演化模式（Tankard et al., 2009）

从时间上来看,卡鲁超群沉积的这段时期与冈瓦纳大陆裂解时期是相近的,这从侧面上反映了整个非洲大陆所经历的系列构造运动和气候变化事件。卡鲁超群指晚石炭世—中侏罗世的卡鲁超群沉积地层,自下而上分别为 Dwyka 群、Ecca 群、Beaufort 群、Stormberg 群和 Drakensberg 玄武岩 5 套地层(图 2-4-1)。

卡鲁超群为非洲南部最大的地层单元,以沉积盆地形式展布,约占现有陆地面积的 2/3,从赤道至好望角,出露面积达 150 万 km^2。沉积盆地形成于泛大陆形成和裂解期间,地层几乎全部由泥页岩和砂岩构成,记载了从晚石炭世(约 300Ma)至早侏罗世(约 183Ma)期间,自冰海相至陆相沉积的连续沉积层序,时间跨度达 1 亿 a(表 2-4-1)。在弧后前陆盆地主卡鲁盆地内可见全部卡鲁超群,其最大厚度超过 12km,上覆岩层为 Drakensberg 群玄武质熔岩,厚度约为 1.4km。卡鲁盆地群的卡鲁超群在不同位置的发育厚度差异较大,从盆地西缘南北向、南西-北东向及盆地东缘南北向贯穿整个卡鲁盆地群的 3 条岩性地层对比剖面可知(图 2-4-2~图 2-4-4),盆地内卡鲁超群总体表现出"南厚北薄,东厚西薄"的展布特征。从图 2-4-2 卡鲁超群露头区西缘卡鲁地层南北向对比剖面可知,卡鲁超群总厚度由南向北逐渐减小,其各地层对应的岩性也发生了明显变化,从南往北下卡鲁地层中煤的含量和厚度逐渐增加,泥岩、黑色页岩的厚度逐渐减小。由图 2-4-3 卡鲁超群西缘南西-北东向对比剖面可知,由南西-北东方向卡鲁超群厚度逐渐增大,下卡鲁地层中含煤建造厚度也逐步增大,煤的含量和煤层厚度逐渐增加。该剖面主要横穿卡鲁盆地群中的克拉通盆地,该剖面中的各地层之间的差异较小,卡鲁超群地层单元均有发育。从图 2-4-4 卡鲁超群露头区东缘卡鲁地层南北向对比剖面可知,卡鲁超群向北逐渐减薄,而 Save 盆地卡鲁超群的厚度又突然增加,这是因为卡鲁盆地群东缘的盆地在成因机制上属于裂谷盆地,裂谷盆地沉降速率快,相比于其他盆地沉积厚度较大。卡鲁盆地群东缘的卡鲁超群地层厚度总体上比盆地西缘的沉积厚度大,且东缘的卡鲁地层中含煤建造较为发育,向北煤的厚度逐渐增加。

二、卡鲁超群发育特征

海西运动对非洲卡鲁盆地的演化是一场重大变革。受海西期构造运动的影响,卡鲁盆地群于晚石炭世—早侏罗世完成了海相、海陆过渡相到陆相的转变。卡鲁盆地沉积期共经历了冰川相、深海相、浅海相、三角洲相、河流相、湖泊相和风成沉积等多种沉积作用。

1. 上石炭统 Dwyka 群

卡鲁超群从 Dwyka 群沉积期开始沉积,Dwyka 群及其同期地层约在 300~290Ma 期间受冰川作用沉积而成[图 1-1-18(b)]。晚石炭世—早二叠世,冰川作用的范围广泛分布在南非的主卡鲁盆地,一直到加蓬、苏丹西部和索马里北部等地区,冰川作用影响范围较广。Dwyka 群冰川影响的沉积发生在非洲中南部不同构造背景中,从主卡鲁盆地的弧后前陆盆地到更北的克拉通盆地均发育巨厚的冰碛物。这些冰碛物主要由冰碛岩及其变化产物组成,主要岩性为纹层状泥岩、陆缘杂岩,分布于前卡鲁期基底之上。

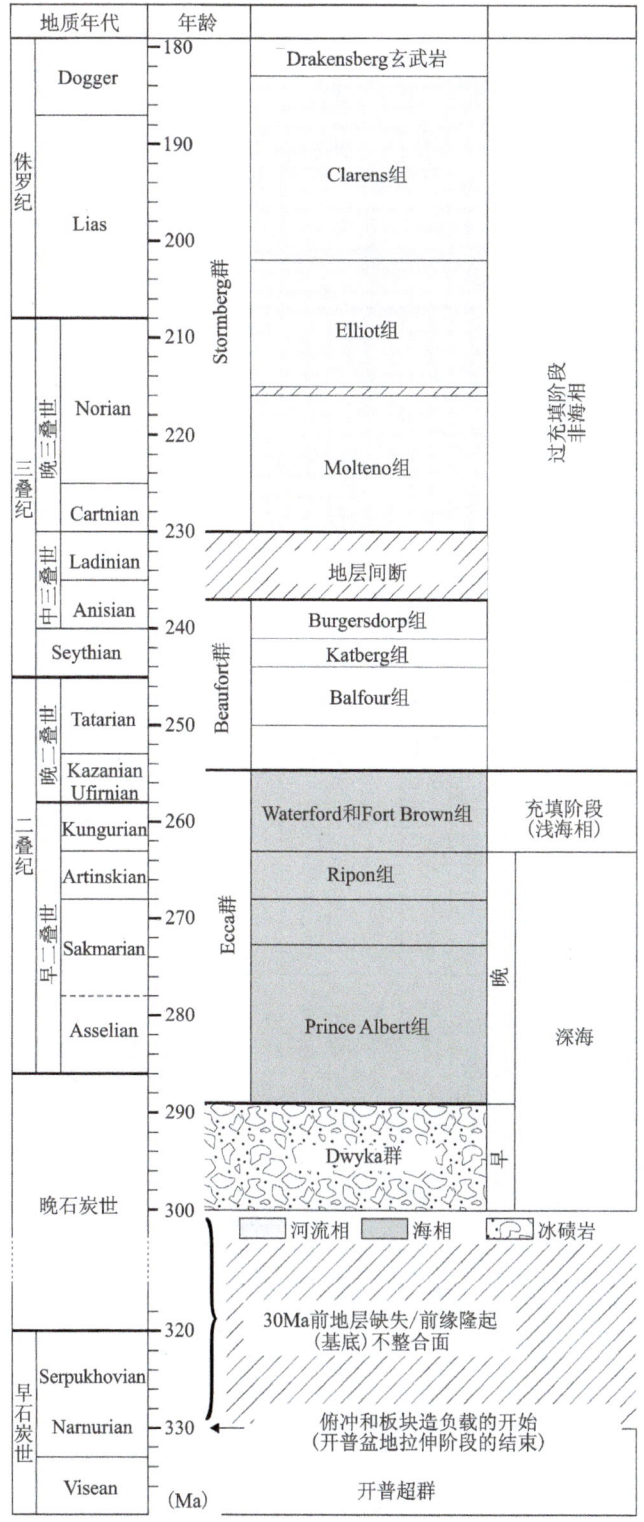

图 2-4-1　卡鲁超群沉积序列(以主卡鲁盆地为例)(Catuneanu et al., 2005)

表 2-4-1 不同地区卡鲁超群地层划分表

距今年龄(Ma)	纪	世	卡鲁超群	主卡鲁盆地(西南部)	主卡鲁盆地(东南部)	Kalahari盆地(西南部)	Kalahari盆地(中部)	Ellisras盆地	Tshipise盆地	Tuli盆地	Luangwa盆地
183	侏罗纪	中侏罗世	Drakensberg群				Stormberg组				Grit组上部单元
187	侏罗纪	早侏罗世	Drakensberg群	Clarens组	Clarens组	Nkalatlou组	Ntane组	Clarens组	Letaba组	Letaba组	Red Marl组单元
202	三叠纪	晚三叠世	Stormberg群	Elliot组	Elliot组	Upper Dondong组	Upper Dondong组	Lisbon组	Clarens组	Clarens组	Ntawere组
216	三叠纪	晚三叠世	Stormberg群	Molteno组	Molteno组	Lowermost Dondong组	Lowermost Dondong组	?	Bosbokpoort组	Red Beds组	Esearpment Grit组
230	三叠纪	中三叠世	Beaufort群	Burgerdorp组	Burgerdorp组	Kuie组	Kwetla组	Greenwich组	Klopperfontein组	Esearpment组	Madumabisa段上部
237	三叠纪	早三叠世	Beaufort群	Katberg组	Katberg组	Kuie组	Kwetla组	Fendragtpan组	Solitude组	Esearpment组	Madumabisa段上部
241	三叠纪	早三叠世	Beaufort群	Balfour组	Balfour组	Otshe组	Boritse组	Grootegeluk组	Fripp组	Seswe组	Madumabisa段下部
243	二叠纪	晚二叠世	Beaufort群	Waterford组	Waterford组	Otshe组	Boritse组	Grootegeluk组	Mikambeni组	Seswe组	Madumabisa段下部
250	二叠纪	晚二叠世	Ecca群	Kookfontein组	Fort Brown组	Otshe组	Kweneng组	Swartant组	Madzaringwe组	Seswe组	Madumabisa段下部
257	二叠纪	早二叠世	Ecca群	Skoorsteenberg组	Ripon组	Kobe组	Bori组	Swartant组	Madzaringwe组	Mofdiahogolo组	Luwumbu组
263	二叠纪	早二叠世	Ecca群	Collingham组	Collingham组	Kobe组	Bori组	Wellington组	Madzaringwe组	Mofdiahogolo组	Luwumbu组
268	二叠纪	早二叠世	Ecca群	Whitehill组	Whitehill组	Kobe组	Bori组	Wellington组	Tshidzi组	Mofdiahogolo组	Mukumba段
272	二叠纪	早二叠世	Ecca群	Prince Albert组	Prince Albert组	Khuis组	Dukwi组	Waterloof组	Tshidzi组	Basal Beds	Mukumba段
288	石炭纪	晚石炭世	Dwyka群	Dwyka群	Dwyka群	Malogong组	Dukwi组	Waterloof组	Tshidzi组	Basal Beds	Musipixi段
300						古元古界基底					

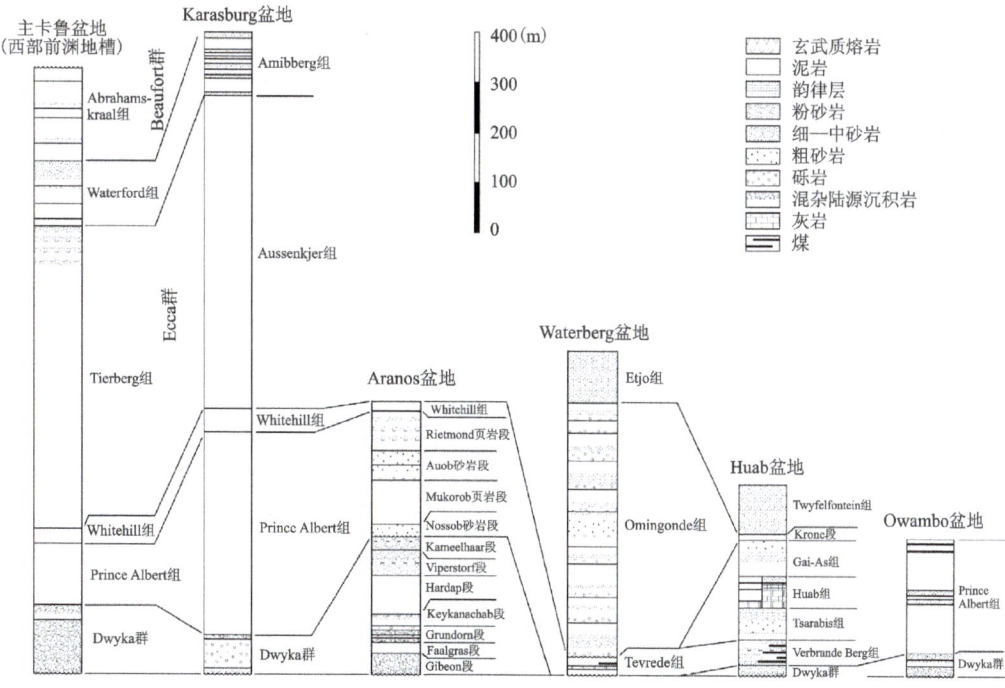

图 2-4-2　卡鲁盆地群西缘卡鲁地层南北向对比剖面（剖面位置见图 2-1-1）(Catuneanu et al.,2005)

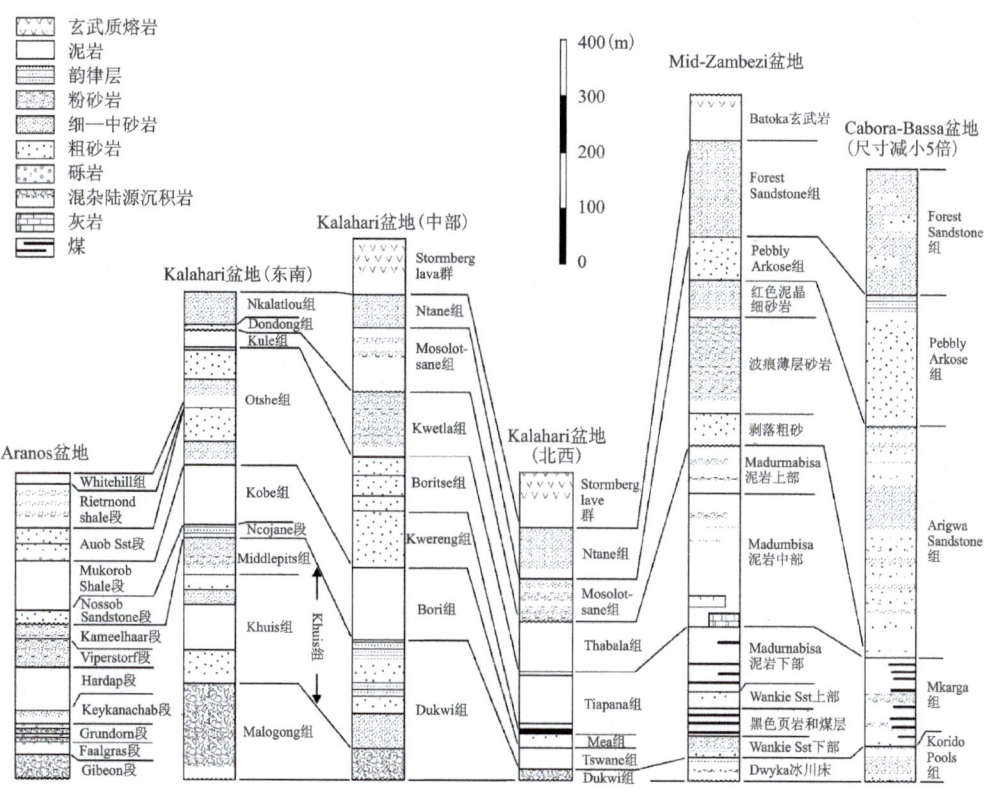

图 2-4-3　卡鲁盆地群卡鲁地层西缘南西-北东向对比剖面（剖面位置见图 2-1-1）(Catuneanu et al.,2005)

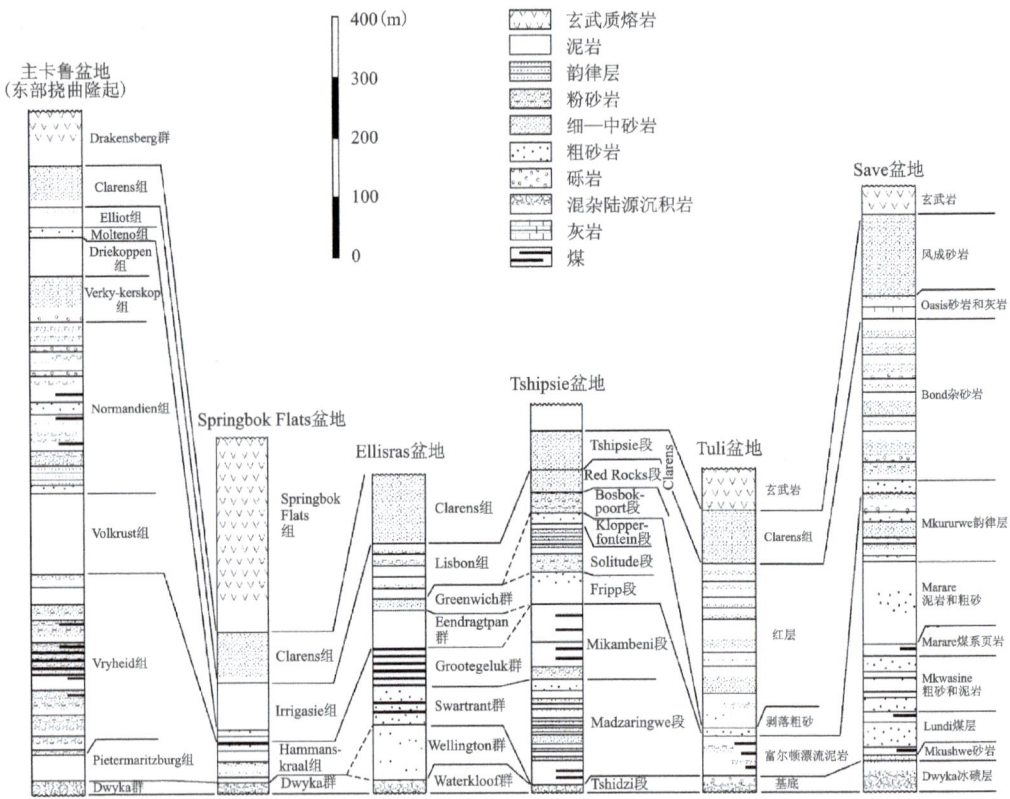

图 2-4-4　卡鲁盆地群东缘卡鲁地层南北向对比剖面(剖面位置见图 2-1-1)(Catuneanu et al., 2005)

2. 二叠系 Ecca 群

二叠世,冈瓦纳大陆逐渐向北漂移,冰川带融化,主卡鲁盆地位置形成堆积在浅海中的河流-三角洲沉积体系,陆内克拉通盆地主要发育沼泽、三角洲-湖泊沉积体系[图 1-1-18(c)]。该阶段盆地内主要沉积了 Ecca 群,该地层基本上是泥岩、粉砂岩、砂岩、砾岩和含煤建造,在南非的主卡鲁盆地和所有其他南部非洲卡鲁超群地区广泛出露。在 Ecca 群沉积期间,湖泊密布,植物丰茂,湖滨和湖湾堆积了大量的有机质碎屑,它们形成煤层的物质基础。主卡鲁盆地周缘和卡拉哈里盆地的东缘可见到 Ecca 群的零星露头,主要由中—粗粒砂岩组成,具变化的纹层状构造及板状交错层理。在钻孔中可见到煤层及碳质泥岩、泥岩。

3. 下三叠统 Beaufort 群

Beaufort 群沉积期,气温开始变暖,为半干旱—干旱气候,季节性降水较为发育,为湖相沉积。冈瓦纳大陆进一步漂移至南极地区,气候逐渐转暖变得干燥,湖岸线进一步扩大,主要发育河流相和浅湖相沉积,湖水范围扩大。各类三角洲快速发育,并具一定规模,主要为曲流河三角洲体系沉积[图 1-1-18(e)],该沉积期在盆地范围内沉积了一套以黄色砂岩及红色泥岩为主的陆源碎屑沉积建造,主要岩性由不含碳质的粉砂岩、钙质泥岩组成,夹少量细到粗粒砂岩、粉砂岩、钙质结核和粉砂质灰岩。露头可见交错层理及纹层构造,钙质增加,反映浅水弱干旱环境。

4. 上三叠统 Stormberg 群

Stormberg 群沉积期气候相比于 Beaufort 群沉积期变得更加干旱,气候进一步干热,沉积环境已彻底从湿热的湖泊环境演变为干热的河流-风成环境,流入量小于蒸发量,湖盆持续萎缩,全盆不发育深湖区,浅湖范围也十分有限,湖盆濒临消亡。沉积作用加强,河流和三角洲平原沉积发育,整个盆地全面平原化、沙漠化,且风成沉积作用加强。Stormberg 群沉积期沉积物厚度大,下部主要为分选差、粒度粗的含砾石粗砂岩建造,上部为粒度较细、分选较好的砂岩建造。露头可见其以粉砂岩及细—中粒砂岩为主,夹少量泥岩,见赤铁矿层,且在该组中见明显的钙质结核,反映浅水陆相半干旱沉积环境,存在远端河流体系。

5. 下、中侏罗统 Drakensberg 群

侏罗纪发生了大规模玄武岩喷发,形成了 Drakensberg 群火山岩。火山持续时间较短,随后发生区域性隆起,形成剥蚀区,沉积作用停止,卡鲁超群结束沉积。玄武岩喷发年龄为 185~177Ma。

第三章　弧后前陆主卡鲁盆地

主卡鲁盆地为南非最大的沉积盆地,目前该盆地的勘探程度非常低,国内外关于该盆地勘探潜力的研究也较少。本章从主卡鲁盆地构造演化与沉积充填入手,综合烃源岩、储层等成藏要素分析,并结合已有研究认识与勘探发现,明确盆地油气成藏特征与含油气系统,预测盆地潜力勘探方向,为盆地勘探选区与部署提供参考。

卡鲁(Karoo)是科伊桑语(Khoikhoi)中的一个词语,意为"干涸之地",是南非干旱的内陆高原地区。该高原由太古宙 Kaapvaal 克拉通及其周围的元古宙刚性基底组成,控制了盆地显生宙的发育。主卡鲁盆地是由古太平洋板块向冈瓦纳大陆俯冲形成的弧后前陆盆地。

主卡鲁盆地现今以页岩气勘探为主,其页岩气探区主要位于盆地南部。据 EIA(美国能源信息署)2013 年数据,主卡鲁盆地页岩气资源量约为 44.1 万亿 m^3,其中技术可采资源量为 11 万亿 m^3。盆地北部是最有潜力的石油勘探区,但受火山作用影响,油气保存条件较差,因此整个主卡鲁盆地目前尚未发现常规商业油气藏。

主卡鲁盆地的卡鲁超群由一个几乎完整的火山-沉积岩序列组成,包括晚石炭世—早二叠世达维卡群(Dwyka 群)的冰川-海洋沉积、早二叠世—晚二叠世 Ecca 群的海洋-三角洲沉积、晚二叠世—中三叠世博福特群(Beaufort 群)的河流-三角洲沉积、晚三叠世—早侏罗世斯托姆博格群(Stormberg 群)的三角洲及风成沉积,以及中侏罗世德拉肯斯堡群(Drakensberg 群)的火成岩沉积,并被基性岩浆侵入(Marsh,1987;Veevers et al.,1994;Johnson et al.,1996,2006)。

盆地内下二叠统 Ecca 群 Whitehill 组黑色页岩分布广泛,其总有机碳(TOC)值高,是盆地主力烃源岩;Collingham 组和 Prince Albert 组泥岩有机质丰度低于 Whitehill 组黑色页岩,为卡鲁超群次要烃源岩。该盆地内储层物性由南向北逐渐变好,其中 Ecca 群 Vryheid 组砂岩是主要储层,上二叠统 Beaufort 群砂岩为次要储层。卡鲁超群 Ecca 群上部泥岩和 Beaufort 群泥岩是盆地内古生代油藏的主要盖层。盆地南部受开普造山作用影响,发育逆冲及褶皱构造,以构造圈闭为主;而盆地北部构造相对平缓,以地层-岩性圈闭为主。

第一节 主卡鲁盆地(Main Karoo Basin)概况

一、地理位置及地质概况

主卡鲁盆地是非洲典型的前陆盆地,位于南非和莱索托境内,占莱索托全境及南非国土面积的 1/2。主卡鲁盆地属于多旋回克拉通边缘叠合盆地,其南部和西部以开普褶皱带为界,北部为剥蚀区,构造单元包括北部主卡鲁盆地及南部开普褶皱带(图 3-1-1)。盆地面积为 $61.48 \times 10^4 km^2$,其中陆上部分 $59.55 \times 10^4 km^2$,海上部分 $1.93 \times 10^4 km^2$。主卡鲁盆地呈北东-南西向展布,西部长约 225km,宽约 80km;东部长约 480km,宽 80～130km。

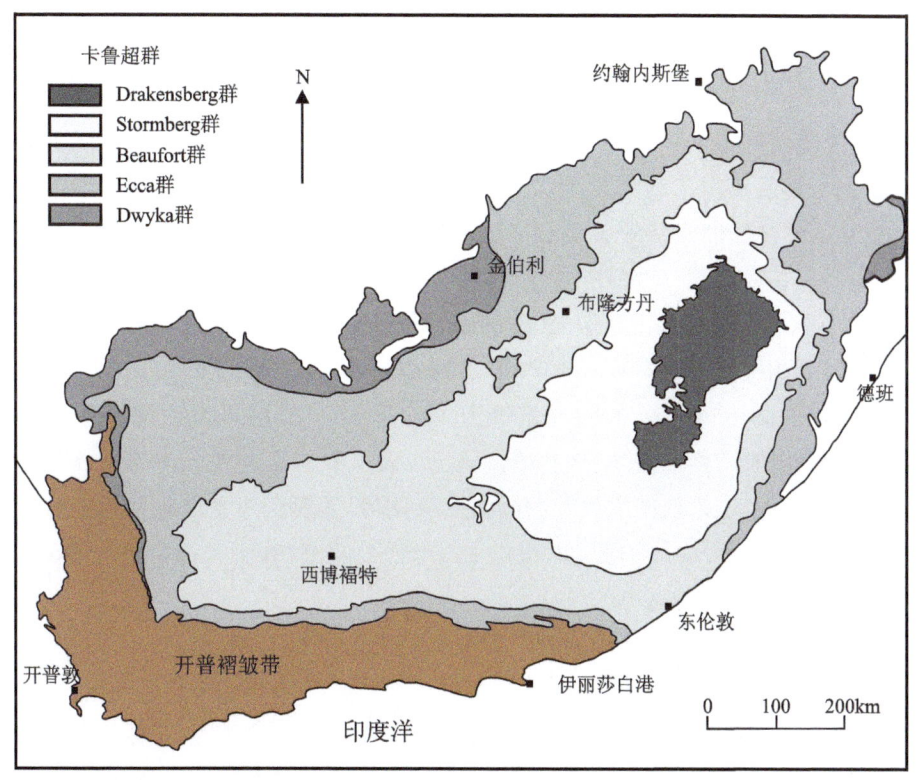

图 3-1-1 主卡鲁盆地地理位置及卡鲁超群地层平面分布图(Catuneanu et al.,2005)

卡鲁超群的沉积始于晚石炭世(约 300Ma),在此之前,超大陆南缘发生了一次重大的反转构造事件,导致了泛大陆的形成。卡鲁超群在冈瓦纳基底之上持续沉积至中侏罗世(约 183Ma)(Duncan et al.,1997),直到遭受玄武岩侵入,因此卡鲁超群上部在后冈瓦纳时期经历了剥蚀。

主卡鲁盆地卡鲁超群的沉积主要受构造和气候控制。卡鲁超群时期的构造作用在南部以挠曲作用为主，与冈瓦纳古太平洋边缘上的俯冲、增生和造山过程有关；而在北部以伸展作用为主，与冈瓦纳特提期海边缘上的扩张过程有关。

二、勘探历程及勘探现状

截至 2017 年底，在南非主卡鲁盆地累计钻探 105 口探井，获得 3 个天然气发现，累计探明天然气可采储量 448 亿 m^3（逢林安等，2018）。目前，二叠系 Ecca 群 Whitehill 组被认为是最有利于页岩气勘探和开发的目的层。该地层 TOC 含量高，平均值 5%，成熟度好（R_o = 1% ~ 4%），平均厚度 30m，深度大于 1500m，连续性好。此外，考虑到 Prince Albert 组和 Collingham 组相对较高的 TOC 含量及其与 Whitehill 组的上下接触关系，Prince Albert 组和 Collingham 组也具有一定的油气资源潜力。

1. 20 世纪常规油气勘探阶段

南非主卡鲁盆地的油气勘查始于 20 世纪初。1965—1975 年，Soekor 公司（原南非国家石油公司）在主卡鲁盆地南部的部分地区进行了油气勘查，并获取了这些地区的地震数据。当时，主卡鲁盆地的油气勘探目的层为卡鲁超群底部泥岩，并希望在开普褶皱带附近找到有利储层。此次勘探共钻探 25 口探井，并在地表以下 2500~4000m 的 Ecca 群页岩中发现了天然气，但规模不大。1976 年，在 Graaf Reinet 附近钻探了一口特殊的气井（CR1/68）（图 3-1-2），Ecca 群中易碎的碳质页岩产出了强烈的甲烷气流（Rowsell，1976）。该井在 2072psi[①] 压力下（2563~2612m）的测试流量为 184 万 ft^3[②]/d，但在大约两天后就出现了枯竭。开普造山运动引起的构造破坏、低孔低渗储层以及大量玄武岩侵入等不利因素影响了主卡鲁盆地油气成藏。由于未取得突破性的勘探成果，多数学者认为主卡鲁盆地南部的油气潜力不佳（Rowsell et al.，1976）。因此，20 世纪 70 年代末各公司和研究机构停止了在主卡鲁盆地南部的油气勘探活动。

2. 新世纪非常规油气勘探阶段

随着新的水平井钻井和完井技术的进步，越来越多的公司参与到主卡鲁盆地南部常规和非常规油气资源的勘探开发中（吕鹏等，2014）。目前，南非石油管理局仅签发技术合作许可证，授权石油公司开展页岩油气潜力研究。Falcon 公司是早期在南非进行页岩气勘探开发的公司，沿主卡鲁盆地南部边缘获得了 3 万 km^2 的技术合作许可区。壳牌公司获得的许可区面积更大，为 18.5 万 km^2，围绕在 Falcon 公司许可区的周围，而南非 Bundu 公司持有的技术合

---

① psi，磅力/平方英寸；1psi＝6.895kPa。
② 1ft^3≈0.028m^3。

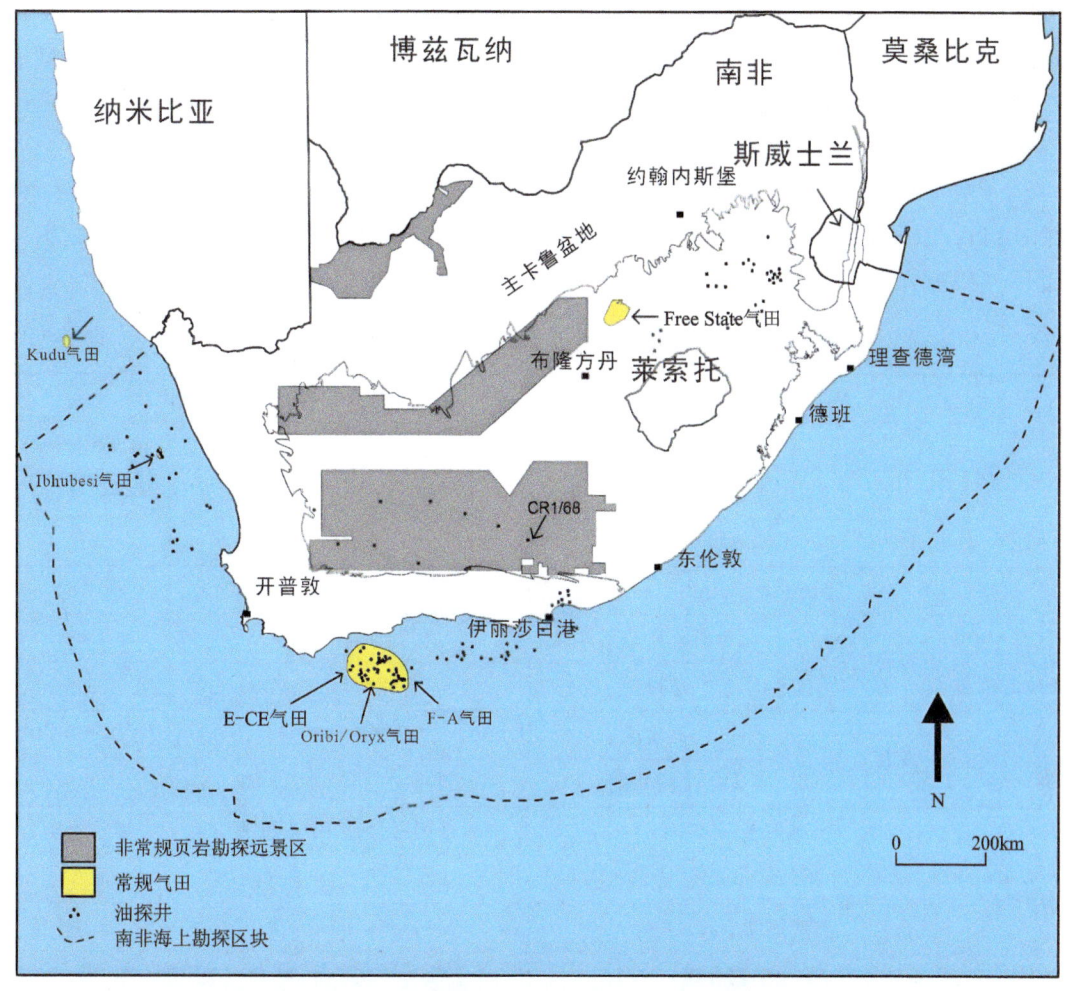

图 3-1-2　南非常规和非常规油气田及勘探区(Petroleum Agency SA,2015)

作许可区在 Falcon 公司探区的东部,面积 2276km²。由南非 Sasol 公司、美国 Chesapeake 公司和挪威 Statoil ASA 公司组成的 Sasol-Chesapeake-Statoil 合资公司获得了 8.8 万 km² 的技术合作许可区,位于壳牌公司许可区的北部。

目前,南非政府签发的技术合作许可授权区面积相当于南非国土面积的 1/4,除了以主卡鲁盆地为主要勘查目标外,这些许可区还覆盖了自由省大部分地区、开普省北部和东部以及夸祖鲁—纳塔尔省一带(靠近德拉肯斯)(吕鹏等,2014)。壳牌公司的技术合作许可区于 2009 年申请,在为期 1 年的研究时间里,该公司获得了该地区地质和页岩气潜力的基本信息。2010 年 12 月,该公司分别提交了 3 份独立的勘探许可证申请,申请面积约 3 万 km²,分别位于西开普省、东开普省和北开普省。但 2011 年 4 月—2012 年 9 月,南非政府发布了禁止开展水力压裂的命令,这些勘探申请都被暂停。禁令解除后,壳牌公司表示计划花费 200 万美元打 6 口井,同时表示要在主卡鲁盆地实现生产还需要 10 年时间(吕鹏等,2014)。

2009—2010年,南非政府将第一批技术合作许可证(TCPs)分别授予Falcon石油公司、壳牌公司和美国Chesapeake公司,用于页岩气评估,并于2010年收到了壳牌公司、Falcon石油公司和Bundu公司的第一批勘探权申请。在最初的勘探权申请之后,南非政府宣布从2011年起暂停对主卡鲁盆地中部和南部地区的勘探。截至目前,除了一些学术研究外,南非主卡鲁盆地尚未开展页岩气的勘探活动。

由于缺乏地球化学和地球物理数据,目前对主卡鲁盆地内的页岩气资源仍然是粗略估算(表3-1-1)。Ecca群页岩气风险后资源量为44.1万亿 m³,其中风险后技术可采资源量为11万亿 m³(EIA,2011,2013)。

表3-1-1 主卡鲁盆地页岩气储层特征与资源量(EIA,2013)

基本情况	盆地/总面积		主卡鲁盆地(236 400mi²)		
	页岩层位		Prince Albert	Whitehill	Collingham
	地质年代		早二叠世	早二叠世	早二叠世
	沉积环境		海相	海相	海相
赋存条件	远景区面积(mi²①)		60 180	60 180	60 180
	厚度(ft)	富含有机质地层厚度	400	200	200
		净厚度	120	100	80
	深度(ft)	深度段	6000~10 500	5500~10 000	5200~9700
		平均深度	8500	8000	7800
储层特征	油气藏压力		中等过剩压力	中等过剩压力	中等过剩压力
	平均TOC(%)		2.5	6.0	4.0
	热成熟度 R_o(%)		3.00	3.00	3.00
	黏土矿物含量		低	低	低
资源量	气		干气	干气	干气
	页岩气丰度(10亿 ft³②/mi²)		42.7	58.5	36.3
	风险后资源量(万亿 ft³)		385.3	845.4	327.9
	风险后可采资源量(万亿 ft³)		96.3	211.3	82.0

随着技术的进步,一些国际石油公司对通过水力压裂从Ecca群Prince Albert组和Whitehill组有机质页岩中勘探和开采天然气表现出兴趣(Petroleum,2015)。2018年,南非石油局内部估算Prince Albert组、Whitehill组和Collingham组天然气资源量为205Tcf③。

---

① 1mi² = 2 589 988.11m²。
② 1ft³ = 0.028m³。
③ Tcf是英制体积单位,万亿立方英尺,1Tcf≈283.17亿 m³。

目前，主卡鲁盆地的页岩气被视为一种潜在资源。在水力压裂试验井生产足够的天然气以实现商业利润之前，仅能被视为潜在目标，而盆地内页岩油气的经济价值也只有在获得相当数量的油气井后才能确定。随着南非能源需求的持续增长，南非天然气长期市场可能会非常有活力。然而，在南非成为主要的页岩气生产国之前，需要对其油气生产基础设施进行大量的投资。

南非几乎没有传统的陆上天然气田，大多数油气田位于南非和纳米比亚的海上。目前，南非唯一的陆上商业化生产天然气田位于自由州，但其含气层系并非卡鲁超群。南非主卡鲁盆地的大套海相页岩和南部非洲的煤田一直是勘探的重点。最值得关注的项目是由 Anglo Coal 公司运营的 Ellisras 附近的 Waterberg 煤层气项目（Dowling，2006）和由壳牌公司运营的卡鲁页岩气项目（Shell，2012；图 0-2）。

过去几十年，地质工作者在主卡鲁盆地南部发现了天然气，表明该地区有一定的油气资源潜力。美国非常规页岩气勘探的成功引起了人们对南非主卡鲁盆地页岩气的研究兴趣，而主卡鲁盆地页岩气的勘探活动仍处于起步阶段。现有数据表明，主卡鲁盆地具有良好的页岩气潜力，尤其是主卡鲁盆地南部的下 Ecca 群 Whitehill 组页岩，具备页岩气成藏的所有有利条件，即有机质丰度高、热演化程度高、硅质含量高、埋藏深。盆地内地球物理调查（Branch et al.，2007）和测井资料表明，Whitehill 组页岩连续性较好。由于缺乏相关的评价数据，目前初步估算主卡鲁盆地页岩气技术可采资源量为（30～500）万亿 ft^3（Decker，2011；Kuuskraa，2011）。

第二节 主卡鲁盆地基础地质特征

一、构造演化

（一）冈瓦纳南部地质演化

主卡鲁盆地是一系列冈瓦纳前陆盆地的一部分，除主卡鲁盆地外，冈瓦纳前陆盆地还包括南美洲的 Paraná 盆地、南极洲的 Beacon 盆地和澳大利亚的 Bowen 盆地（图 3-2-1）（De Wit et al.，1992；Veevers et al.，1994；Catuneanu et al.，1998；Catuneanu et al.，2001）。主卡鲁盆地的沉积时间从 3 亿年前（晚石炭世）到 1.8 亿年前（早侏罗世 Toarcian 期）（Johnson et al.，2006；Tankard et al.，2009），它的基底由北部的 Kaapvaal 克拉通（花岗岩）、南部的 Namaqua-Natal 变质基岩带（片麻岩）和沿其南缘的开普褶皱带（沉积岩变质）组成（Johnson et al.，2006；图 3-2-2）。

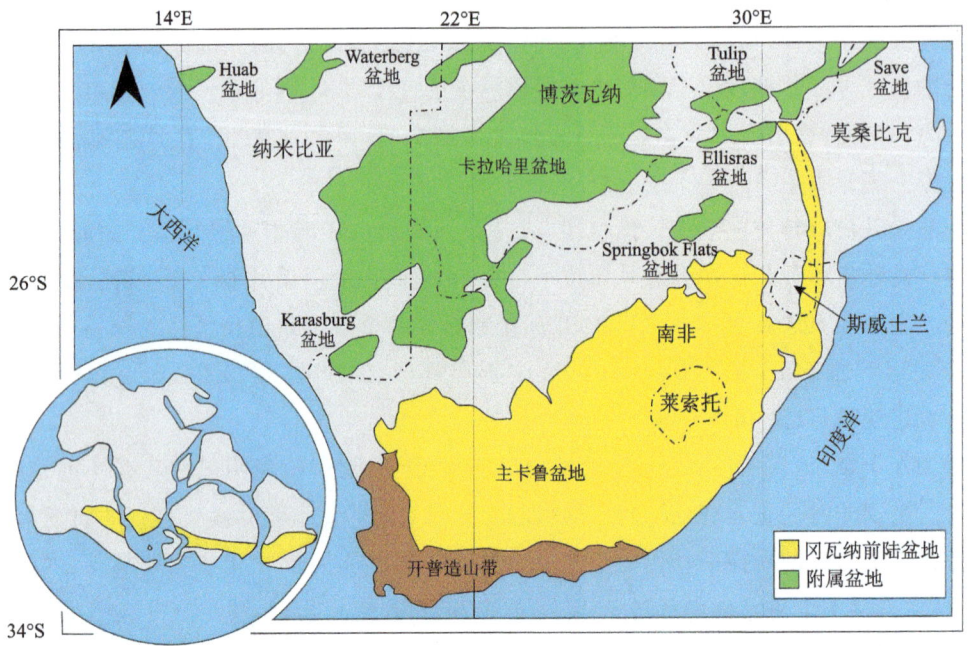

图 3-2-1　南非主卡鲁盆地、附属盆地和开普褶皱带位置以及南美洲、南极洲和澳大利亚冈瓦纳前陆盆地位置
（修改自 Black et al.，2016）

从晚前武纪开始,在约 6 亿年的时间里,历经数次伸展与挤压运动,塑造了冈瓦纳大陆南部的地貌(De Wit and Ransome,1992;图 3-2-2)。晚古生代—早古生代的伸展作用形成了大西洋型被动大陆边缘开普盆地,开普超群就此沉积(Bouma and Wickens,1994;Wickens and Bouma,2000)。在晚古生代,冈瓦纳大陆南部边缘转变为安第斯型前陆盆地(Cole,1992;Catuneanu et al.,1998)或克拉通内盆地(Catuneanu et al.,2002;Tankard et al.,2009),进而形成主卡鲁盆地。主卡鲁盆地的形成与古太平洋板块在晚古生代向冈瓦纳大陆的俯冲作用同步发生。冈瓦纳岩浆弧,一系列褶皱逆冲带(包括开普褶皱带)以及一个沉积盆地系统(包括卡鲁盆地),均与该俯冲带相关联而形成(Johnson,1991;Cole,1992;Bouma and Wickens,1994;Shone and Booth,2005)。开普褶皱带从西部和南部环绕主卡鲁盆地南部,它是在二叠纪—三叠纪开普造山运动期间,由古生代变质沉积岩和沉积岩变形而成(Halbich et al.,1983;Gresse et al.,1992;McKay,2015)。冈瓦纳大陆在中生代的裂谷作用导致沿非洲南部形成了被动大陆边缘,而冈瓦纳会聚型边缘系统的残余部分则保留在南美洲、非洲、福克兰群岛、南极洲和澳大利亚(Lopez-Gamundi,2006)。

（二）主卡鲁盆地主要构造演化阶段

早古生代在冈瓦纳大陆南部边缘形成的被动大陆边缘型盆地——开普盆地,沉积了连续的开普超群。主卡鲁盆地是开普盆地的继承性盆地,伴随开普褶皱带的发育和形成,主卡鲁盆地演化成前陆盆地,其构造-沉积演化可划分 4 个阶段(逄林安,2018)。

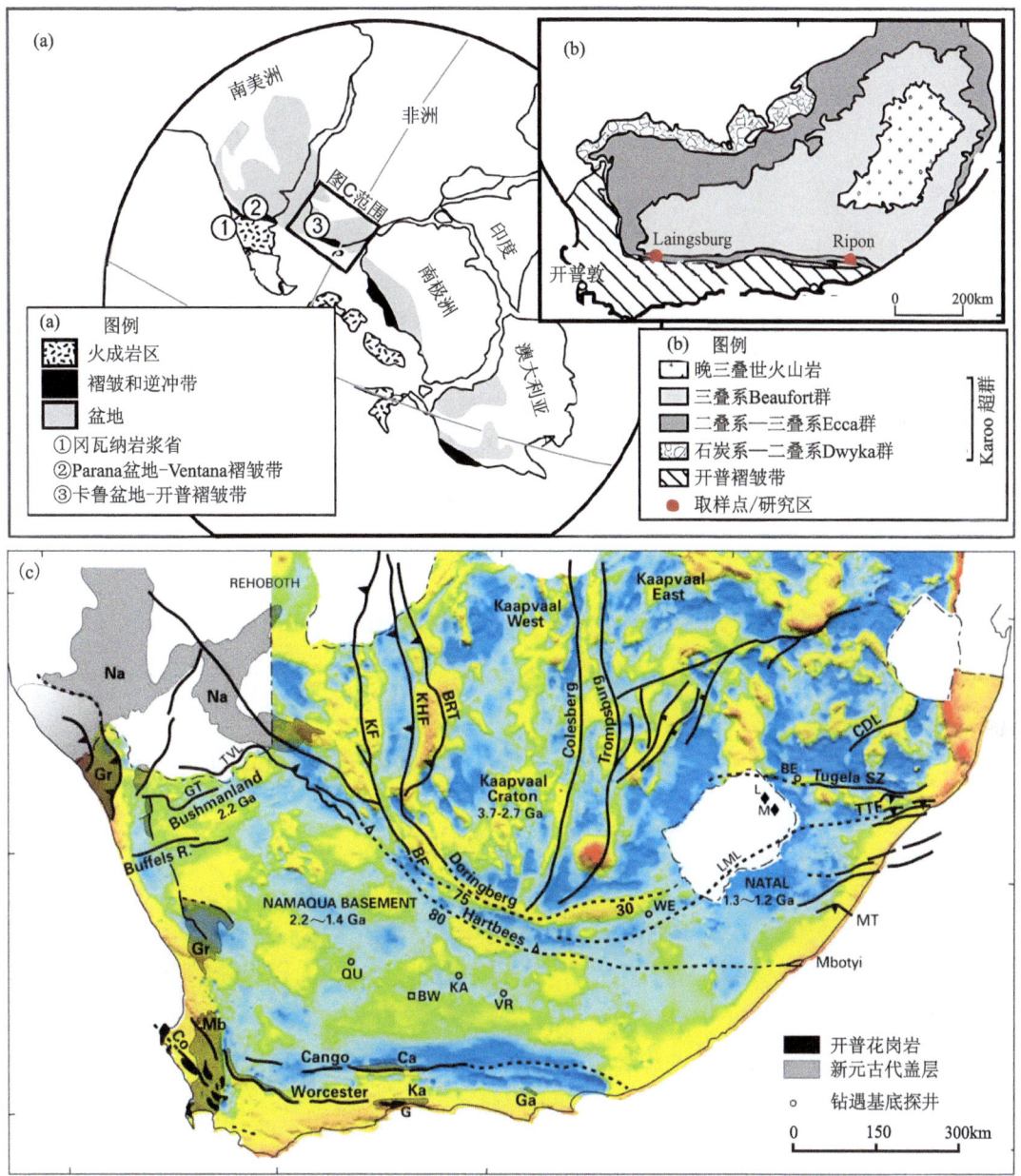

BF. Brakbos 断裂；BRT. Blackridge 逆冲断层；Ca. Cango 洞穴群；CDL. Commondale 线状构造；Co. Colenso 断裂；Ga. Gamtoos 群；Gr. Gariep 群；GT. Groothoek 逆冲断层；Ka. Kaaimans 群；KF. Kalahari 断裂；KHF. Kheis 断裂；L. Letseng-la-Terae 金伯利岩；LML. Lilani-Matigulu 线状构造；M. Matsoku 金伯利岩；Mb. Malmesbury 群；MT. Melville 逆冲断层；Na. Nama 群；TTF. Tugela 冲断层前缘；TVL. Tantalite 峡谷。

图 3-2-2　冈瓦纳古地理图及主卡鲁盆地布格重力异常与现今构造叠合图（Tankard et al., 2009；McKay et al., 2016）
(a) 主卡鲁盆地布格重力异常与现今构造叠合图；(b) 冈瓦纳古地理图；(c) 主卡鲁盆地地质图

1. 被动大陆边缘盆地阶段

奥陶纪—早石炭世(被动大陆边缘盆地阶段),是开普盆地的开普超群发育期。此时期盆地由滨浅海相沉积向河流—三角洲—滨浅海相沉积转变。北部为地台区,没有开普超群沉积,晚石炭世—中侏罗世卡鲁超群不整合在前寒武系基底之上,厚度一般不超过3000m (Clyde,1996;Tankard,2012)。

2. 弧后盆地阶段

早石炭世—晚石炭世早期抬升剥蚀阶段,古太平洋板块向冈瓦纳大陆俯冲,开普盆地遭受强烈抬升剥蚀(Clyde,1996;Tankard,2012)。

晚石炭世—早二叠世为弧后盆地阶段,古太平洋板块向冈瓦纳大陆持续俯冲,开普盆地遭受强烈抬升剥蚀,发育河流—三角洲—浅海/半深海相沉积,此时形成主卡鲁盆地的雏形。

3. 前陆盆地阶段

早二叠世—早侏罗世为前陆盆地阶段,盆地内由早期河流—冲积扇—三角洲—滨浅湖相沉积向晚期干盐湖-风成沙丘沉积转变,表明盆地的水体不断变浅(Clyde et al.,1996;Tankard et al.,2012)。

晚二叠世—早三叠世,古太平洋板块向冈瓦纳大陆俯冲,形成了开普褶皱带,同时主卡鲁盆地正式形成。

4. 抬升阶段

早中侏罗世,随着冈瓦纳大陆在南非地区的解体,盆地整体抬升,卡鲁超群顶部的基性熔岩和玄武岩大量侵入(Clyde et al.,1996)。

(三)主卡鲁盆地成因:弧后前陆盆地

1. 弧后前陆盆地成因模式

主卡鲁盆地通常被解释为弧后前陆盆地,其盆地沉降是由开普褶皱带和冈瓦纳岩浆弧对地壳的负载作用引发的挠曲所致(图3-2-3;Cole et al.,1992;Catuneanu et al.,1998)。该模式得到了以下证据支持:①下Ecca群在Ceres Syntaxis构造处变薄(Wickens et al.,1994;Scott et al.,2000);②Ecca群和Beaufort群在远离开普褶皱带的方向变薄(Catuneanu et al.,1998)。第一点表明开普褶皱带存在同沉积变形,而这种同沉积变形可用来推断盆地沉降的同时开普褶皱带发生了地壳负载。至于第二点,前陆盆地的地层在远离褶皱/冲断带的方向上变薄(Busby et al.,1995),就像Ecca群和Beaufort群一样。

Clyde 等(2016)研究的盆地物源来源与该模式相一致,提供的证据表明 Ecca 群的物源部分来自南部的开普褶皱带和冈瓦纳岩浆弧。冈瓦纳岩浆弧通过河流输送和飘落的火山灰向盆地输送沉积物,表明俯冲依然在进行中。在 Ecca 群沉积期间,开普褶皱带被抬升并提供了沉积物,表明主卡鲁盆地早期下沉期间发生了地壳负载。主卡鲁盆地南缘的地壳负载与 Ecca 群的沉积同时发生,表明地壳负载驱动了盆地沉降。

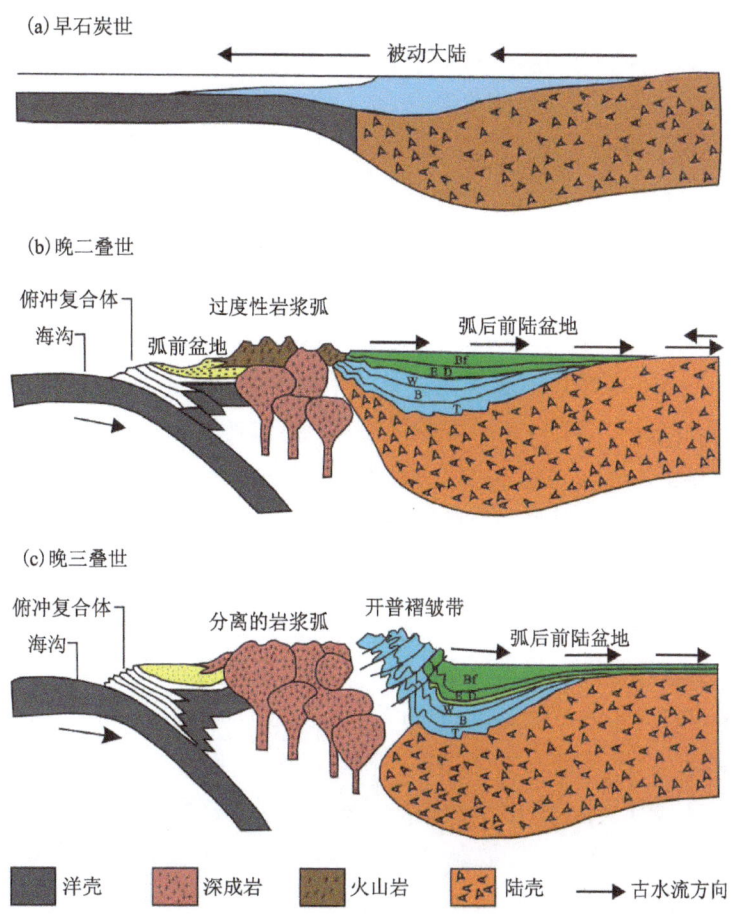

图 3-2-3　主卡鲁盆地的沉降模型

(a)沿冈瓦纳大陆南缘的俯冲作用,造就了冈瓦纳岩浆弧与开普褶皱带,致使卡鲁盆地发生地壳负载与挠曲沉降(Vorster,2013);(b)冈瓦纳大陆南缘俯冲带引发的地幔对流,通过大陆地壳的挠曲作用与岩石圈尺度的断裂,导致卡鲁盆地沉降(Tankard et al.,2009);(c)进入三叠纪,在古太平洋板块的持续俯冲作用下,开普造山运动开始活动,到了晚三叠世开普褶皱带形成,主卡鲁盆地定形。

2. 冈瓦纳岩浆弧和开普褶皱带的影响

前陆盆地的沉积物通常来自相关的褶皱/冲断带和岩浆弧(Busby and Ingersol,1995)。源区地势高差大,会使前陆盆地的沉积速率较高。相比之下,诸如北美威利斯顿盆地、密歇根盆地和伊利诺伊盆地这类克拉通内盆地,由于源区地势高差小,沉积物供给不足,因此沉积速率较低,且多沉积碳酸盐岩(Busby and Ingersoll,1995)。在主卡鲁盆地,泥岩在整个盆地内,无论是靠近还是远离开普褶皱带,都以厚层单元形式沉积,且在次盆中厚度最大(Johnson et al.,1996)。由于年代地层学方面存在争议,沉积速率尚未计算出来,但泥岩单元厚度在几十米到几百米之间,并且与砂岩浊积岩序列互层,这些砂岩浊积岩序列通常依次快速沉积(Wickens and Bouma,2000)。为了在浊积岩沉积层之间沉积厚层泥岩,盆地不能处于沉积物匮乏状态,必须有大量的泥质供应。化学蚀变指数(CIA)值中等至较低且向上逐渐变低,表明化学风化作用有限,这与干旱气候或者在搬运系统中停留时间短的情况相符。从泥岩地球化学特征来看,在干旱气候条件下,泥质可能经过了长距离搬运(Busby and Ingersol,1995),或者是附近另一具有低 CIA 值的泥岩再循环的结果(Busby and Ingersol,1995;Potter et al.,2005)。主卡鲁盆地的气候从早二叠世的寒冷干燥转变为晚二叠世和三叠世的温暖干燥(Kiddler and Worsley,2004)。冈瓦纳岩浆弧的推测位置距离主卡鲁盆地约 1000km。来自该岩浆弧的沉积物可能经过了长距离搬运,但由于气候干旱,沉积物并未受到强烈风化。Dwyka 群在开普褶皱带发生了变形,由低 CIA 值(50~70)的冰川沉积物组成(Visser and Young,1990),随着时间推移,相比于岩浆弧它可能为主卡鲁盆地提供了更多的细粒沉积物。这种从远距离岩浆弧源区到近距离泥岩源区的转变,会导致 CIA 值下降,同时也会使碎屑锆石年龄(Dean,2014)和 Sm-Nd 年龄增加。如果没有开普褶皱带和冈瓦纳岩浆弧的隆升,Ecca 群的源区地势就会较为平缓,大量的泥质和砂质也就不会被搬运到主卡鲁盆地。

冈瓦纳岩浆弧和开普褶皱带除了影响沉积速率外,还对主卡鲁盆地的沉积物分布产生了影响。在 Ecca 群最底部地层沉积期间,主卡鲁盆地是一个欠补偿盆地,到 Beaufort 群沉积时,转变为过补偿盆地(Johnson et al.,1996;Tankard et al.,2009)。Laingsburg 和 Ripon 沉积中心的形成,可能是由于开普褶皱带的变形和隆升,将来自冈瓦纳岩浆弧的沉积路径汇聚到了这些沉积中心。基于 Ecca 群中锆石年龄(Dean,2014)和 Sm-Nd 年龄向上增加、化学蚀变指数(CIA)向上降低、成分变异指数(ICV)向上增加,以及在 Ecca 群下部从广泛的泥岩沉积转变为沉积中心的泥岩和砂岩沉积(Johnson et al.,1997),推测来自岩浆弧的沉积路径最初可能是线状源,众多小流量水系将来自岩浆弧和新形成褶皱带的沉积物输送到主卡鲁盆地,之后转变为点状源(Busby and Ingersol,1995;Scott et al.,2000)。一旦点状源形成,沉积作用就集中在次盆中,从岩浆弧输送来的沉积物减少,浊流更有效地将沉积物向外搬运到盆地更远处。褶皱带附近大量的沉积物供应和较高的沉积速率,会因碎屑稀释作用导致盆地近端的总有机碳(TOC)含量较低,而在远离源区、沉积速率较低的盆地远端,总有机碳含量较高(Li et al.,2015)。在点状源形成之前的沉积过程中,Prince Albert 组、Whitehill 组和 Collingham 组可能受到的稀释作用较小,而 Ecca 群的其余部分以及 Beaufort 群,在靠近开普褶皱带的点状源形成后受到了稀释。

二、沉积演化

主卡鲁盆地的沉积充填受构造和气候两个主要控制因素影响。卡鲁时期的构造体系在主卡鲁盆地南部主要是挠曲作用,与古太平洋板块的俯冲、增生和造山作用有关,而在盆地北部则是伸展作用,与冈瓦纳特提斯边缘的扩张过程有关(Catuneanu et al.,2005)。

南非主卡鲁盆地中卡鲁超群由老到新分别为 Dwyka 群、Ecca 群、Beaufort 群、Stormberg 群和 Drakensberg 群。由于卡鲁超群沉积时期从非洲南部到北部边缘的构造和气候条件的变化,卡鲁超群的沉积特征在整个非洲大陆上发生了显著变化。因此,含卡鲁超群沉积物的沉积盆地通常局限于非洲南部(图 2-4-1)。

(一)开普超群

开普超群代表了从奥陶纪到早石炭世长达 1.6 亿年的沉降过程。盆地充填物厚约 8km。勘探井和地震反射资料显示,这些沉积物,包括 Transkei 地区的 Msikaba 组,超覆于纳马夸基底(Namaqua Basement)之上(图 3-2-4)。在陆地上,该盆地到隐伏露头边缘的面积约为 20 万 km^2,且已知其向近海至少延伸 100km。开普盆地沿着萨尔达尼亚造山带(Saldanian Orogen)的主脊,通过上盘塌陷的方式形成。最初,是在开普西部的伸展转换带,由断层控制的塌陷引发;随后,沿着长达 760km 的纳马夸(Namaqua)边缘缝合带发生区域沉降,在此过程中几乎没有伴随脆性变形。开普盆地主要经历了以下 4 个沉积演化阶段。

1. 开普西部断控沉降与沉积

开普盆地形成初期,在西部的张性转换区发育西北走向的裂谷盆地,这些盆地被认为是 Tandilia 剪切带与 Namaqua 地块边缘缝合带之间张性转换区伸展作用的结果(图 3-2-5)。开普西部早期裂谷盆地充填了 Klipheuwel 群和 Piekenierskloof 组同裂谷期冲积沉积物(图 3-2-4),根据 Klipheuwel 群和 Piekenierskloof 组的露头估算,裂谷深度约为 3km,盆地面积一般在 1500~2000km^2 之间,裂谷填充物由粗粒砂岩、砾岩及少量泥岩组成(Visser,1967;Rust,1973;Thamm,1993),这些沉积物是通过冲积作用向浅海推进而沉积下来的(Vos and Tankard,1981)。

2. 后裂谷期泥岩披覆沉积

Graafwater 组标志着早奥陶世裂谷作用的结束。它是一套石英砂岩和泥岩,在断层控制的沉降作用停止、裂谷相互连接时堆积而成(图 3-2-6)。在早期裂谷带上方,该堆积层最厚(430m),且泥质含量最高;而在边缘地带以及如 Stettyn 等盆内高地区堆积较薄,砂质含量更

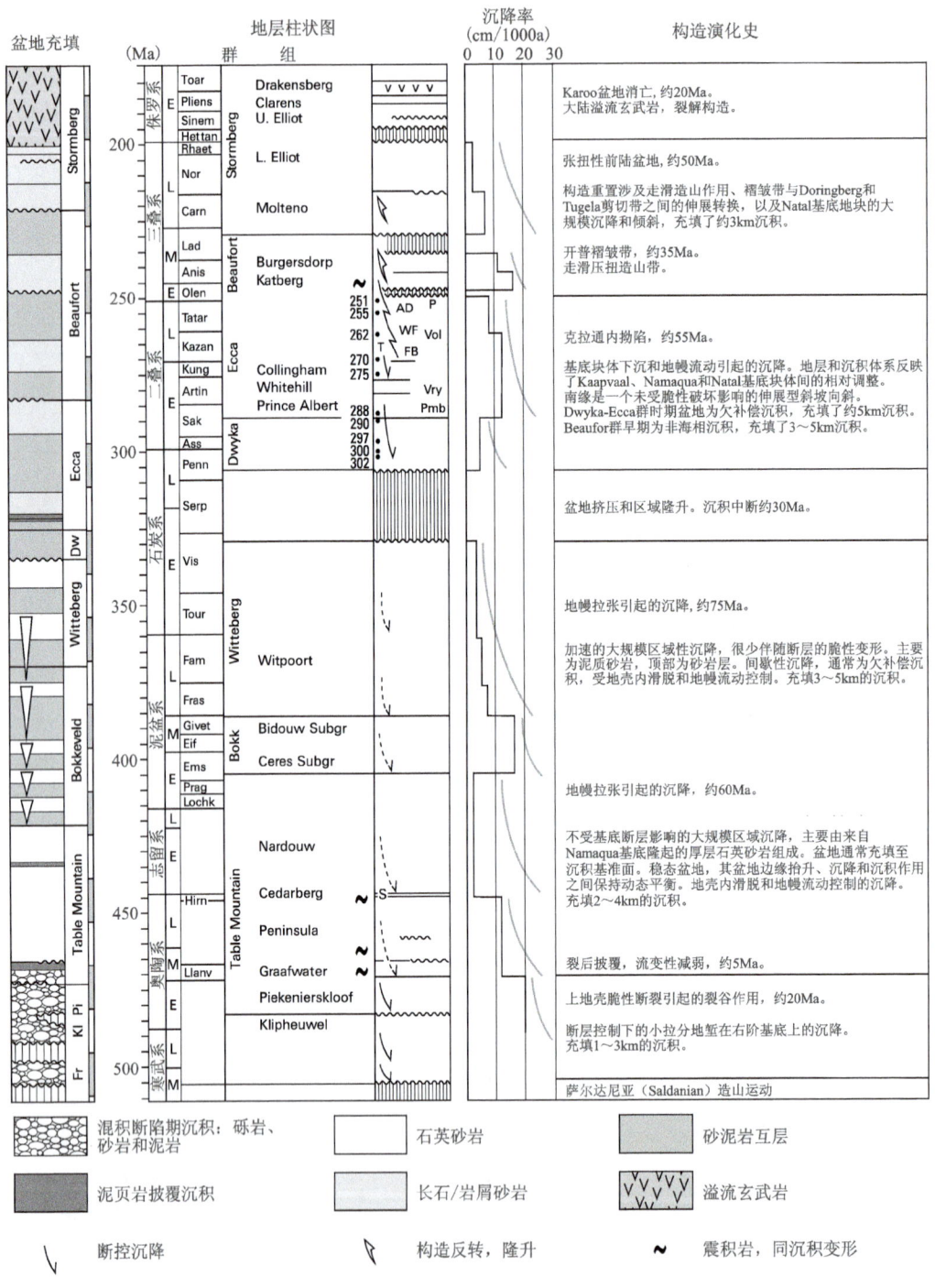

图 3-2-4　Cape 和 Karoo 盆地的地层及构造演化(Tankard et al.,2019)

注：不整合面将地层序列划分为主要的盆地发育阶段。通常，每个阶段都经历了隆升、脆性破裂，以及大规模的沉降，但沉降过程中未伴随脆性变形。对中奥陶世—二叠纪地层剖面的沉降速率(Rs)估算，是以中央经线(约东经 23°)为标准进行的。盆地充填物以 1km 为单位计量，并不代表盆地深度。

AD. Adelaide 亚群；FB. Fort Brown 组；FR. Franschhoek 组；Kl. Klipheuwel 群；P. Palingkloof 泥岩；Pi. Piekenierskloof 组；Pmb. Pietermaritzburg 组；S. Soom 页岩；T. Tanqua 地层；Vol. Volksrust 组；Vry. Vryheid 组；WF. Waterford 组。

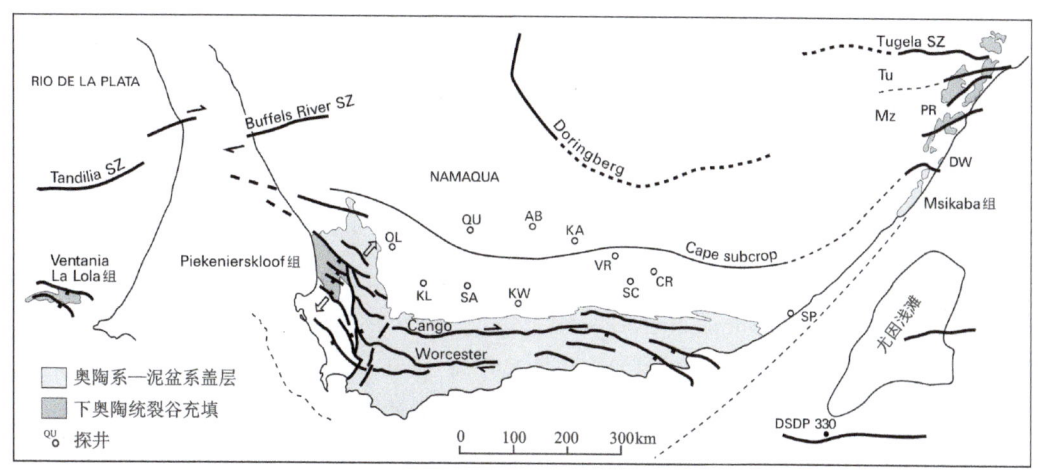

DW. Dweshula 高地;MZ. Mzumbe 地块;PR. Pietermaritzburg 构造脊;Tu. Tugela 地块;SZ. 剪切带。

图 3-2-5　早奥陶世盆地发育的主要结构元素(Tankard et al.,2009)

高(Rust,1967,1977)。Graafwater 组记录了早期海侵进入开普盆地的过程,以及潮汐-波浪混合能量作用下的沉积。然而,此地距离板块边缘超过 1000km,并不像 Tankard 和 Hobday(1977)所暗示的那样,是典型的被动大陆边缘障壁复合体,其地层情况也不支持 Turner(1990)提出的辫状三角洲模型。与上覆 Peninsula 组的过渡通常为剥蚀接触,局部地区以不整合面为标志。Graafwater 组的泥质覆盖与早期裂谷地貌直接相关(图 3-2-6),这表明坳陷是由裂谷后期的热沉降导致的。在东开普地区,Sardinia Bay 组是一套厚层的砾岩、石英砂岩和千枚岩,曾被与 Graafwater 组进行对比(Le Roux,2000;Shone and Booth,2005)。Le Roux(2000)推测,这套磨拉石型沉积物堆积于裂谷盆地中。

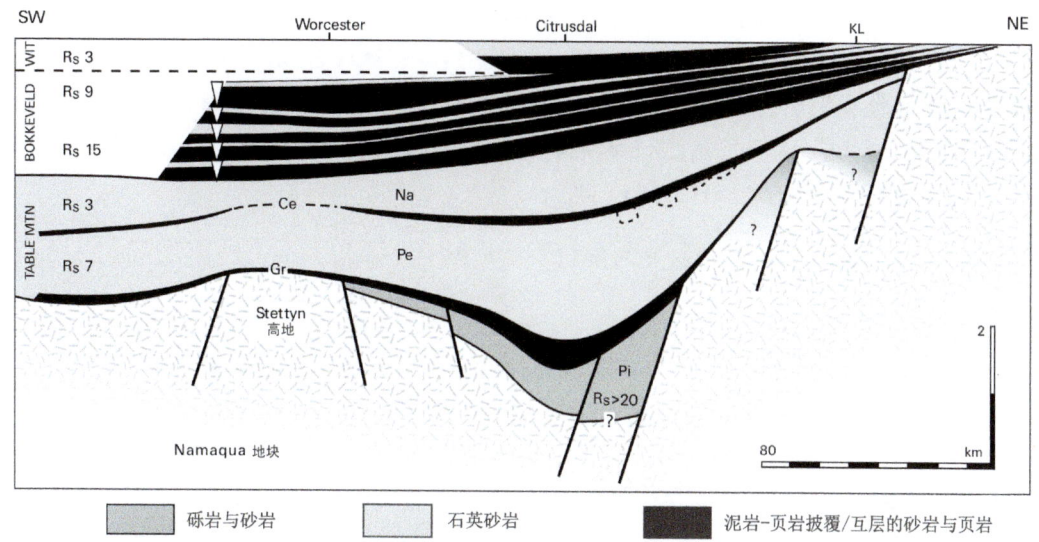

Pi. Klipheuwel-Piekenierskloof 组;Gr. Graafwater 组;Pe. Peninsula 组;Ce. Cedarberg 组;Na. Nardouw 亚群;WIT. Witteberg 群;Rs. rates of subsidence(沉降率)。

图 3-2-6　西开普地区开普超群地层剖面(Tankard et al.,2009)

3. 大规模区域沉降与沉积

开普盆地区域沉降过程中基本未伴随断层活动,盆地在沉积厚度、岩性和沉积相上没有突变。Peninsula 组和 Nardouw 亚群为大量的石英砂沉积,中间由区域性的 Cedarberg 泥岩标志层分隔(图 3-2-4、图 3-2-6),盆地总体充填至沉积基准面,这表明沉降、沉积和盆地边缘抬升之间达到了一种平衡。

奥陶纪 Peninsula 组由中粗粒石英砂岩组成,含少量砾岩和页岩。最大厚度在西部为 2000m,东部为 2700m(Thamm and Johnson,2006)。该组下部由众多冲刷河道构成,其中许多河道的古水流方向差异很大,这被归因于潮流分离(Hobday and Tankard,1978)。但也有许多向上变细的单元,顶部为浅海的 Cruziana 和 Skolithos 遗迹化石,Broquet(1990)将其解释为河流进积和周期性的海水泛滥。Peninsula 组上部粒度更粗,含砾量更高,由板状和河道状单元组成,被认为源自辫状河。然而,少量的生物扰动层和块状层表明存在周期性的浅海改造作用。局部的砾石风蚀面含有磨圆的风棱石卵石。总体上,Peninsula 组保留了滨海沉积的证据,尤其是在下部,众多河流沉积体系进积并受到周期性的海洋改造,同时局部受风成作用影响。

在 Peninsula 组和 Nardouw 群之间,有一段时期堆积了杂砾岩和页岩(图 3-2-4、图 3-2-6)。Pakhuis 杂砾岩和含坠石页岩局限于盆地西部,它们覆盖在同期褶皱带上(Rust,1967,1973;Blignault,1981)。在 Pakhuis 组之上逐渐过渡的是 Cedarberg 泥岩,它是一个盆地范围的标志层(60~120m),代表了 Peninsula 式沉降过程中的一个短暂间歇期(小于 500Ma)。它堆积在一个区域下凹处,海洋环流受限,总体上没有高能牵引作用。高钼含量和缺乏穿透性生物扰动表明当时为缺氧环境(Young et al.,2004)。

Nardouw 亚群(1200m)标志着志留纪大规模石英砂岩堆积的再次出现,并以含有 Emsian 阶腕足动物群的较不成熟沉积物结束(图 3-2-4、图 3-2-6)。尽管以石英砂岩为主,但可分为 3 个部分(Rust,1967;Thamm and Johnson,2006):下部地层含泥岩夹层,中部地层为厚层石英砂岩,上部地层为长石质石英砂岩。向盆地内侧边缘方向,砂岩和砾岩有变粗的趋势。冲刷面、局部砾岩(砾石大小可达 25cm)以及交错层理的含砾沉积物的组合,可能指示了河流作用,但生物扰动面也偶尔出现(Rust,1967)。

4. Bokkeveld-Witteberg 晚期拉张与沉积

大规模沉降贯穿泥盆纪和早石炭世,但此时的盆地处于欠补偿状态,以泥岩为主(Tankard and Barwis,1982)。从 Nardouw 亚群石英砂岩过渡到泥质的 Bokkeveld 群,沉降速率突然增加,这成为此阶段的标志(图 3-2-4、图 3-2-6)。然而,Bokkeveld 群下部地层单元和岩相带的连续性,以及总体上厚度无突然变化,表明沉降并非由断层活动所致。Bokkeveld-Witteberg 群沉积时期的开普盆地是一个向东倾伏的槽地;沉积物充填厚度从约 3400m 增厚至 5200m。

Bokkeveld 群由页岩、泥岩和砂岩组成的 5 个向上变粗的层序构成(Theron,1972;Tankard and Barwis,1982;Theron and Loock,1988)。其向南推进的沉积体系被解释为陆架和前三角洲页岩、分流河口坝泥岩,以及在受波浪影响的海岸线附近横向合并的叶状和弧形三角洲。在沉降速率较低时,尤其是在盆地西部,发生了破坏性改造,从而形成了覆盖每个层序的石英砂岩。盆地东部区域较高的沉降速率则保存了亚长石质的河流主导型三角洲沉积物。Witteberg群沉积时期的沉降过程更为平缓,石英砂岩和泥岩在浅海陆架和三角洲环境中堆积,化石包括海洋无脊椎动物、鱼类,以及比Bokkeveld群中更为高级的石松类和裸蕨类植物。Witteberg群包含一套厚度在140~850m的成熟砂岩。

(二)卡鲁超群

从缝合带间的开普盆地向克拉通内的主卡鲁盆地转变,是一次以地层间断为标志的区域隆升事件(图3-2-7)(Visser,1990;Catuneanu et al.,2005)。隆升是由于石炭纪中期泛大陆的聚合(Veevers et al.,1994),以及在早古生代经历一段分离期后,Deseado地块和North Patagonian地块的重新拼合。花岗岩的铀—铅锆石定年将后者向北东方向的俯冲和缩短时间限定在3.3亿年至3.14亿年前(Pankhurst et al.,2006),开普—卡鲁间断期的跨度为3.3亿年至3.05亿年(图3-2-4)(Tankard et al.,2009)。

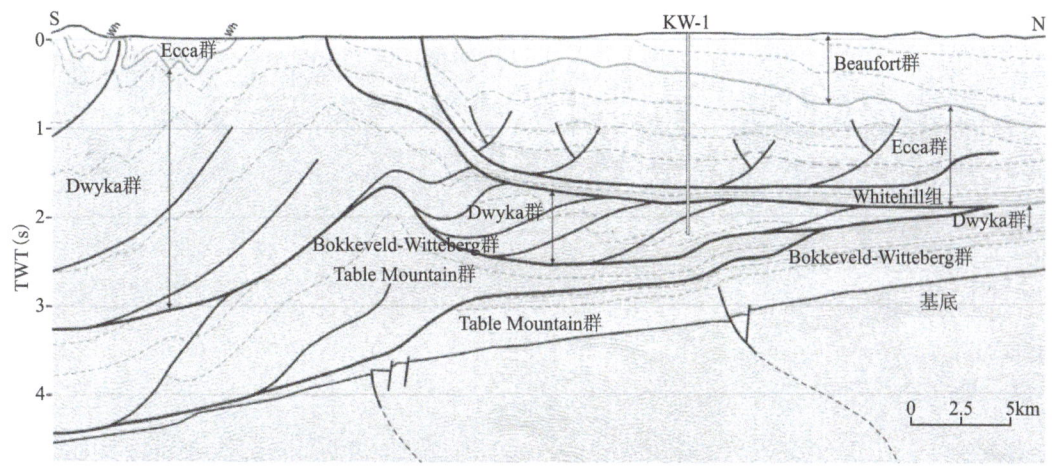

图3-2-7 位于Beaufort West和Droogekloof之间的深部地震测线SAGS-03-92-Beaufort

卡鲁超群形成时间跨度达1.25亿年,从晚石炭世晚期至早侏罗世,面积约60万km^2,在Namaqua基底地块之上最大厚度约5500m。下卡鲁与上卡鲁以二叠纪—三叠纪界线为界。二叠纪下卡鲁盆地的沉降发生在开普造山运动之前。地震地层学、劈理组构与成岩矿物组合的关系(de Swardt and Rowsell,1974)以及物源研究(Johnson,1991)表明,开普褶皱带形成于早三叠世。开普造山运动前的下卡鲁盆地发育3个沉降—沉积阶段:Dwyka群—Ecca群底部沉降与冰川沉积、Ecca群沉降与欠补偿(海相)沉积、下Beaufort群沉降与三角洲(湖泊河流相)沉积;开普造山运动及之后的上卡鲁盆地主要发育Stormberg群河流与风成沉积及Drakensberg群火成岩沉积。

1. Dwyka群—Ecca群底部沉降与冰川沉积

1)Dwyka群冰川沉积

Dwyka群最早发育于3亿年前。Dwyka群沉积之前为维宪期末,开普盆地沉降停止,在其后长期无沉积(Visser,1987;Cole,1992;朱伟林等,2013)。Dwyka群为细粒的碎屑岩正旋回沉积,沉积环境为冰川相,其沉积物来自东北部的大陆冰川和南部的浮冰。尽管主卡鲁盆地发生了大陆冰川和浮冰的交替沉积,但Dwyka群北部(远端)和南部(近端)的沉积序列有明显区别。南部Dwyka群,识别出9个正旋回(Visser et al.,1986),厚度变化从60~100m不等;每一个旋回底部为陆相或水下冰碛相,向上则是冰湖页岩相;层与层之间为不整合接触,具有横向连续性(Tankard et al.,1982),说明大的海相盆地内主要为浮冰沉积。主卡鲁盆地北部金伯利布里茨敦区,Dwyka群内仅发育两个正旋回,每一个旋回的底部都是巨厚的冰碛层,为大陆冰川沉积,向上逐渐变成层状的浮冰沉积。北部的大陆冰川沉积和南部的浮冰沉积之间的界线在金伯利南部(Tankard et al.,1982)。

早二叠世亚丁斯克(Artinskian)期,大陆区域内发生了持续的冰川消融,北部Dwyka群最上部为含煤的河成三角洲沉积(Smith et al.,1993),其上部为Ecca群Pietermaritzburg组海相页岩,这套地层组之间的界线很明显(Du,1954),为Ecca群沉积时海侵作用形成的冲刷面。南部Dwyka群与Ecca群的分界不明显,因为从Dwyka群的滨海环境到Ecca群深海环境的过渡是逐渐的,Dwyka群渐变为Ecca群(图3-2-8)。

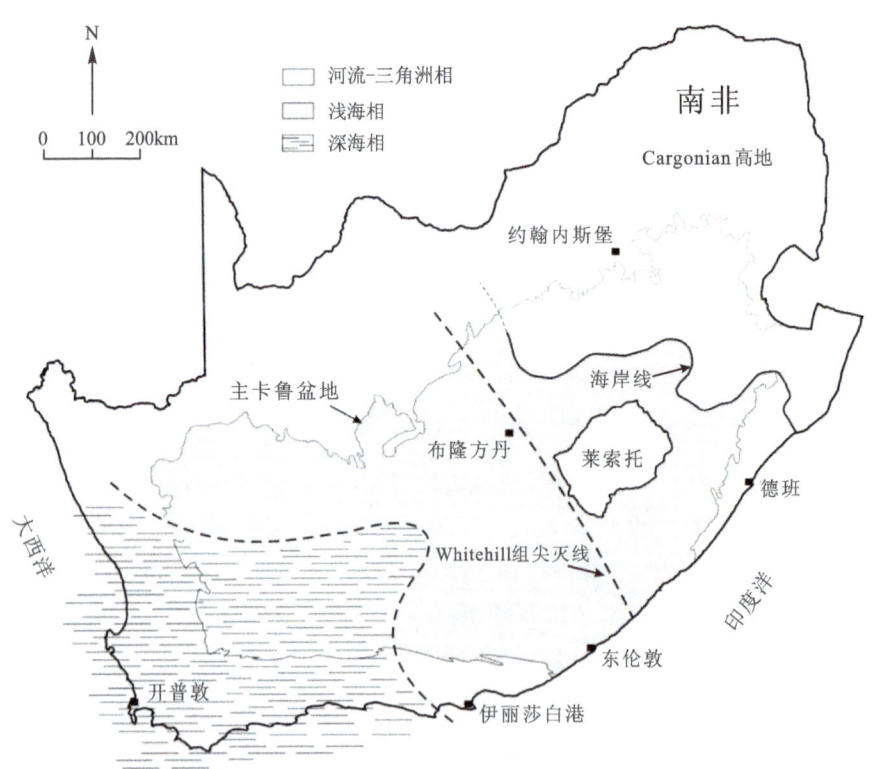

注:河流三角洲相(盆地东北部)沉积的煤与下Ecca页岩相对应(Ruckwied et al.,2014)。
图3-2-8 早二叠世末期主卡鲁盆地下Ecca群岩相古地理图(修改自Visser,1992)

2)Dwyka群冰期—Ecca群冰后期的过渡沉积

Dwyka群的沉降模式一直延续至Ecca群,此时形成了一个底部水体缺氧的欠补偿海相盆地。图 3-2-9 展示了恢复到二叠纪—三叠纪基准面的主卡鲁盆地构造格架,显示基底断裂对盆地沉降、沉积具有重要的控制作用。从 Dwyka 群受冰川影响的沉积过渡到冰期后的早 Ecca 群沉积,发生在早二叠世 Sakmarian 晚期,且以 3 个同期地层组合为代表。位于沉降的 Namaqua 基底之上的 Prince Albert-Whitehill 组,向东北方向逐渐变薄,直至地势较高的 Kaapvaal 克拉通与含煤的 Vryheid 组合并;向东沿着 Amanzimtoti 线性构造与 Pietermaritzburg 组合并(Johnson et al.,2006)。主卡鲁盆地各地区 Dwyka 群冰期—Ecca 群冰后期的过渡沉积特征如下。

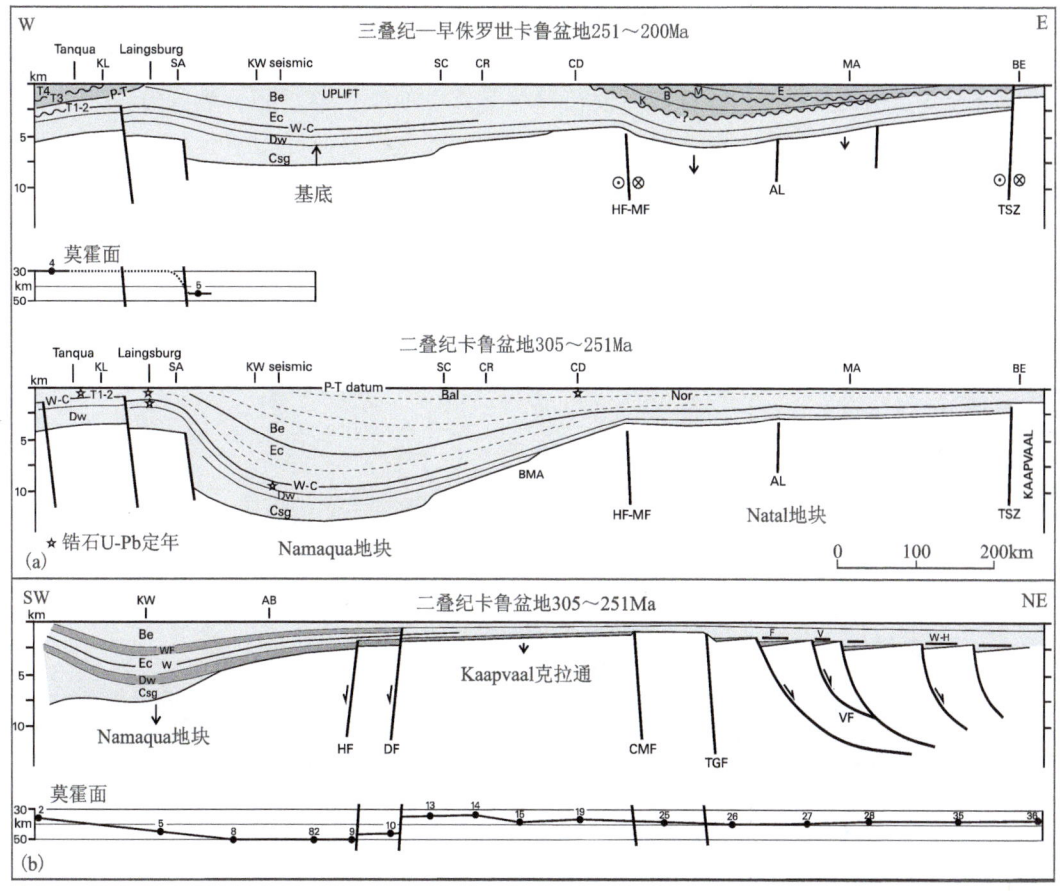

地层:B. Burgersdorp 组;Bal. Balfour 组;Be. Beaufort 群;CD. Commando 浅滩;Csg. Cape 超群;Dw. Dwyka 群; Ec. Ecca 群;E. Elliot 群;F. Free State 煤田;K. Katberg 组;M. Molteno 组;Nor. Normandien 组;W. Whitehill 组; W-C. Whitehill-Collingham 组;Wf. Waterford 组;W-H. Witbank(N)和 Highveld(S)煤田;V. Vereeniging 煤田。构造:AL. Amanzimtoti 构造;BMA. Beattie 磁异常;CMF. Colesberg 断裂;DF. Doringberg 断裂;HF. Hartbees 断裂; MF. Mbotyi 断裂;TGF. Trompsburg 断裂;TSZ. Tugela 剪切带;VF. Virginia 断裂。

图 3-2-9 构造对主卡鲁盆地沉降与莫霍面形态的控制(Tankard et al.,2009)

(1)主卡鲁盆地东部 Natal 基底区。

下部 Pietermaritzburg 组是一套带有冰川落石的黑色裂隙页岩,覆盖在最上层的 Dwyka 群冰退沉积序列之上(Visser,1994,1997;Tankard,2012)。该地层上是一套单一的深色泥岩,形成了一个向南加厚的楔形体,厚度高达 450m。与 Prince Albert 组合一样,该深色泥岩被认为是在中等到深水海盆平原环境中形成的(Catuneanu et al.,1998),该环境向北跨过 Kaapvaal 基底时逐渐变浅(von Brunn,1994)。

(2)主卡鲁盆地北部 Kaapvaal 基底区。

Vryheid 组是一个向东增厚的楔状体(最厚达 500m),由相互叠置的三角洲层序构成(Cadle and Cairncross,1993)。Trompsburg 断裂以东不规则的等厚线(van Vuuren and Cole,1979;Cadle et al.,1982)、Free State 和 Witbank 煤田的煤层分布(图 3-2-10),以及卡鲁东部的 Nongoma 地堑(Whateley,1980),都反映出受断层控制的沉降作用。镜质组含量和煤阶向东递增,表明由于埋藏深度增加,地温梯度逐渐升高(Cadle et al.,1993;Cairncross,2001)。在 Witbank 煤矿的孢粉组合中,可观察到一个重要变化(Falcon et al.,1984;Scheffler,2004)。1 号煤层的孢粉组合以产生单气囊花粉的裸子植物为主,这一组合被认为对应于冰期后早期的苔原类型生态系统。在 2 号煤层中,单气囊花粉不仅被三缝孢子和双气囊类群所取代,而且类群的多样性和数量也突然增加,这反映了气候的改善。针叶树退缩,落叶林扩张,同时冈瓦纳舌羊齿植物群首次大量出现。

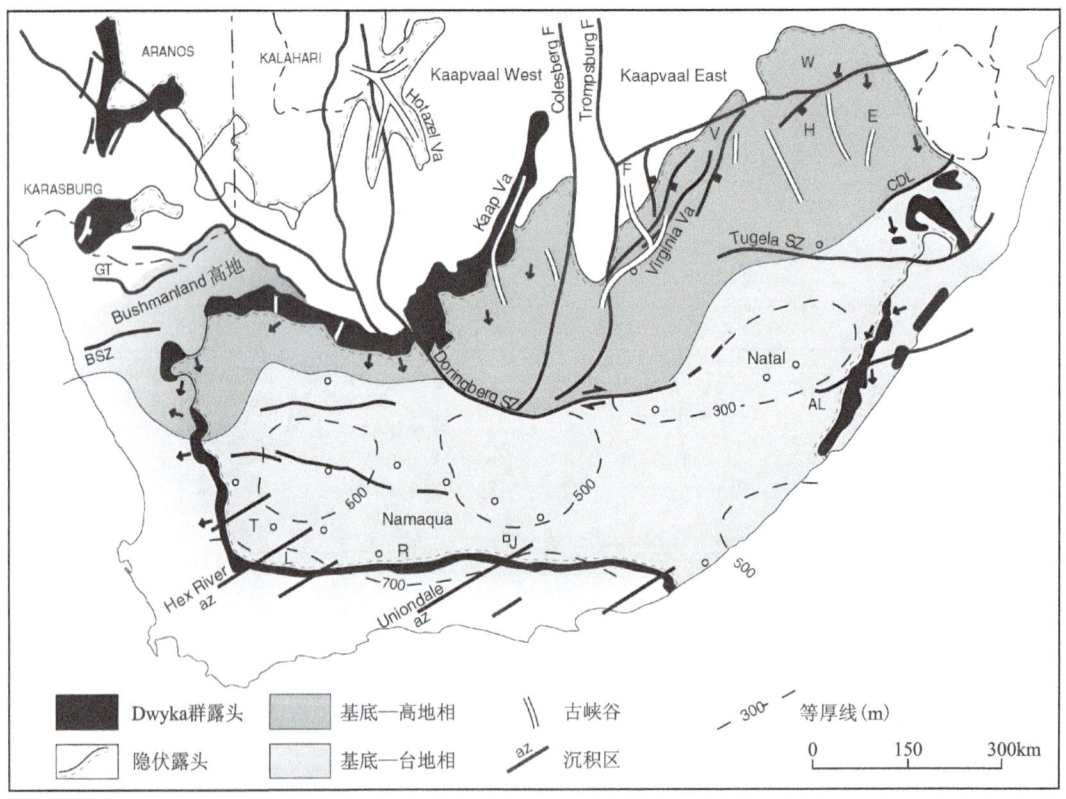

AL. Amanzimtoti 线性构造;BSZ. Buffels River 断裂;CDL. Commondale 断裂;E. Ermelo 煤田;F. Free State 煤田;GT. Groothoek 断裂;H. Highveld 煤田;J. Jansenville;L. Laingsburg 冲积扇;R. Ripon 扇;T. Tanqua 扇;V. Vereeniging 煤田;Va. 峡谷;W. Witbank 煤田。

图 3-2-10 Dwyka-Ecca 群古地理图(Tankard et al.,2009)

(3)主卡鲁盆地西部 Namaqua 基底区。

Prince Albert 组(50~320m)的沉积始于最上部冰退期沉积序列的最大洪泛面,局部削平了 Dwyka 群时期的构造凸起。凝灰岩 U-Pb 定年确定后冰川时代开始于 288~289Ma (Bangert et al.,1999)。韵律性的泥岩形成于深海盆地平原相的远洋沉积,其中的海洋无脊椎动物和古鳕鱼类化石(McLachlan and Anderson,1973)以及升高的 Rb/K 和 V/Cr 值(Scheffler et al.,2006)表明当时海洋盐度正常。Whitehill 组(80m)为这一沉积阶段末期的缺氧覆盖层,是一种风化后呈白色的黑色页岩沉积,总有机碳 TOC 高达 14%,形成了强反射地震标志层(图 3-2-6)。该组在地势较高的 Kaapvaal 基底上逐渐尖灭(图 3-2-8),由于深埋,其中的碳大多为过成熟的无定形干酪根(Rowsell and de Swardt,1976)。

2. Ecca 群沉降与欠补偿(海相)沉积

Ecca 群在主卡鲁盆地广泛分布,于纳马夸基底(Namaqua basement)之上形成一个向南增厚的楔形体(图 3-2-11),由深水的科林厄姆海相泥岩(Collingham mudstone)、坦克瓦-莱因斯堡(Tanqua-Laingsburg)细粒扇体以及 Ecca 群上部三角洲组成(图 3-2-4、图 3-2-12)。区域厚度和地层变化反映了地壳断裂以及基底地块不对称沉降的控制作用(图 3-2-9)。根据重力数据、钻井资料以及后期变形趋势解释得出,东北走向的赫克斯河(Hex River)生长断裂带,使得 Ecca-Beaufort 群地层厚度从坦克瓦—莱因斯堡地区的 750m(Fildani et al.,2007)逐渐增厚至 KW-1 井处至少 4300m(Leith,1969)。

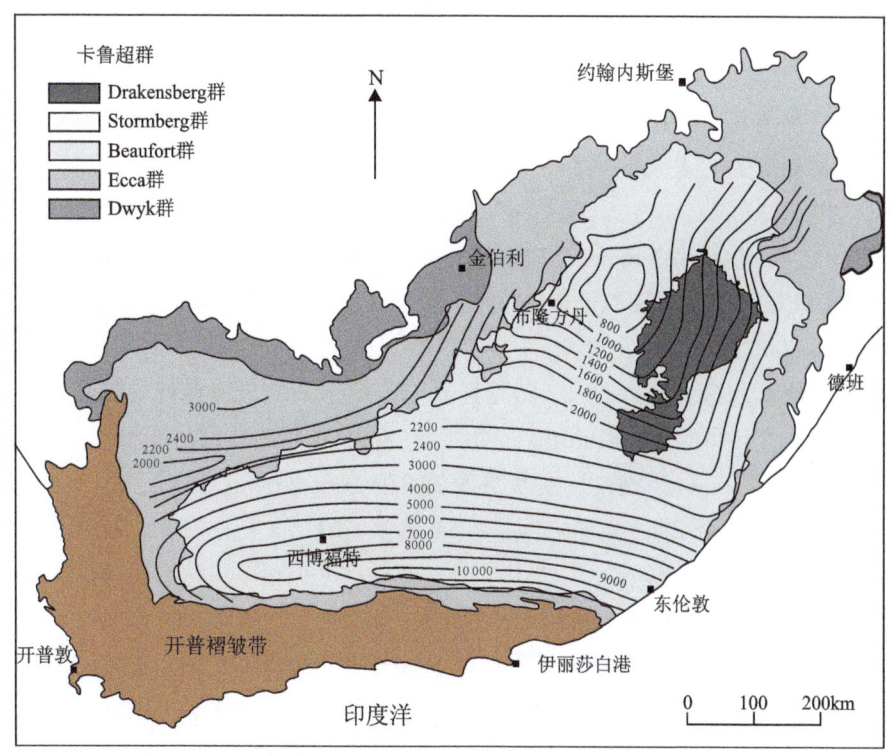

图 3-2-11　主卡鲁盆地 Ecca 群地层等厚(m)图(修改自 Ryan,1967)

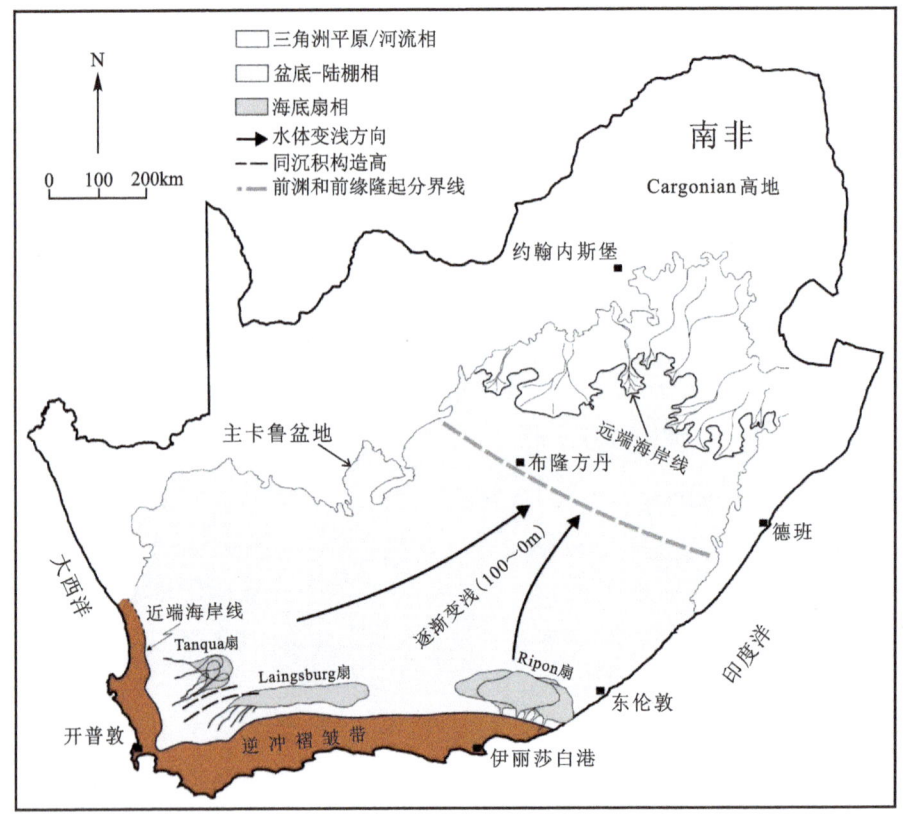

图 3-2-12　早二叠世主卡鲁盆地古地理重建图（修改自 Catuneanu et al.，2002）

1）海相页岩与浊积扇沉积

主卡鲁盆地南部的 Collingham 组是一套由悬浮沉积和浊流沉积作用形成的半咸水海相泥岩，厚 30～70m(Johnson et al.，2006；Scheffler et al.，2006)。层间的火山灰凝灰岩年代测定为 2.75 亿～2.70 亿年前(Turner，1999；Fildani et al.，2007)。随后的 Tierberg 组同样形成于海洋环境，其碳质页岩、凝灰岩和少量砂岩记录了一次向西南方向加深的地质事件(Johnson et al.，2006)。

主卡鲁盆地南部的深水扇(图 3-2-12)是世界上为数不多的出露良好的细粒浊积岩露头。Ripon 扇的沉积物直接覆盖在 Collingham 组之上(Kingsley，1981；Catuneanu et al.，2002)，而 Laingsburg 扇和 Tanqua 扇则位于向西增厚的 Tierberg 页岩楔形体之上。Laingsburg 扇 A 的年代范围在 2.62 亿～2.54 亿年之间。2.51 亿年前的二叠纪—三叠纪界线位于 Laingsburg 扇 B 内(Fildani et al.，2009)。

Laingsburg 盆底扇复合体(Laingsburg 组)厚 750m，由 4 个富含细粒砂岩的海底扇组成，这些扇体被广泛分布的席状泥岩分隔开来。扇体 A 是一个厚 350m 的板状单元，沿着海槽轴线向东进积形成(Grecula et al.，2003；Sixsmith et al.，2004)。Grecula 等(2003)描述了扇体单元的不规则变薄以及塑性沉积物变形现象，并将其归因于构造运动。扇体 C 和扇体 D 是大型的向盆地方向进积沉积单元，反映了斜坡的回春作用。

Tanqua 扇（Skoorsteenberg 组）厚 450m，由 4 个富含砂质的盆底扇组成，这些扇体与 Tierberg 组页岩相互交错（Bouma and Wickens，1991；Wickens and Bouma，2000；Hodgson et al.，2006）。大套块状砂岩表明，这些盆底扇是在海洋盆地中由高密度浊流和碎屑流沉积形成的（Johnson et al.，2001）。

2）三角洲沉积

主卡鲁盆地 Ecca 群上部由一套盆地相泥岩和岩性较粗的近源三角洲组成。在主卡鲁盆地西部，其地层包括 Fort Brown 组和 Waterford 组，这两组均与 Tanqua-Laingsburg 下部扇体相对应；在主卡鲁盆地东部则为 Volksrust 组[图 3-2-4、图 3-2-9(a)]。

(1) 主卡鲁盆地西部 Fort Brown 组和 Waterford 组。

泥质的 Fort Brown 组厚度为 500~1500m，这一特点值得关注（Johnson et al.，2006），该变化反映了盆地形态。地震资料显示，Fort Brown 组是一套强反射、向南加深的盆地充填物，富含有机质的泥岩和韵律层的单一堆积，反映其形成于静海盆地平原沉积。其上部地层非海相特征愈发明显，含有古鳕鱼和植物碎屑（Rubidge et al.，2000），塑性沉积物变形构造较为常见。Waterford 组（厚 200~800m）是一套厚层砂岩，它沉积在沉降的 Namaqua 基底之上，并在 Kaapvaal 克拉通边缘终止。塑性沉积物变形现象随处可见（Johnson et al.，2006）。Rubidge 等（2000）在 Waterford 组识别出三角洲前缘和平原沉积。三角洲平原中的河流砂岩由向北流动、低弯曲度的河流沉积而成。这些相带的总体规模表明，它们是由近源三角洲沉积形成。古鳕鱼类、稀有双壳类动物，以及舌羊齿属和裂鞘叶属植物的叶子，表明该区域为半咸水至淡水沉积环境。

(2) 主卡鲁盆地东部 Volksrust 组。

半封闭的主卡鲁盆地西部 Fort Brown-Waterford 组向东逐渐过渡为 Volksrust 组（Rubidge，1995）。在沉积中心，Volksrust 组（厚 450m）主要由深海成因的黑色页岩组成（Catuneanu et al.，1998；Johnson et al.，2006），但在断层交错的 Kaapvaal 地台上，其厚度不规则变薄（Cadle et al.，1982）。在盆地东北边缘，海相—淡水的过渡在局部地区表现为，前三角洲沉积物中有海相双壳类动物 Megadesmus（Cairncross et al.，2005），而在较粗的三角洲沉积物中有古土壤以及舌羊齿属和杯叶属植物（Tavener-Smith et al.，1988）。

3. Beaufort 群沉降与三角洲（湖泊河流相）沉积

Beaufort 群（图 3-2-13）是一个非海相的盆地充填序列，以其多样性的合弓纲爬行动物和早期恐龙组合为特征。地层的划分基于合弓纲爬行动物化石组合。重大的生物灭绝事件结束了 Tapinocephalus 和 Dicynodon 生物带（Rubidge，1995，2005），分别对应于二叠纪中期的瓜达卢普世（260Ma）和二叠纪末（251Ma）的大规模灭绝事件（Retallack et al.，2006）。Beaufort 群分为阿德莱德亚群（Adelaide Subgroup）和塔卡斯塔德亚群（Tarkastad Subgroup），主要由泥岩和少量岩屑砂岩组成。该群在盆地南缘最厚（KW-1 井中达 2700m），在卡普瓦尔克拉通（Kaapvaal Craton）上相对较薄（Winter and Venter，1970）。

1）阿德莱德亚群

地震资料显示，阿德莱德亚群呈向南增厚的楔状体（最大厚度达 1700m），具有中等反射特

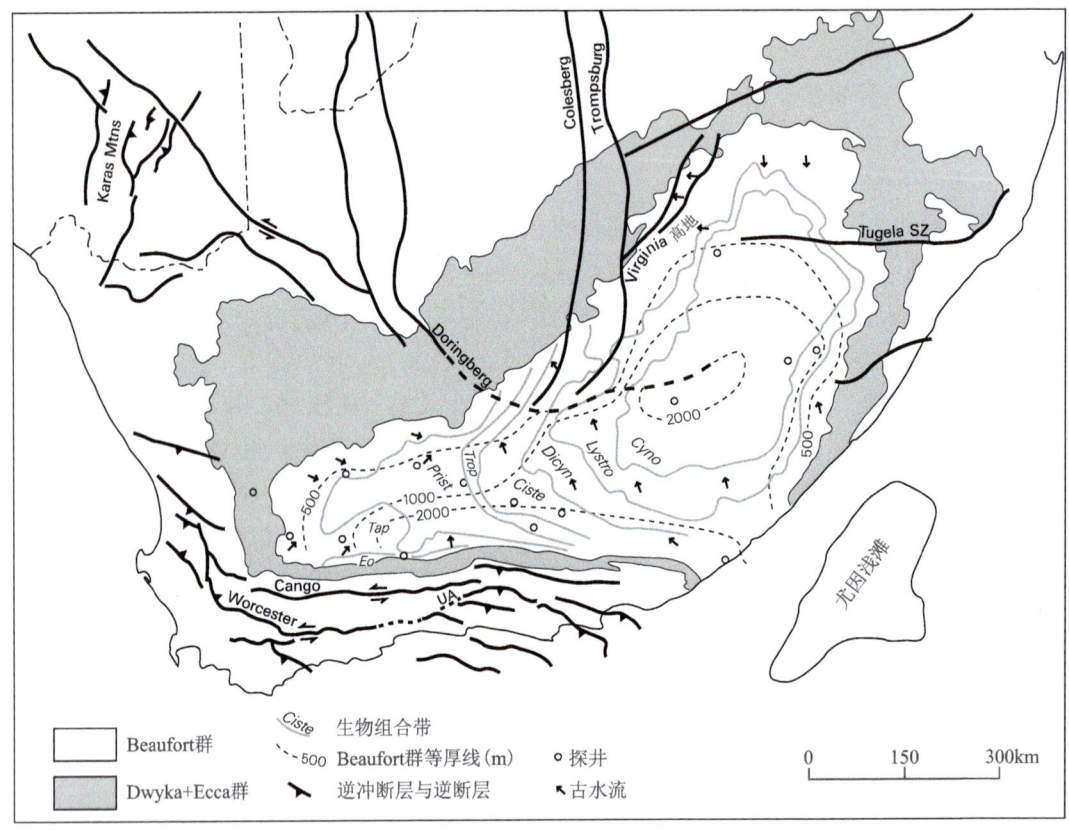

开普敦造山运动及 Doringberg 和 Tugela 断裂带的左旋走滑再活化发生在 Beaufort 群晚期。Karas 山脉构造反转与左旋断层位移相一致。生物带：Eo. *Eodicynodon*；Tap. *Tapinocephalus*；Prist. *Pristerognathus*；Trop. *Tropidostoma*；Ciste. *Cistecephalus*；Dicyn. *Dicynodon*；Lystro. *Lystrosaurus*；Cyno. *Cynognathus*。UA：Uniondale 背斜。来源：Winter and Venter(1970)，Rubidge(1995)，Johnson et al.(2006)。

图 3-2-13　Beaufort 群地层厚度及生物带分布图

征，反映了泥岩与砂岩交替的岩性组合，其地层包括 Tapinocephalus、Pristerognathus 和 Tropidostoma 生物带（图 3-2-13）。其中，Tapinocephalus 生物带的几何形态和厚度与 Ecca 群沉积相似，而 Pristerognathus 和 Tropidostoma 生物带则更为平缓，并向卡普瓦尔克拉通上超覆（Welman et al.，2001）。阿德莱德亚群是一个向上变细的盆地充填单元，主要发育湖泊、河流和泛滥平原沉积，后者以 Glossopteris、Schizoneura 和 Equisetum 植物群为特征（Catuneanu et al.，2005；Rubidg et al.，2000）。从西向东，河流相从底负载砂岩逐渐过渡为更细粒的曲流河和泛滥平原沉积（Turner，1978）。西卡鲁（Karoo）的向心沉积系统（Cole，1998）与东卡鲁同时期的海相 Volksrust 页岩相对应（Rubidge，1995），表明该盆地为半封闭性质。

阿德莱德亚群的近源相包括库纳普组、米德尔敦组和巴尔弗组，而远源相主要为诺曼丁组。阿德莱德亚群底部穿时（Rubidge，1995），海相和非海相间为整合接触。库纳普组和米德尔敦组发育正旋回沉积，两组之间的界面以岩性的变化显示出来。库纳普组（鞑靼阶）主要为绿色泥页岩和砂岩，为正旋回沉积，发育于高能辫状河沉积环境，向上逐渐变为低能的曲流河环境。相反,米德尔敦组为褐红色和灰绿色泥岩,中间夹有砂岩,总体上为正旋回沉积,发育于低能的曲流河和海相环境。巴尔弗组和米德尔敦组之间为不整合接触,两组之间存在明显的突变接触关系,从低能曲流河沉积相变化到高能辫状河沉积相。岩性上,巴尔弗组为黄色至灰绿色砂岩,中间夹有暗色泥岩层。诺曼丁组为砂岩与泥岩互层,形成于曲流河沉积环境,及半干旱的泛滥平原(Groenewald,1989;Rubidge,1995)。

2)塔卡斯塔德亚群

塔卡斯塔德亚群(Tarkastad Subgroup)位于阿德莱德亚群之上,主要发育砂岩和红色泥岩。它在卡鲁盆地南部最厚,向卡普瓦尔克拉通(Kaapvaal Craton)方向逐渐减薄至约150m(Johnson et al.,2006)。最上部的沉积单元是Balfour组,为河流相沉积,归属于Dicynodon生物带(Johnson et al.,2006)。在东卡鲁地区,与之对应的Normandien组覆盖在海相Volksrust页岩之上(Cairncross et al.,2005)。

在主卡鲁盆地南部(近端)和东北部(远端)的塔卡斯塔德亚群均由两部分组成。近端包括卡特贝赫组和伯格斯多普组,位于盆地的南部边缘,范围从昆斯敦南部至北阿利瓦尔北部(Groenewald,1989;Rubidge,1995)。远端也包括两部分(Groenewald,1996),但在整个盆地中包括了不同的组。在纳塔尔北部包括了贝尔蒙特组和奥特本组,而在远端的东北部地区则包括了弗凯克斯科普组和德里卡品组(Groenewald,1989)。塔卡斯塔德亚群形成于奥赛期(Groenewald et al.,1995)至早安尼西期(Kitching,1995),为正旋回沉积。底部为以砂岩为主的辫状河沉积(卡特贝赫组和弗凯克斯科普组),向上逐渐变为以泥岩为主的泛滥平原沉积,而且与曲流河体系有关(伯格斯多普组和德里卡品组)。在整个盆地区域内,塔卡斯塔德亚群和上部的莫尔泰诺组为不整合接触关系,但塔卡斯塔德亚群内部上下两套地层为整合接触关系。

4. Stormberg 群河流及风成沉积

Stormberg群包括莫尔泰诺组(Molteno Formation)、埃利奥特组(Elliot Formation)和克拉朗组(Clarens Formation),形成于三叠纪晚阿尼斯期(Anisian)至拉迪尼期(Ladinian)。与卡鲁超群的其他群和亚群不同,Stormberg群内分不出近端相和远端相。实际上,整个Stormberg群可以看作远端卡鲁相,因为Stormberg群并没有延伸到开普褶皱带(图3-2-14)。

莫尔泰诺组(卡尼阶—诺利阶)由两个反旋回沉积层序组成(Hancox,1998),主要由中粒至粗粒的席状砂岩组成,内部发育水平层理合交错层理,这些侧向上连续的席状砂岩发育于广阔泛滥平原的辫状河沉积环境。莫尔泰诺组局部发育泥岩、页岩及煤层,是废弃河道充填和堰塞水道沉积(Turner,1975)。

埃利奥特组(诺利阶—下侏罗统)主要为泛滥平原沉积的红色泥岩,含有河道砂岩和决口扇砂岩,表明该组为曲流河沉积。除了河流沉积以外,埃利奥特组还有风成黄土(Eriksson,1985),向上风成作用逐渐增强,并逐渐过渡到沙漠环境。

克拉朗组(下侏罗统)(Oilsen et al.,1984)主要由奶黄色或黄色的细粒砂岩、砂质泥岩以及少量粗粒砂岩组成(Eriksson,1984),为沙漠沉积环境,发育风成沙丘,有众多浅的干盐湖沉积(Smith,1990)。克拉朗组最上部沉积时,气候逐渐转好,沙漠变得更加潮湿,河流和片流逐渐变多(Smith,1990)。

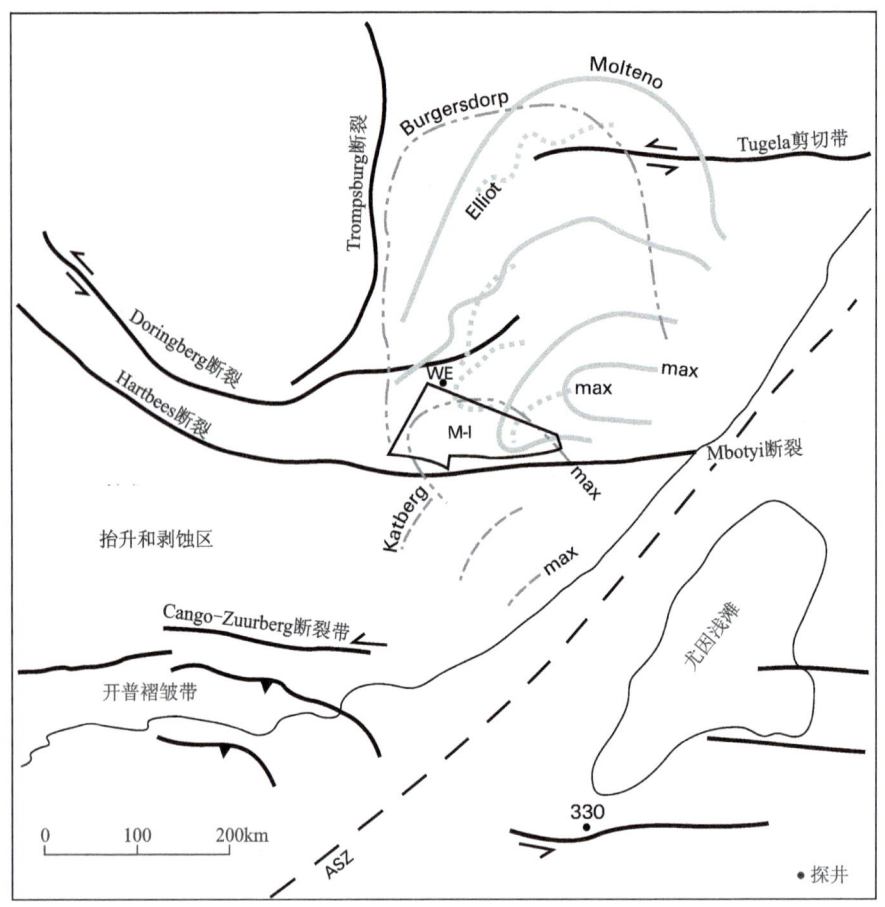

注：ASZ. Agulhas 剪切带；M-I. Molteno-Indwe 煤田。来源：Rowsell 和 De Swardt(1976)，Hiller 和 Stavrakis(1980)，Turner(1983)，Biddle et al.(1996)，Hancox(1998)，Snyman(1998)，Bordy et al.(2004a)，Hanson et al.(2009)。

图 3-2-14　卡鲁超群沉积晚期 Stormberg 群沉积中心

5. Drakensberg 群火成岩沉积

早侏罗世(约 180Ma 以前)主卡鲁盆地发生了大规模玄武岩喷发(Hooper et al.,1993)，形成了广泛分布的熔岩，面积 140 000km^2，最大残余厚度 1400m (Eales et al.,1984)，形成了 Drakensberg 群高原火山岩。此次火山活动持续的时间较短，随后发生区域性隆升和剥蚀，沉积作用停止，冈瓦纳古陆进入裂解期。

第三节　盆地油气地质条件

(一)烃源岩

南非中南部的卡鲁前陆盆地是重要的沉积盆地，包含了厚层、富含有机质的页岩。该盆地面积为 23.6 万 mi², 占南非全国面积的 2/3。盆地南部是页岩气成藏的潜在有利区。盆地内二叠系 Ecca 群沿盆地南部和西部边缘出现, 由一系列泥岩、粉砂岩、砂岩和少量砾岩组成。Ecca 群在盆地南部厚达 3048m, 又分为上 Ecca 群(由薄层、有机质丰富的 Fort Brown 组和 Waterford 组组成)和下 Ecca 群(由 Prince Albert 组、Whitehill 组和 Collingham 组组成)。其中, 下 Ecca 群烃源岩有机质尤为丰富, 热成熟度高的 Whitehill 组黑色页岩是页岩气勘探的主要目的层系。

总体而言, Whitehill 组的总有机碳(TOC)值最高。KL 1/65 钻孔资料显示, 至少有 3% 样品的 TOC 值是无效的, 表明该位置的热成熟度较高。QU 1/65 钻孔资料揭示, 辉绿岩的侵入大大降低了岩石中 TOC 含量, 相似的现象在主卡鲁盆地其他地区也有发现(Svensen et al., 2006; Aarnes et al., 2011)。Prince Albert 组 TOC 值差异较大(即 KL 1/65 和 SP 1/69)。KL 1/65 样品 TOC 值小于 0.5%, 相比之下, 东部 SP 1/69 钻孔样品的 TOC 值更高 (>7%)。不同的 TOC 值可能反映了两个地点有机质生产速率和保存条件的差异。在白垩系加速隆升之前, 西部下 Ecca 群埋深比东部深得多(Tinker et al., 2008), 因此东部的有机质保存条件更好。

KL 1/65 和 SP 1/69 钻孔所采 Prince Albert 组样品的有机质类型不同。KL 1/65 和 SP 1/69 钻孔样品具有非常低的 HI(SP 1/69 钻孔中 Prince Albert 组样品的 HI 低于 10mg HC/g TOC), 与其过成熟的演化阶段是匹配的。这两个钻孔所在的南部地区在白垩系剥蚀之前, 上覆地层厚度很可能超过 9000m。因此, 南部 Prince Albert 组有机质处于过成熟, 属Ⅳ型干酪根。KL 1/65 钻孔 Whitehill 组最接近Ⅰ型和Ⅱ型干酪根, 分别反映了湖相和海相有机质来源。HI 值低于 50mg HC/g TOC 与过成熟和"死"有机碳有关。在 Tierberg/Collingham 组样品中(QU 1/65, KL 1/65), OI 通常超过 HI。与 QU 1/65 钻孔相比, KL 1/65 钻孔 Tierberg/Collingham 组的 HI 值更低, 而 QU 1/65 井目前处于更大的深度。然而, 南部的 KL 1/65 可能比 QU 1/65 经历了更大的古埋藏深度, 现今的埋深差异主要是东西向的差异剥蚀造成的。与 QU 1/65 钻孔相比, KL 1/65 钻孔样品的古埋藏深度更大, 导致该钻孔的 Tierberg/Collingham 组比 QU 1/65 钻孔处于更高的成熟度。Tierberg/Collingham 组主要由Ⅲ型干酪根组成(在 KL 1/65 处与Ⅱ型干酪根混合)。然而, KL 1/65 较低的 HI 指数(小于 50mg HC/g TOC)表明该位置处于过成熟, 而不是Ⅳ型干酪根的存在。

1. 烃源岩评价

本节详细介绍了 KL 1/65、QU 1/65、LA 1/68、SP 1/69 和 KZF-1 等钻孔(图 3-3-1)下 Ecca 群潜力烃源岩实测样品的基础地化数据, 并对研究区烃源岩进行了评价。

1) KL 1/65 钻孔

对 Prince Albert 组、Whitehill 组和 Tierberg/Collingham 组的 17 个样品进行了岩石热解分析, 分析结果见图 3-3-2 与表 3-3-1。

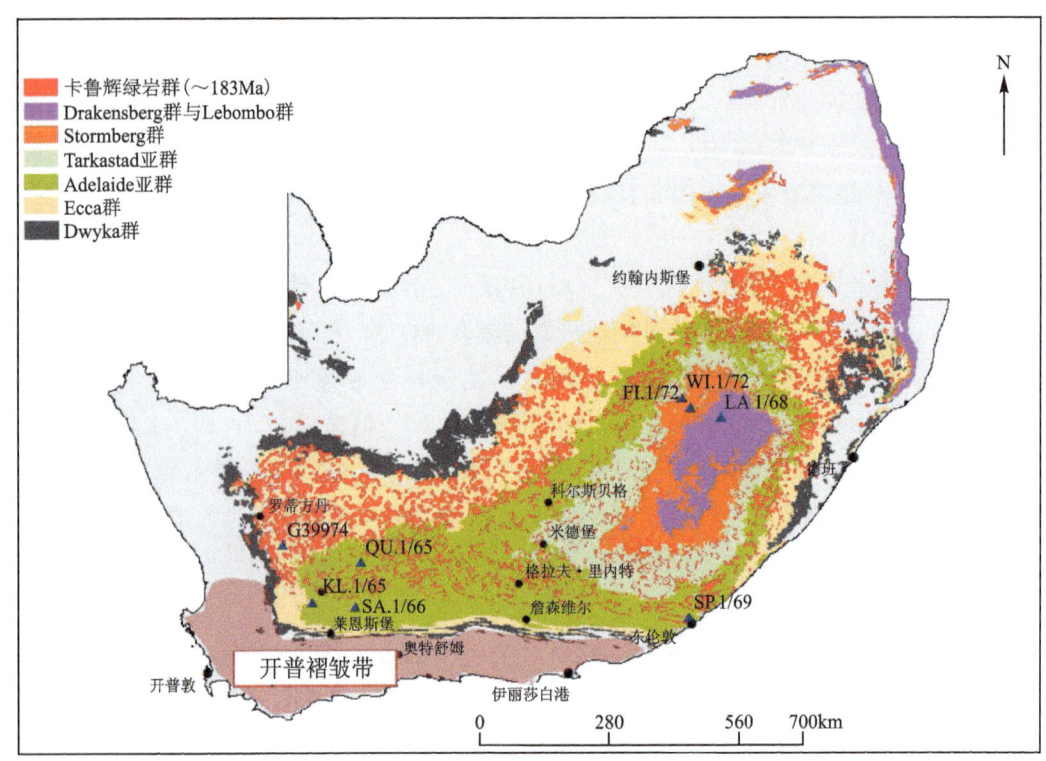

注：QU 1/65 等为钻遇卡鲁超群的钻孔。

图 3-3-1　主卡鲁盆地井位和卡鲁超群平面分布图（Chere，2015）

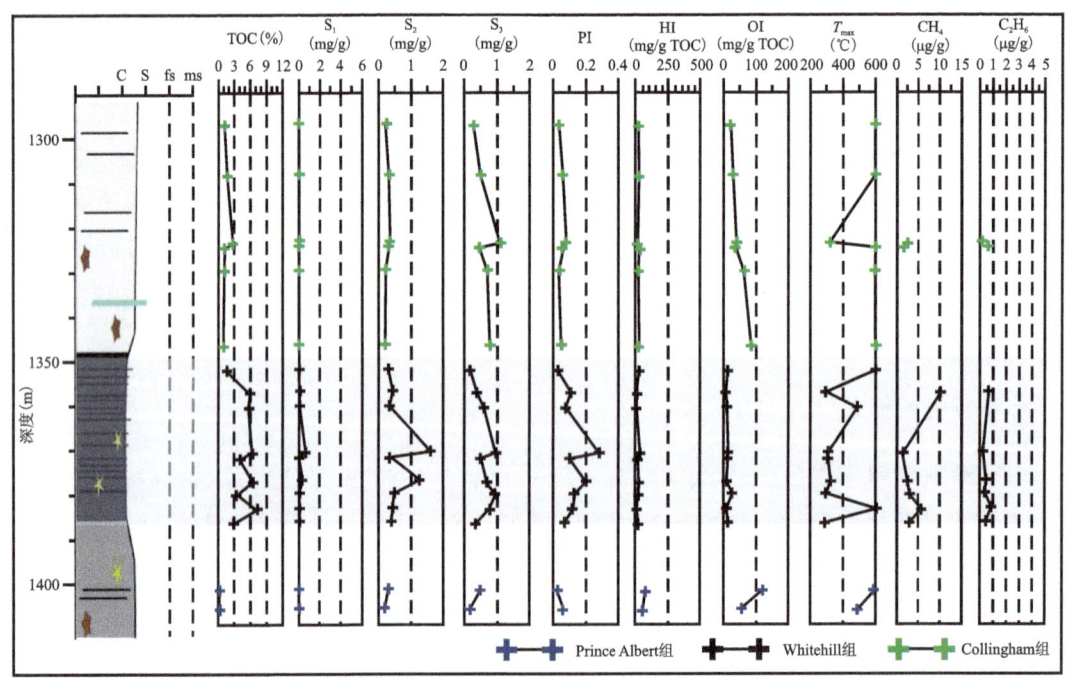

注：$PI=S_1/(S_1+S_2)$。

图 3-3-2　KL 1/65 钻孔 Prince Albert、Whitehill 和 Tierberg/Collingham 组地球化学剖面（Peters，1986 修改）

表 3-3-1　KL 1/65 钻孔样品岩石热解分析结果(Chere,2015)

样品编号		深度(m)	S_1 (mg/g)	S_2 (mg/g)	S_3 (mg/g)	T_{max} (℃)	S_2/S_3	PI	HI(mg HC/g TOC)	OI(mg CO_2/g TOC)	TOC (%)
Prince Albert 组	G009865	1402	0.01	0.30	0.50	587	0.60	0.03	71	118	0.42
	G009864	1402	0.01	0.17	0.18	486	0.94	0.06	52	55	0.33
Whitehill 组	G009877	1353	0.01	0.29	0.19	599	1.53	0.03	18	12	1.6
	G009876	1358	0.05	0.42	0.39	300	1.07	0.11	7	7	5.94
	G009874	1361	0.03	0.33	0.61	489	0.54	0.08	6	11	5.74
	G009873	1372	0.61	1.60	0.96	310	1.67	0.28	25	15	6.35
	G009872	1373	0.04	0.35	0.52	313	0.67	0.10	9	13	4.10
	G009871	1378	0.31	1.26	0.68	325	1.85	0.20	19	10	6.54
	G009870	1381	0.07	0.49	0.93	300	0.53	0.13	14	26	3.55
	G009869	1384	0.06	0.44	0.79	601	0.56	0.12	6	11	7.30
	G009868	1387	0.03	0.41	0.36	290	1.14	0.07	14	12	3.02
Tierberg/ Collingham 组	G009882	1298	0.01	0.23	0.29	600	0.79	0.04	18	23	1.28
	G009881	1309	0.02	0.31	0.51	600	0.60	0.06	18	29	1.75
	G009867	1324	0.03	0.34	1.11	324	0.31	0.08	12	39	2.82
	G009880	1325	0.02	0.29	0.48	599	0.60	0.06	23	38	1.28
	G009879	1331	0.01	0.22	0.71	599	0.31	0.04	19	62	1.14
	G009878	1348	0.01	0.20	0.79	599	0.21	0.25	21	84	0.95

岩石热解分析数据显示,Prince Albert 组样品的 TOC 值介于 0.33%～0.42%之间;Whitehill 组样品的 TOC 值在 1.6%～7.3%之间,平均为 5%;Tierberg/Collingham 组样品的 TOC 值在 0.95%～2.82%之间,平均为 1.5%(表 3-3-1)。可以得出,Whitehill 组比下伏和上覆地层更富含有机质。

所有样品的 HI 值都很低。在 Prince Albert 组样品中,HI 值最高为 71mg HC/g TOC,OI 值最高为 118mg CO_2/g TOC。Whitehill 组测得的最大 HI 值和 OI 值分别为 25mg HI/g TOC 和 26mg CO_2/g TOC。在 Tierberg/Collingham 组中也记录了类似的 HI 值,最大为 23mg HI/g TOC,OI 最大值为 84mg CO_2/g TOC。由于低 HI/OI 值,Whitehill 组为Ⅰ/Ⅱ型干酪根(图 3-3-3)。Tierberg/Collingham 组泥岩为Ⅱ/Ⅲ型干酪根,而 Prince Albert 组泥岩样品为Ⅲ型干酪根。

图 3-3-4 显示,Prince Albert 组和 Tierberg/Collingham 组的大部分样品仅能生成干气,而 Whitehill 组的大部分样品点投影在未成熟的Ⅲ型干酪根区域,不具备生烃潜力。

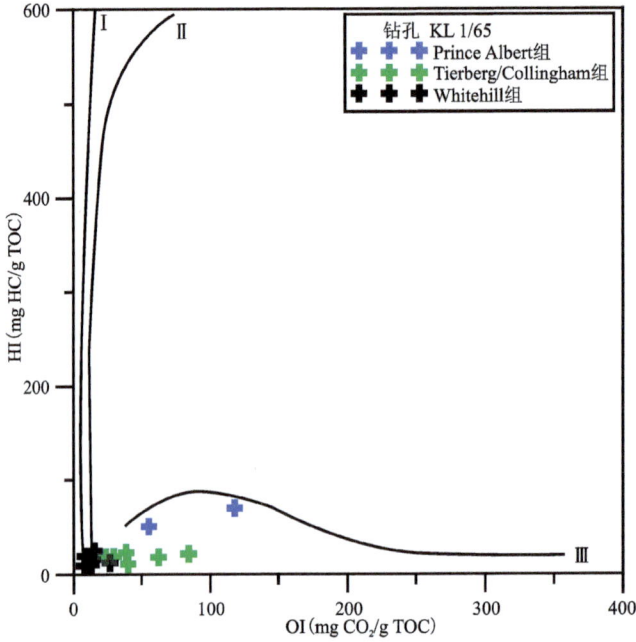

图 3-3-3　KL 1/65 钻孔 Prince Albert 组、Whitehill 组和 Tierberg/Collingham 组样品有机质类型 HI 与 OI 判别图（Peters，1986 修改）

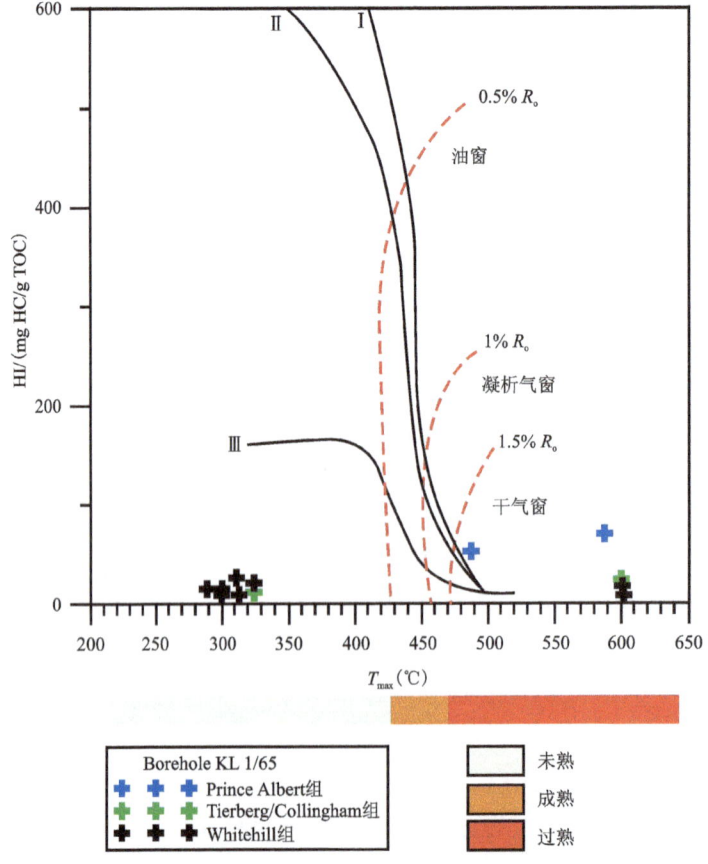

图 3-3-4　有机质类型与成熟度评价 HI 与 T_{max} 交会图（Bordenave，1993，修改）

T_{max} 值记录了烃源岩生烃时的最高温度,本质上是 S_2 峰。因此,不规则形状的 S_2 峰可以产生异常的 T_{max} 值变化(Hartwig et al., 2009)。样品 G009868、G009870、G009872 和 G009876 的 S_2 曲线形状不规则,S_2 值非常低,这可能是观察到的 T_{max} 值较低的原因(图 3-3-5)。低 S_2 峰显著降低了 T_{max} 值。在富含伊利石的基质中,主卡鲁盆地样品的 XRD 结果表明,烃类在热解过程中,很可能被吸附到基质中。因此,记录的总烃产量 S_2 远低于实际产量。因此,S_2 峰较低,导致 T_{max} 值较低。S_2 参数在测量岩石的生烃潜力方面优于 TOC,因为 TOC 包含了不能生烃的"死碳"(Shiri et al., 2013)。Whitehill 组烃源岩具有好—非常好的干气生成潜力,Tierberg/Collingham 组烃源岩具有好的干气生成潜力。相反,Prince Albert 组烃源岩的生烃潜力很差。

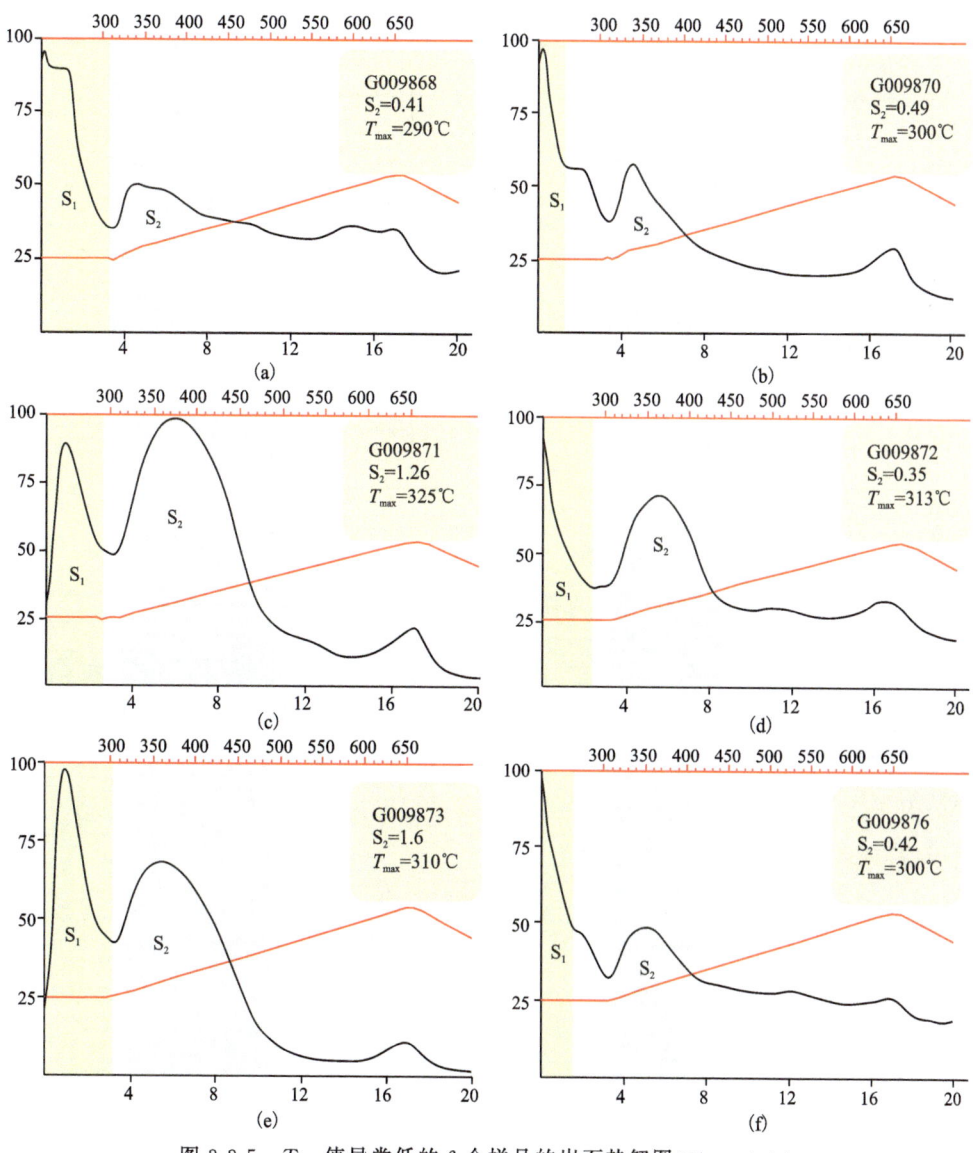

图 3-3-5 T_{max} 值异常低的 6 个样品的岩石热解图(Chere,2015)

S_2/S_3 与 TOC 图有助于进一步确定烃源岩生成的烃的类型和质量(Peters and Cassa, 1994)。图 3-3-6 显示,Prince Albert 组、Tierberg/Collingham 组样品及 Whitehill 组的少数样品没有或仅有极低的生烃潜力,而 Whitehill 组的大多数样品具有很好到非常好的产气潜力。S_2/S_3 值普遍较低,小于 2,表明有烃类气体生成。

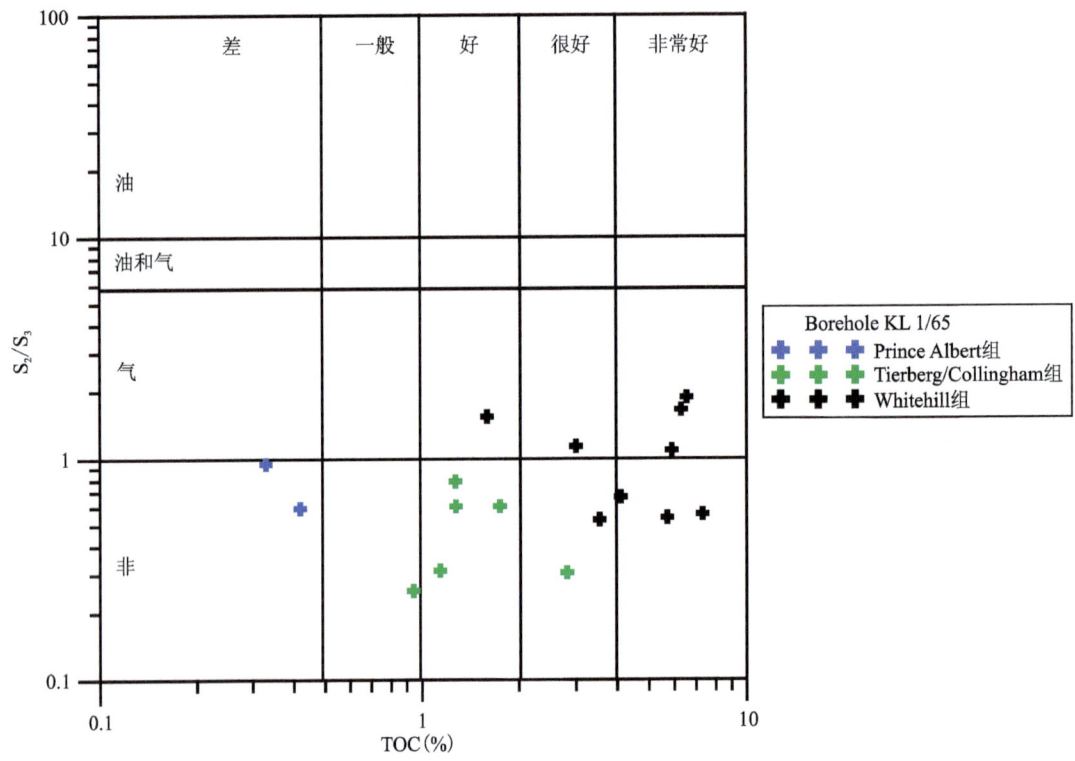

图 3-3-6　KL 1/65 钻孔岩石热解 S_2/S_3 与 TOC 交会图(Chere,2015)

图 3-3-7 展示了来自 KL 1/65 钻孔 Prince Albert 组、Whitehill 组以及 Tierberg/Collingham 组样品的成熟度。Prince Albert 组和 Tierberg/Collingham 组的样品(有一个样品除外)落在生油窗内。Whitehill 组的 3 个样品落在生油区域内,其余样品主要落在未成熟区域。这种情况主要归因于错误的 T_{max} 值。有一个孤立的样品被判定为由从其他地层运移而来的外来烃类物质组成,或者是受到了污染物的影响。

2)QU 1/65 钻孔

对来自 Tierberg/Collingham 组的 22 个样品进行了岩石热解分析(表 3-3-2,图 3-3-8),其 TOC 值为 0.14%~0.58%,平均值为 0.35%,明显低于 KL 1/65 钻孔 Tierberg/Collingham 组样品。

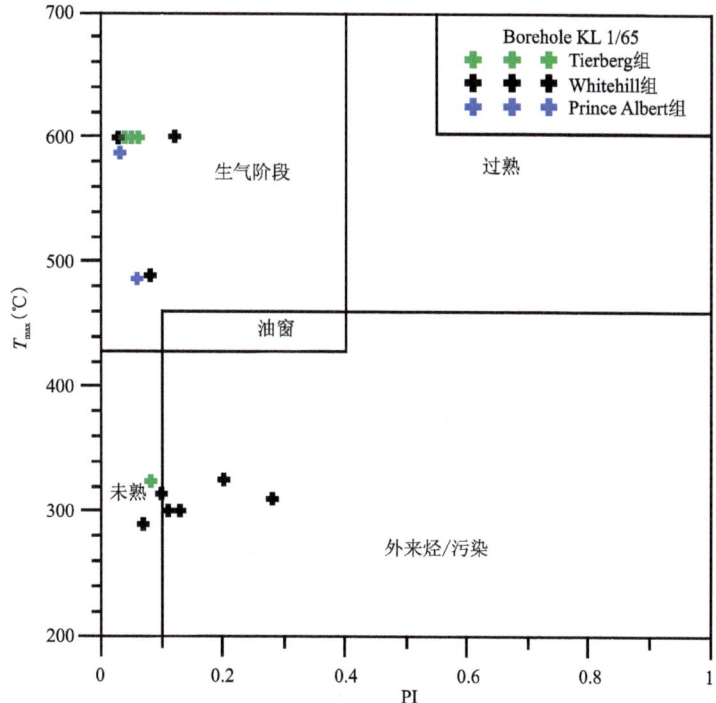

图 3-3-7 KL 1/65 钻孔 T_{max}(℃)与产率指数 PI 交会图(Chere,2015)

表 3-3-2 QU 1/65 钻孔岩样岩石热解分析结果(Chere,2015)

样品编号	深度(m)	S_1(mg/g)	S_2(mg/g)	S_3(mg/g)	T_{max}(℃)	S_2/S_3	PI	HI(mg HC/g TOC)	OI(mg CO_2/g TOC)	TOC(%)
G009863	1158	0.01	0.36	0.36	428	1.00	0.03	86	86	0.42
G009862	1159	0.01	0.23	0.16	427	1.44	0.04	78	54	0.30
G009861	1160	0.01	0.33	0.38	336	0.87	0.03	139	160	0.24
G009860	1263	0.01	0.33	0.33	421	1.00	0.03	166	166	0.20
G009859	1285	0.03	0.37	1.33	420	0.28	0.08	92	332	0.40
G009858	1286	0.02	0.33	1.53	345	0.22	0.06	80	370	0.41
G009857	1302	0.01	0.24	0.30	332	0.80	0.04	72	90	0.34
G009856	1317	0.01	0.23	0.39	333	0.59	0.04	57	97	0.4
G009855	1325	0.01	0.40	0.46	293	0.87	0.02	208	240	0.19
G009854	1333	0.01	0.25	0.26	441	0.96	0.04	52	54	0.48
G009853	1420	0.02	0.42	0.79	581	0.53	0.05	153	288	0.27
G009852	1430	0.01	0.29	0.20	513	1.45	0.03	53	36	0.55
G009851	1445	0.01	0.37	0.34	589	1.09	0.03	274	252	0.14
G009850	1455	0.02	0.31	0.44	344	0.7	0.06	94	133	0.33
G009849	1469	0.01	0.24	0.25	496	0.96	0.04	80	83	0.30

续表 3-3-2

样品编号	深度(m)	S_1(mg/g)	S_2(mg/g)	S_3(mg/g)	T_{max}(℃)	S_2/S_3	PI	HI(mg HC/g TOC)	OI(mg CO_2/g TOC)	TOC(%)
G009846	1481	0.01	0.29	0.35	487	0.83	0.03	122	147	0.24
G009844	1497	0.01	0.27	0.84	593	0.32	0.04	85	266	0.32
G009843	1510	0.01	0.25	0.27	456	0.93	0.04	65	70	0.39
G009842	1514	0.03	0.40	0.88	323	0.45	0.07	68	151	0.58
G009845	1523	0.01	0.25	0.28	502	0.89	0.04	77	86	0.33
G009841	1540	0.02	0.30	0.39	493	0.77	0.06	86	112	0.35
G009840	1559	0.02	0.30	0.34	421	0.88	0.06	59	67	0.51

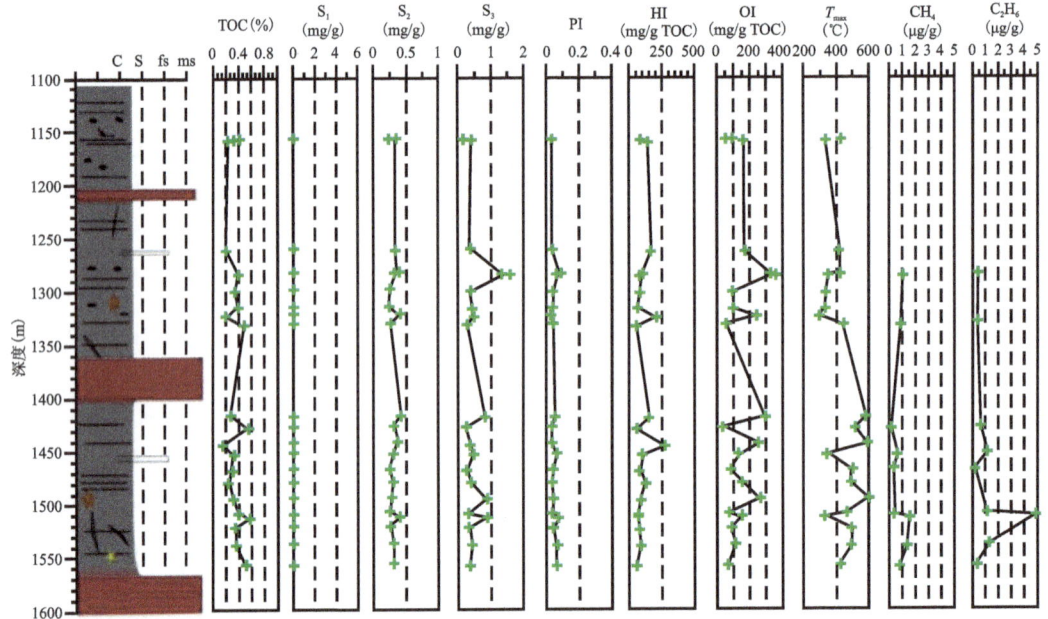

图 3-3-8　QU 1/65 钻孔 Prince Albert 组、Whitehill 组和 Tierberg/Collingham 组地球化学剖面(Chere,2015)

QU 1/65 钻孔所有分析样品的 HI 值都偏低。HI 值为 52～274mg HC/g TOC,明显高于 KL 1/56 钻孔 Tierberg/Collingham 组的 HI 值。样品主要为Ⅲ型干酪根(图 3-3-9)。

HI 与 T_{max} 交会图显示,T_{max} 值变化较大,在不同的区域随机分布(图 3-3-10)。异常的 T_{max} 值是不规则的 S_2 曲线和极低的 S_2 峰值导致的。7 个样品被归为未成熟样品,这些样品的低 T_{max} 值是矿物基质吸附(即以伊利石为主的黏土)和不规则 S_2 曲线共同作用所致。22 个样品中有 6 个位于油窗内,以Ⅱ型和Ⅲ型干酪根为主。

S_2 与 TOC 交会图显示(图 3-3-11),样品的生烃潜力较差,这是低 TOC 值和低 S_2 值共同作用造成的。与 KL 1/65 钻孔的 Tierberg/Collingham 组相比,QU 1/65 钻孔的泥岩遭受了火成岩侵入影响。火成岩侵入可能导致有机碳的裂解,造成在热解过程中只产生死碳,而不产生任何烃类(S_2)。

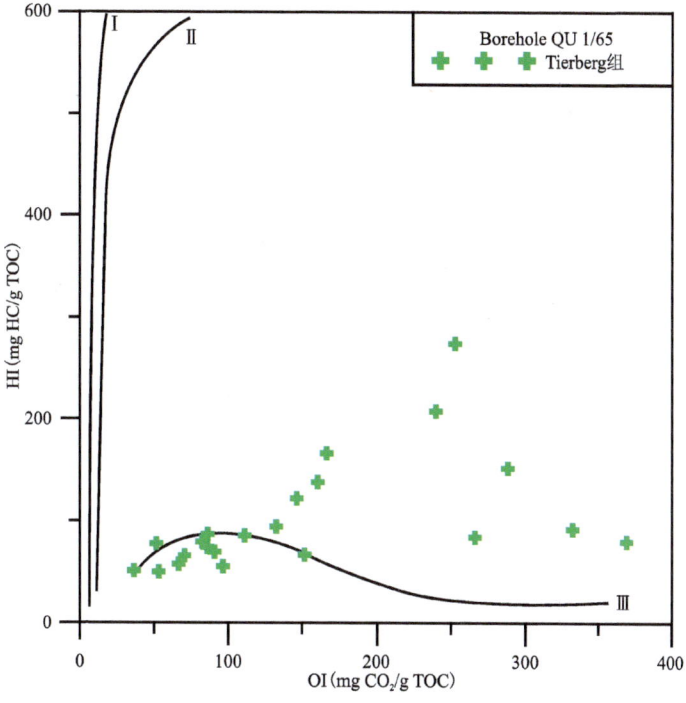

图 3-3-9 QU 1/65 钻孔 Tierberg 组样品有机质类型 HI 与 OI 判别图(Peters,1986 修改)

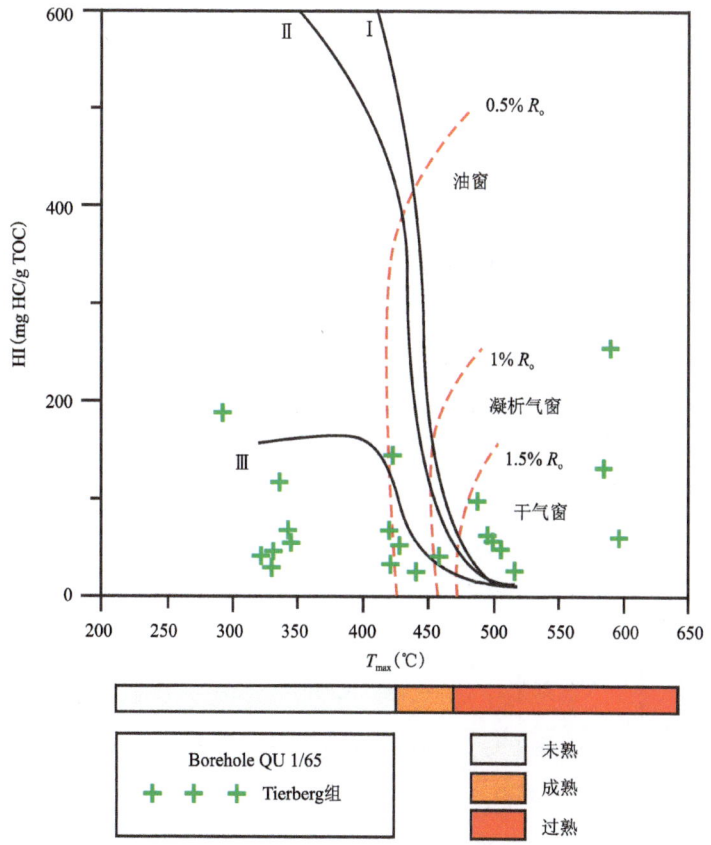

图 3-3-10 有机质类型与成熟度评价 HI 与 T_{max} 交会图(Bordenave,1993,修改)

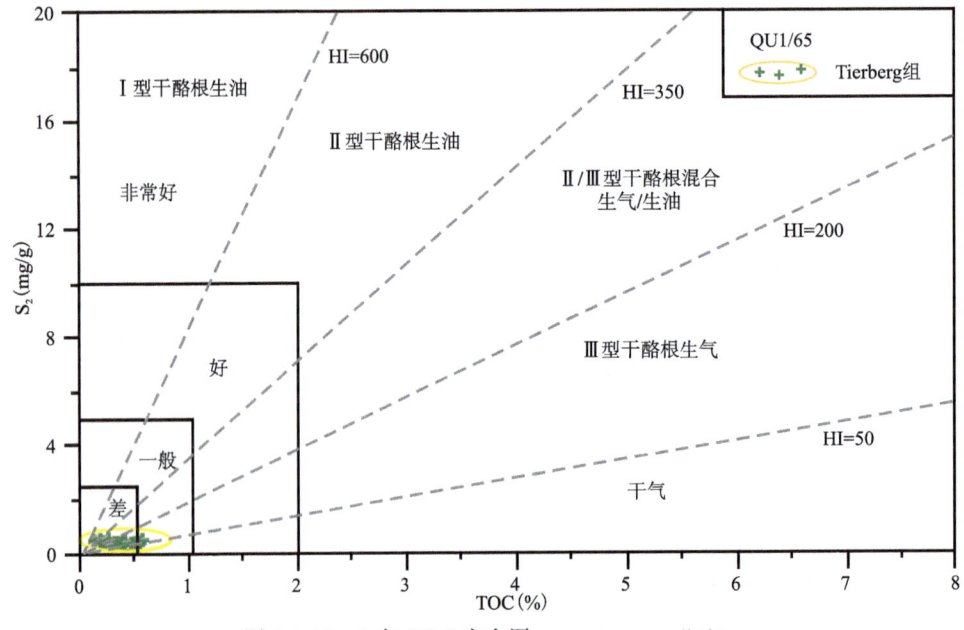

图 3-3-11 S_2 与 TOC 交会图（Hartwig,2009,修改）

该钻井的 Tierberg/Collingham 组中近一半样品的 PI 值小于 0.1（图 3-3-12），显示未成熟，这一特征可能是深部层段内致密的火成岩侵入所致。因此，烃源岩在岩石热解分析之前就被火成岩"热解"了，S_1 和 S_2 分析不再代表岩石样品的"真实"地球化学性质。

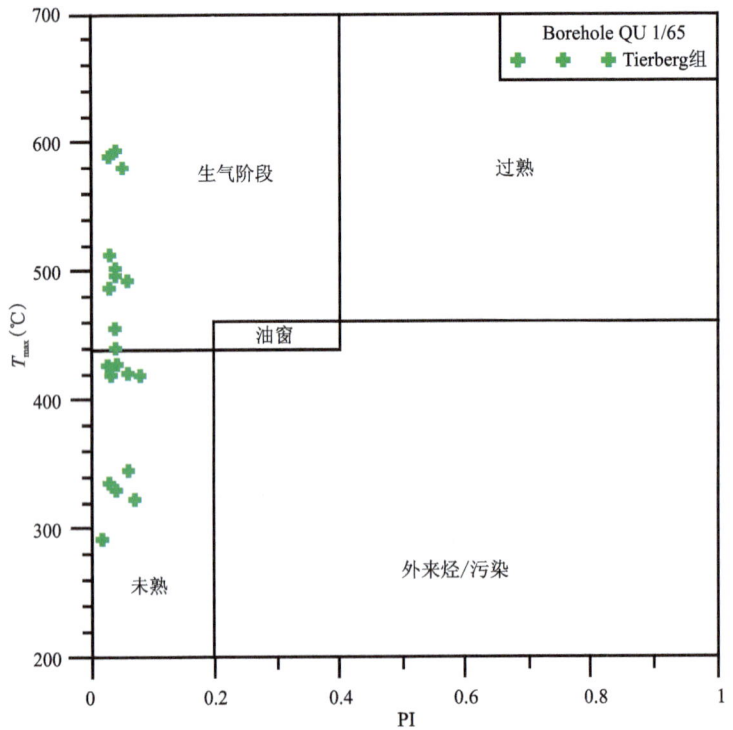

图 3-3-12 QU 1/65 钻孔 T_{max} 与产率指数 PI 的交会图（Chere,2015）

根据 S_2/S_3 与 TOC 交会图(图 3-3-13),大多数样品都不具有生烃潜力,只有 3 个样品被归类为具有差——一般的天然气生成潜力。

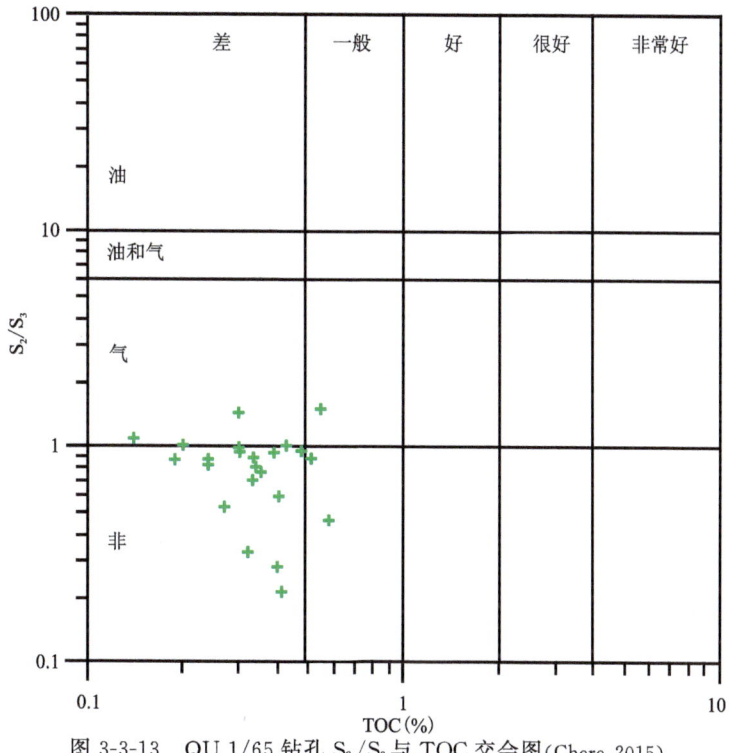

图 3-3-13 QU 1/65 钻孔 S_2/S_3 与 TOC 交会图(Chere,2015)

3)LA 1/68 钻孔

对 Ladybrand 地区下 Ecca 群 14 个页岩样品进行了分析。表 3-3-3 和图 3-3-14 总结了该钻孔的分析结果:TOC 值为 0.94%~2.61%,S_1 值一般低于 0.1mg/g,可归为生烃潜力差——一般(Peters and Cassa,1994)。观察到的低 S_1 值通常反映样品中游离烃的数量较少。观测到的低 S_2 值(最高为 1.2mg/g,平均为 0.8mg/g)与低生烃潜力有关。

表 3-3-3 LA 1/68 钻孔岩石热解分析结果(Chere,2015)

样品编号	深度 (m)	S_1 (mg/g)	S_2 (mg/g)	S_3 (mg/g)	T_{max}/ (℃)	S_2/S_3	PI	HI (mg HC/ g TOC)	OI (mg CO_2/ g TOC)	TOC (%)
G009822	1617	0.06	0.55	0.93	454	0.59	0.10	59	99	0.94
G009824	1618	0.10	1.15	0.46	455	2.50	0.08	49	20	2.35
G009825	1619	0.11	1.20	0.34	454	3.53	0.08	48	14	2.50
G009826	1620	0.10	1.13	0.36	454	3.14	0.08	47	15	2.41
G009827	1622	0.11	1.05	0.47	454	2.23	0.09	44	20	2.40
G009829	1624	0.09	0.94	0.94	455	1.00	0.09	36	36	2.60

续表 3-3-3

样品编号	深度 (m)	S_1 (mg/g)	S_2 (mg/g)	S_3 (mg/g)	T_{max}/(℃)	S_2/S_3	PI	HI (mg HC/g TOC)	OI (mg CO_2/g TOC)	TOC (%)
G009830	1625	0.10	0.96	0.55	456	1.75	0.09	45	26	2.11
G009831	1632	0.04	0.56	0.36	458	1.56	0.07	42	27	1.33
G009832	1635	0.07	0.72	1.02	456	0.71	0.09	43	61	1.66
G009833	1638	0.04	0.43	0.40	579	1.08	0.09	19	18	2.25
G009835	1645	0.05	0.75	0.34	460	2.21	0.06	44	20	1.72
G009837	1674	0.05	0.40	1.45	578	0.28	0.11	24	87	1.67
G009838	1679	0.05	0.41	0.39	599	1.05	0.11	16	15	2.61
G009839	1690	0.53	0.94	0.72	285	1.31	0.36	42	32	2.24

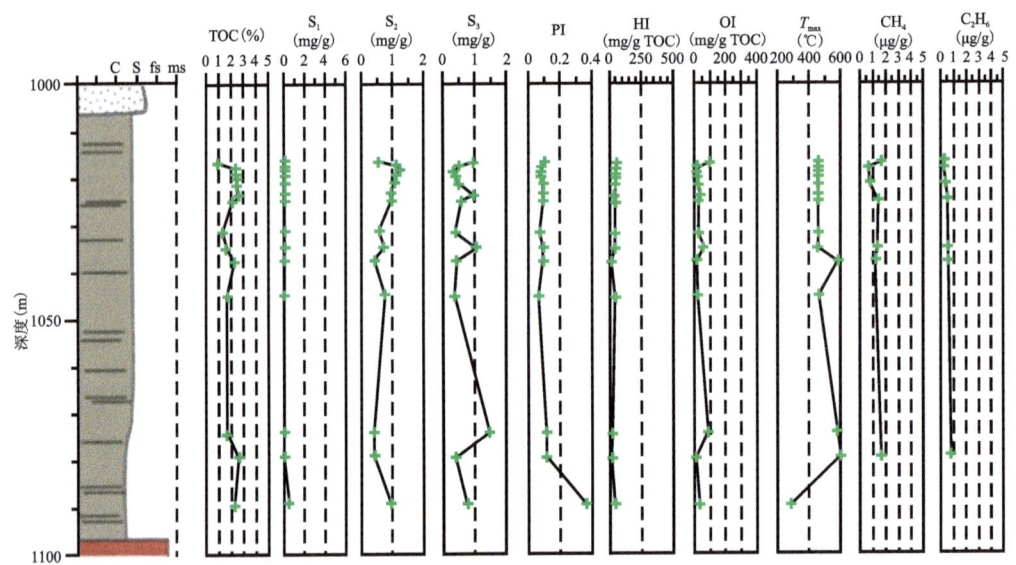

图 3-3-14 LA 1/68 钻孔下 Ecca 群页岩地球化学剖面

HI 和 OI 值普遍较低,最大值分别为 59mg HC/g TOC 和 99mg CO_2/g TOC(表 3-3-3)。14 个样品中有 13 个样品的 HI 值小于 50。结合大多数样品(14 个样品中的 11 个)的 S_2/S_3 值在 1~5 之间,综合判断 LA 1/68 钻孔下 Ecca 群主要发育 Ⅲ 型干酪根(图 3-3-15)。其余 S_2/S_3 值小于 1 的样品为 Ⅳ 型干酪根。Ⅲ 型干酪根在有机质中占主导地位,表明 Ladybrand 附近的有机质主要来自陆源。

在 HI 与 T_{max} 交会图中,样品点主要位于湿气和干气成熟区(一个样品除外)。在湿气成熟区的样品为 Ⅲ 型干酪根(图 3-3-16)。S_2/S_3-TOC 图(图 3-3-17)显示,大多数样品具有好—很好的生气潜力。在 PI-T_{max} 图中(图 3-3-18),显示样品离散分布于生气窗内,这表明东北地区仅具备产气潜力。

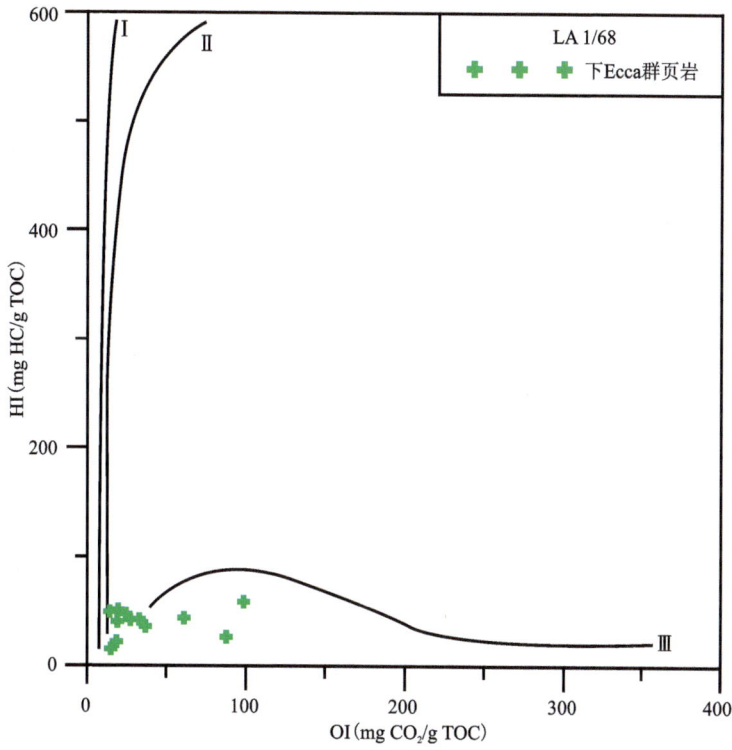

图 3-3-15　LA 1/68 钻孔下 Ecca 群样品有机质类型 HI 与 OI 判别图（Peters，1986 修改）

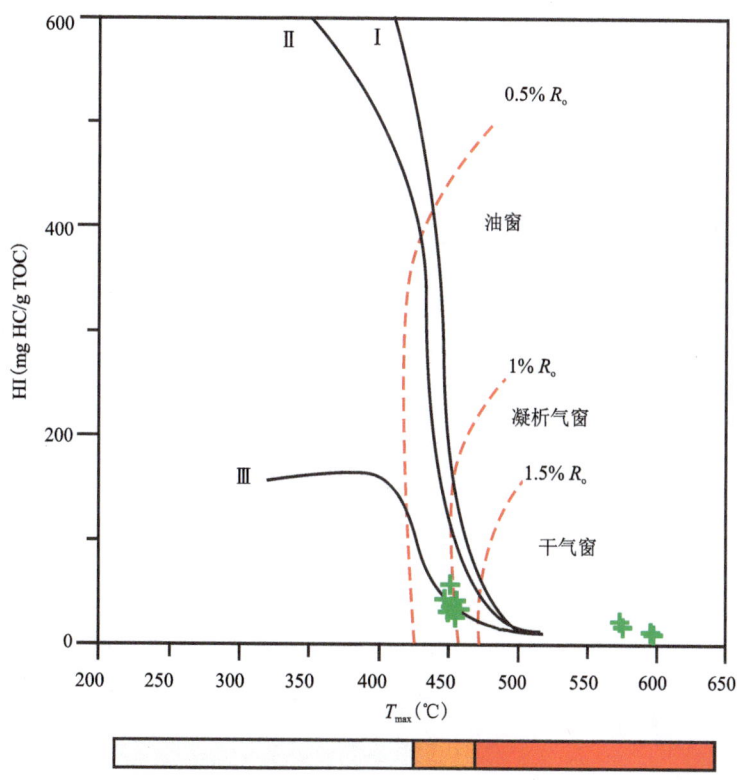

图 3-2-16　LA 1/68 钻孔有机质鉴别和成熟度评价的 HI 与 T_{max} 交会图

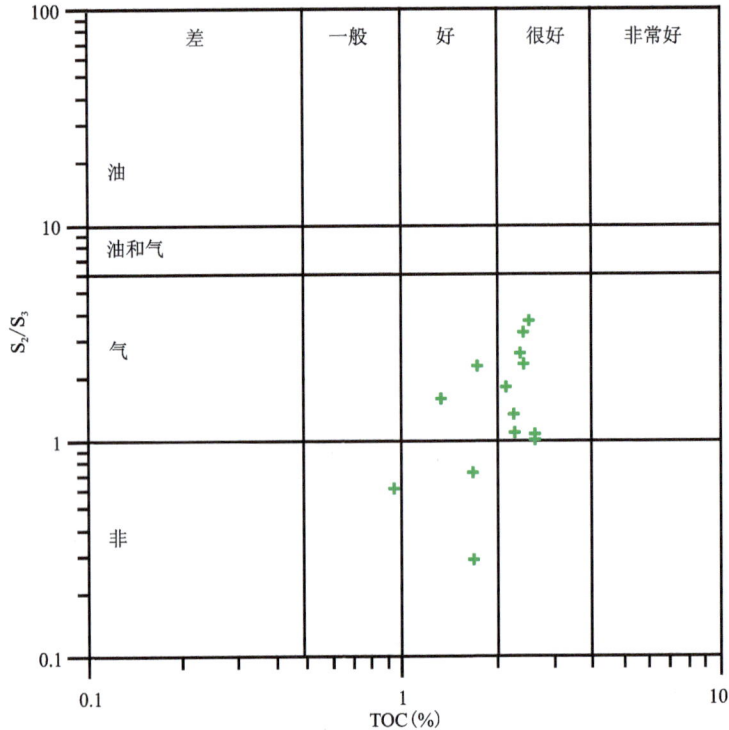

图 3-2-17　LA 1/68 钻孔下 Ecca 群样品 S_2/S_3 与 TOC 交会图（Chere，2015）

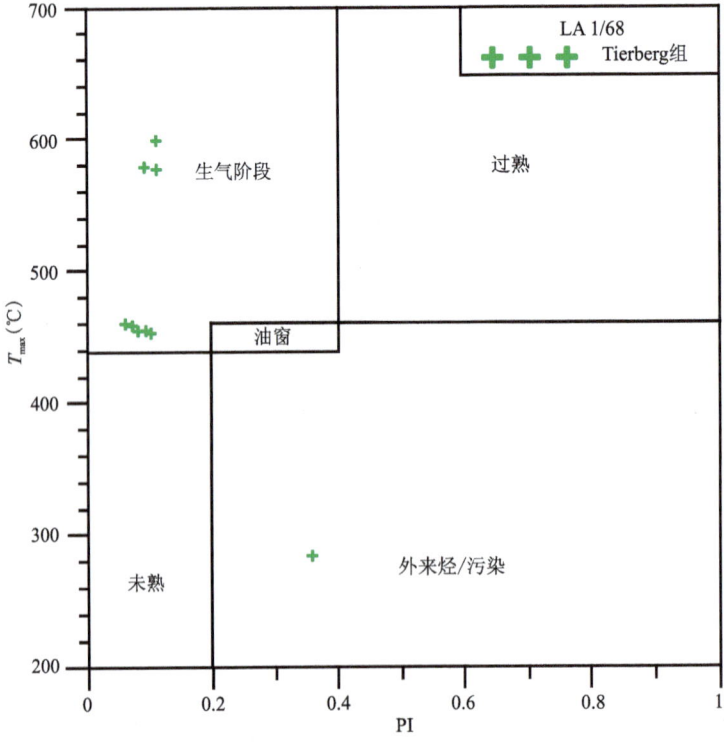

图 3-2-18　LA 1/68 钻孔下 Ecca 群页岩样品 T_{max} 与 PI 交会图（Chere，2015）

4) SP 1/69 钻孔

对 SP 1/69 钻孔 Prince Albert 组的 3 个样品进行了岩石热解分析(表 3-3-4)。Prince Albert 组位于 3699～3706m。在该深度,下 Ecca 群未发现有辉绿岩侵入。样品 TOC 值范围为 5.71%～7.35%,使得该位置的 Prince Albert 组富含有机质。这些数值与 Faure 和 Cole (1999)针对 Whitehill 组所获得的数值相当,后者的总有机碳(TOC)含量为 5%～7%。

表 3-3-4 SP 1/69 钻孔样品岩石热解分析结果

样品编号	深度 (m)	S_1 (mg/g)	S_2 (mg/g)	S_3 (mg/g)	T_{max} (℃)	S_2/S_3	PI	HI(mg HC/g TOC)	OI(mg HC/g TOC)	TOC (%)
G009936	3501	0.04	0.38	0.34	290	1.12	0.10	6.00	5.00	6.73
G009937	3493	0.05	0.48	0.81	555	0.59	0.09	8.00	14.00	5.71
G009940	4008	0.04	0.48	0.46	579	1.04	0.08	7.00	6.00	7.35

游离烃(S_1)和热解烃(S_2)的含量通常较低。因此,Whitehill 组的样品仅具生产干气的潜力。PI 值非常低(小于或等于 0.1),因此只能将其归类为适合生产干气。在 SP 1/69 钻孔位置处的 Prince Albert 组,由于其 T_{max} 值普遍较高,同样被认为仅具有生产干气的潜力。将样品归类为适合生产干气,这与低氢指数(HI)和氧指数(OI)(即分别小于 10mg HC/g TOC 和 20mg CO_2/g TOC)相符,而低氢指数和低氧指数是过成熟岩石的典型特征。

5) KZF-1 钻孔

KZF-1 钻孔(图 3-2-19)岩样的 TOC 值介于 0.30%～7.99%之间,Whitehill 组的 TOC 值最高。Prince Albert 组、Whitehill 组和 Collingham 组的平均 TOC 值分别为 0.49%、6.06%和1.50%。除了白云石含量较高的 KZF07P 岩样外,所有地层岩样的总无机碳(total inorganic carbon,TIC)均低于 1%。KZF-1 钻孔所有样品中 S_1、S_2 和 S_3 值都非常低,其分别低于0.15mg/g、0.51mg/g 和 0.29mg/g,T_{max} 值介于 596～609℃之间(Nolte,2019;图 3-3-20)。

KZF-1 钻孔 3 个组所有岩样的平均镜质组反射率为 4.06%。Prince Albert 组、Whitehill 组和 Collingham 组的平均镜质组反射率分别为 4.04%、4.05% 和 4.09%,所有岩样的镜质组反射率普遍大于 3%,均已达到过成熟阶段(Nolte,2019)。

2. 含煤层系评价

主卡鲁盆地北部的 Ecca 群与盆地南部的 Ecca 群在岩性上有很大的不同。在盆地北部,Ecca 群分为 3 个组(图 3-3-21),即 Pietermaritzburg 组、Vryheid 组和 Volksrust 组。Pietermaritzburg 组和 Volksrust 组主要为页岩,偶尔有砂岩互层;而 Vryheid 组由砂岩、页岩、小型砾岩和当前经济上可开采的煤层组成。

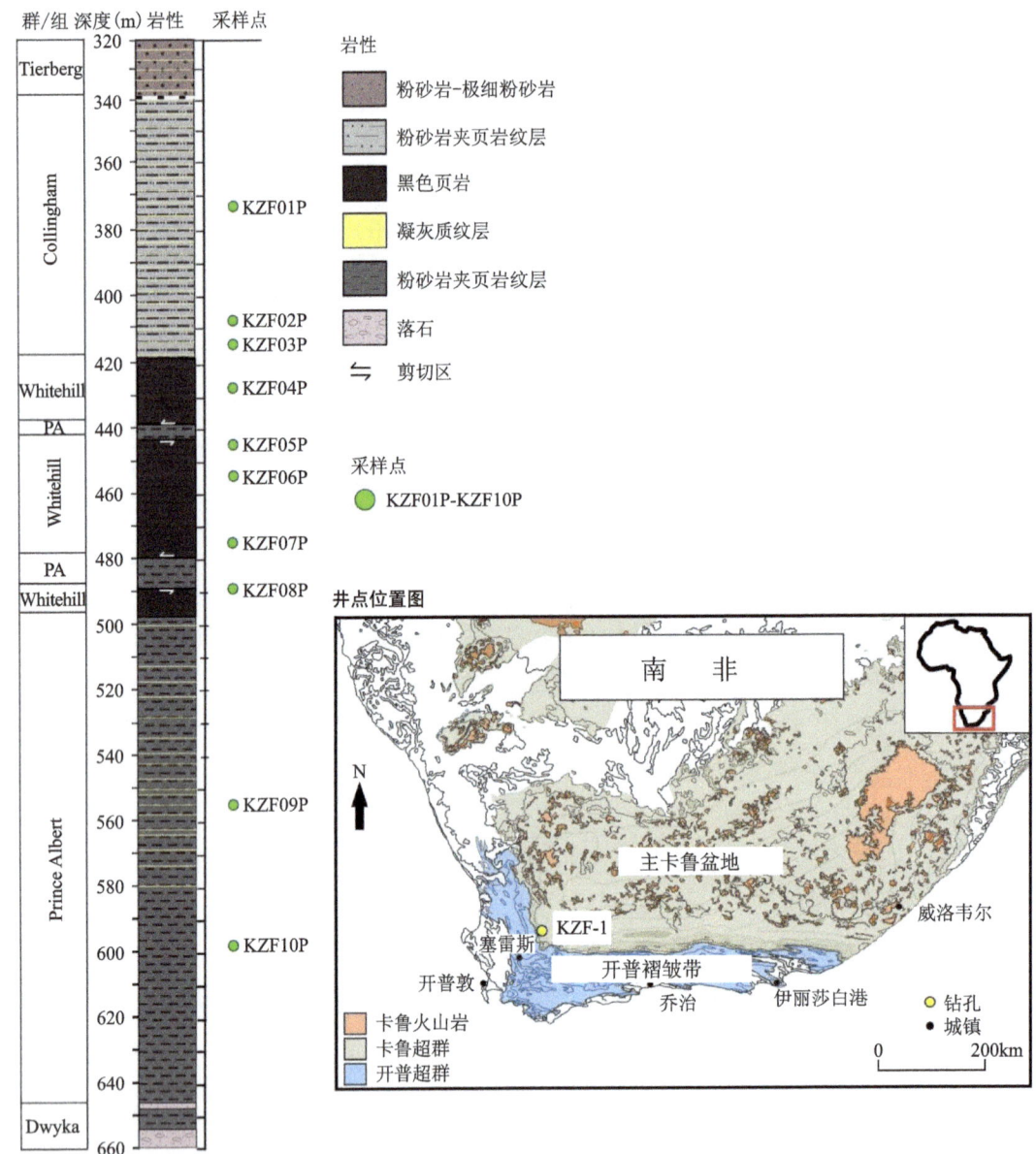

图 3-3-19 主卡鲁盆地区域地质图及 KZF-1 钻孔岩性柱状图(Nolte,2019)

主卡鲁盆地煤层富矿层位为早二叠世 Ecca 群 Vryheid 组。卡鲁盆地北部,Vryheid 组呈楔形分布,向盆中心减薄尖灭,厚度在 50～750m 之间(图 3-3-22)。地层主要由砂岩、碳质粉砂岩、页岩组成,其次为砾岩和煤层。在不同的次一级含煤盆地中,含煤建造的地层名称不尽相同。主卡鲁盆地与"边缘盆地"在含煤层系特征上存在差异,如 Witbank-Highveld 煤田中产出于 Vryheid 组中的 6 个煤层。Waterberg 煤田除 Vryheid 组煤层外,还包括了上覆在 Vryheid 组之上的 Grootegeluk 组中厚约 80m 的煤层。

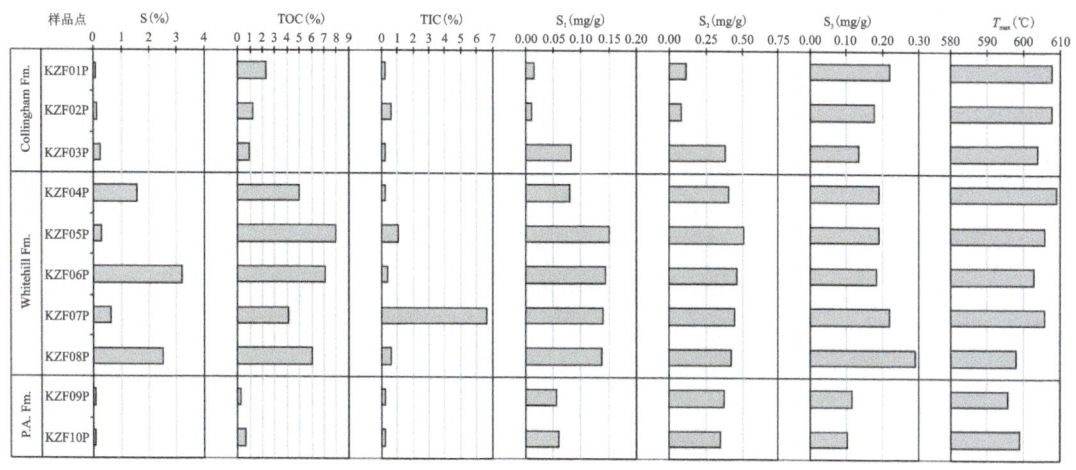

图 3-3-20　KZF-1 钻孔岩样的 S、TOC、TIC 和岩石热解结果(Nolte,2019)

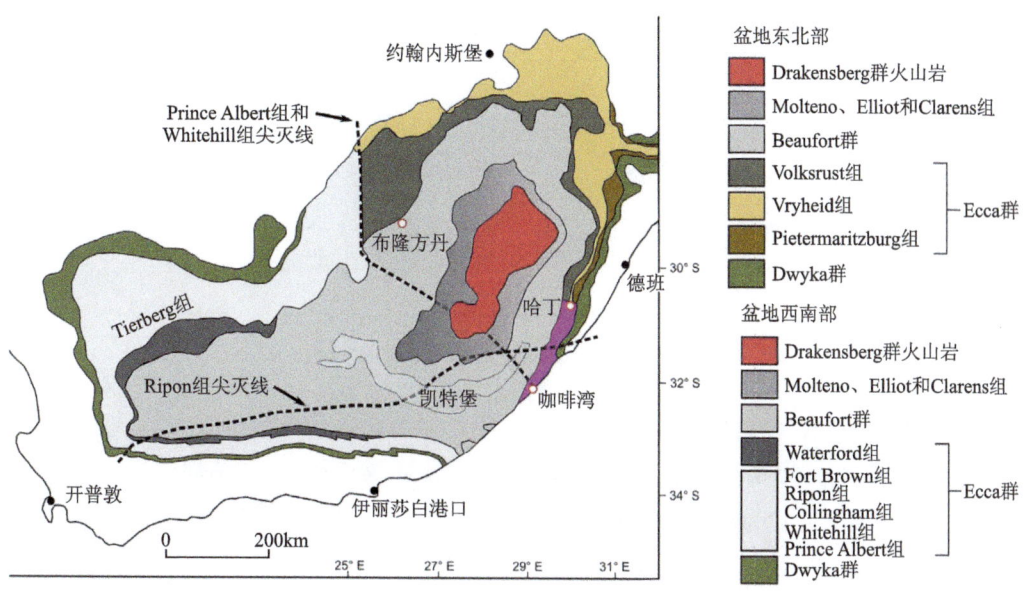

图 3-3-21　主卡鲁盆地卡鲁超群区地层分布图(Chere,2017)

主卡鲁盆地内煤层富含矿物质,类型多变(李科等,2012)。与北半球石炭系煤层相比,Vryheid 组煤层含大量惰质组,暗示了在泥炭化作用期间高速率的氧化作用和微生物降解作用。即使如此,大部分惰质组显微组分被归为半活性。有关煤炭成分和煤质特性的规律归纳如下。

(1)Free State 煤田区煤层中镜质组含量多为 5%～10%,与其高矿物质含量(30%～40%)相一致。

(2)Kwa Zulu-Natal 煤田区煤层镜质组含量最高,通常为 60%～80%,含相对较低的灰分含量(21%)。

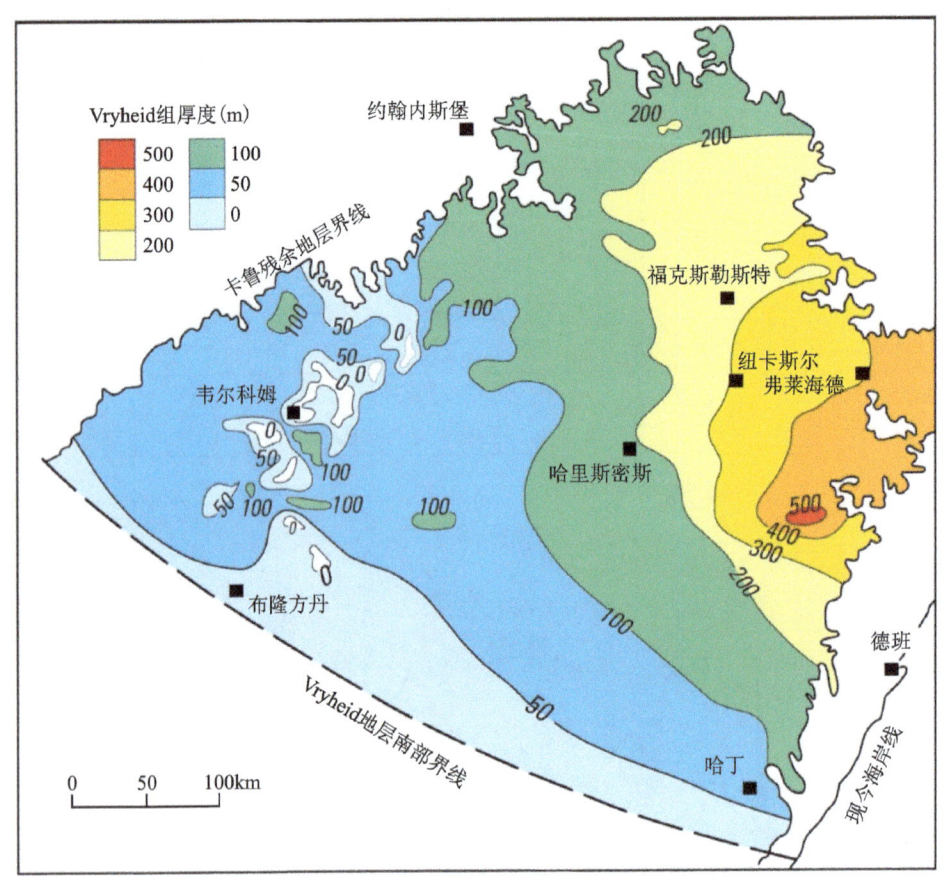

图 3-3-22 卡鲁盆地东北部 Vryheid 组等厚(m)图(USGS,2016)

(3)自西向东,煤阶稳定增高,Free State 煤田区 $R_{o\,max}$ 平均值为 0.49%～0.62%,Wintbank/Highveld 煤田区 $R_{o\,max}$ 值为 0.61%～0.89%,KwaZulu-Natal 煤田区 $R_{o\,max}$ 平均值为 0.74%～4.0%。因此,煤层煤阶通常为次烟煤至中烟煤变化,东部也见变质无烟煤。

3. 烃源岩空间展布

主卡鲁盆地 Ecca 群的 Prince Albert 组、Whitehill 组和 Collingham 组主要由硅质沉积岩组成(Johnson,2006)。盆地内西南部 Prince Albert 组、Whitehill 组和 Collingham 组与东北部的 3 个组没有接触,而是被咖啡湾和哈丁之间宽 180km、厚达 1km 的泥岩区隔开(Hastie et al.,2019)。

Prince Albert 组和 Whitehill 组仅分布在盆地西南部,而 Collingham 组在整个盆地内广泛分布。Prince Albert 组厚度一般在 100～300m 之间,主要为深灰色泥岩(图 3-3-23)。该套地层在盆地各地区分布不均匀,在 Graaff-Reinet 南部的 SC 3/67 钻孔其厚度达到了 497m,而在更远的东南方向 71km 处的 SFT2 钻孔厚度只有 59m(图 3-3-23)。

Whitehill 组由厚达 80m 的黑色页岩(含碳、黄铁矿)组成,其埋深向东南方向普遍增大,

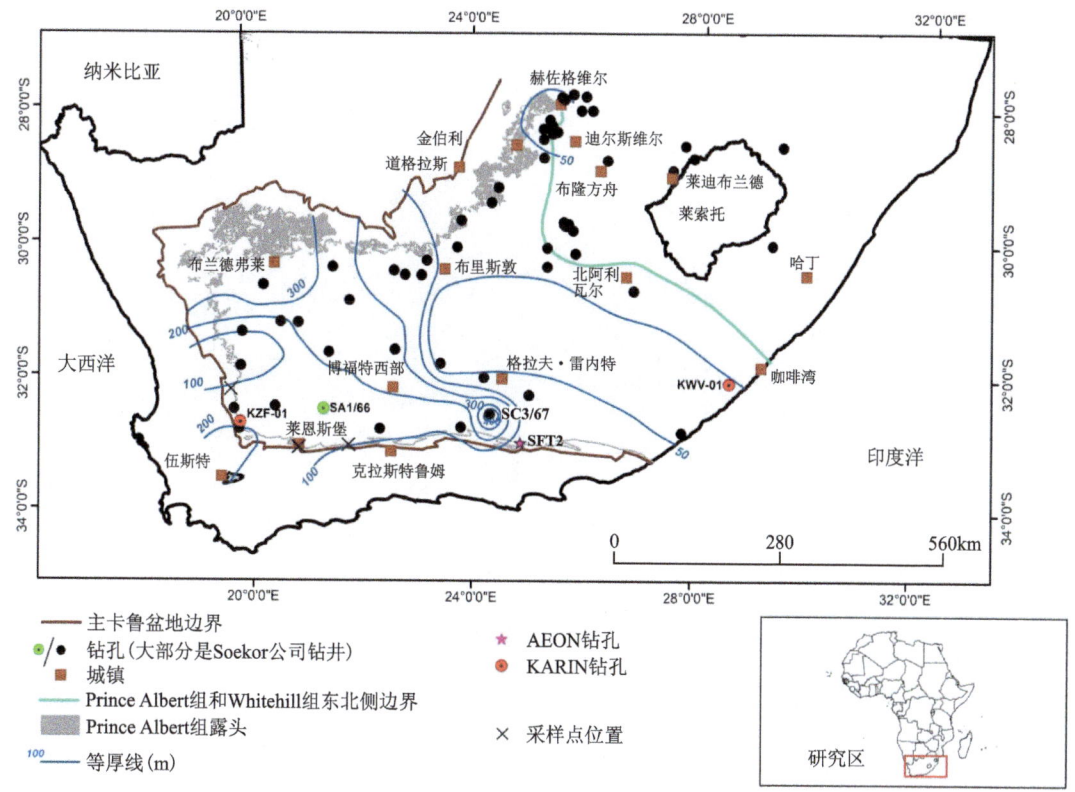

图 3-3-23　主卡鲁盆地 Prince Albert 组等厚图(Mosavel et al.,2019)

向西北方向出露,最大深度在南部,超过 3000m(图 3-3-24)。Collingham 组由 70m 厚的深灰色硅质泥岩和极薄的黄色凝灰岩组成。

(二)储层

1. 常规储层

二叠系 Ecca 群的 Vryheid 组砂岩和 Ripon 组砂岩是主卡鲁盆地的主要储集岩,同时盆地北部上二叠统 Beaufort 群也有良好的孔隙度和渗透率,可以作为次要储层。

1)Vryheid 组砂岩

Vryheid 组仅在主卡鲁盆地的北部和东部地区有发育,为河流—三角洲沉积环境,主要为长石砂岩、泥质砂岩或钙质砂岩。该套砂岩储层的孔隙度和渗透率变化较大,砂岩物性由南向北逐渐变好。

Vryheid 组储层物性较好,孔隙度为 5%~18%,渗透率为 $(1\sim660)\times10^{-3}\mu m^2$。同时由于碳酸盐岩胶结物受到了淋滤作用,Vryheid 组储层发育良好的次生孔隙(Wickens,1995;Hodgson,2009;逄林安,2018),其孔隙度和渗透率分别高达 20%~28% 和 $(250\sim1350)\times10^{-3}\mu m^2$(逄林安,2018)。

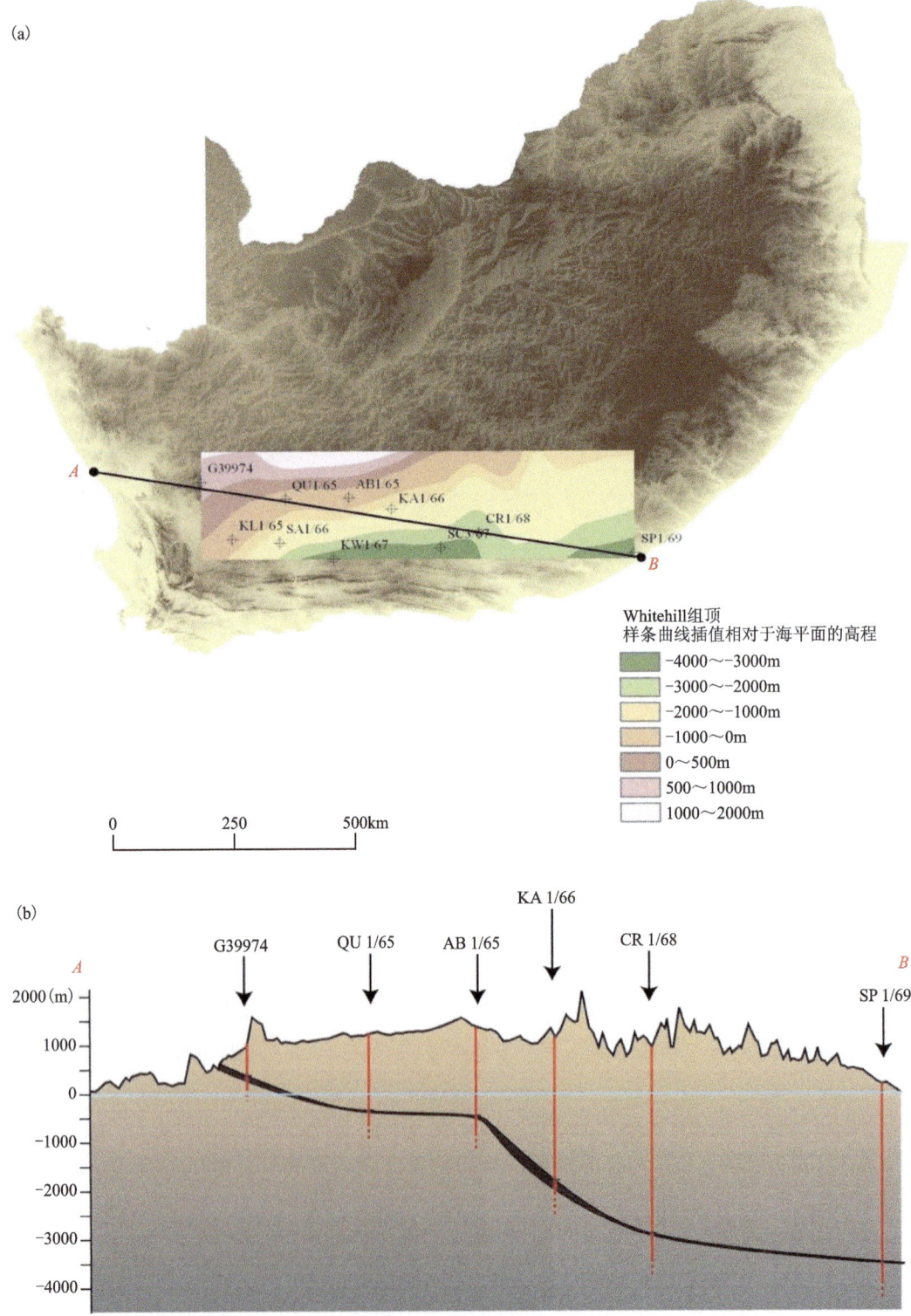

图 3-3-24 主卡鲁盆地 Whitehill 组顶面深度图(Chere,2015)
(a)Whitehill 组顶面高程平面图;(b)Whitehill 组北西-南东向高程剖面图

2)Ripon 组砂岩

Ripon 组的平均厚度为 600~700m,最大厚度可达 1000m,由南向北逐渐变薄,Ripon 组砂岩的平均厚度约为 12m,最厚可达 44m,盆地南部该地层深度为 1000~3500m。Ripon 组主要为细粒长石砂岩、碎屑灰岩和泥岩。主卡鲁盆地产油区位于盆地北部,该区域的 Ripon 组非常薄或不存在(图 3-3-25),同时 Ecca 群的主力烃源岩 Whitehill 组也较薄,TOC 整体偏低,因此盆地北部 Ripon 组砂岩潜力有限。

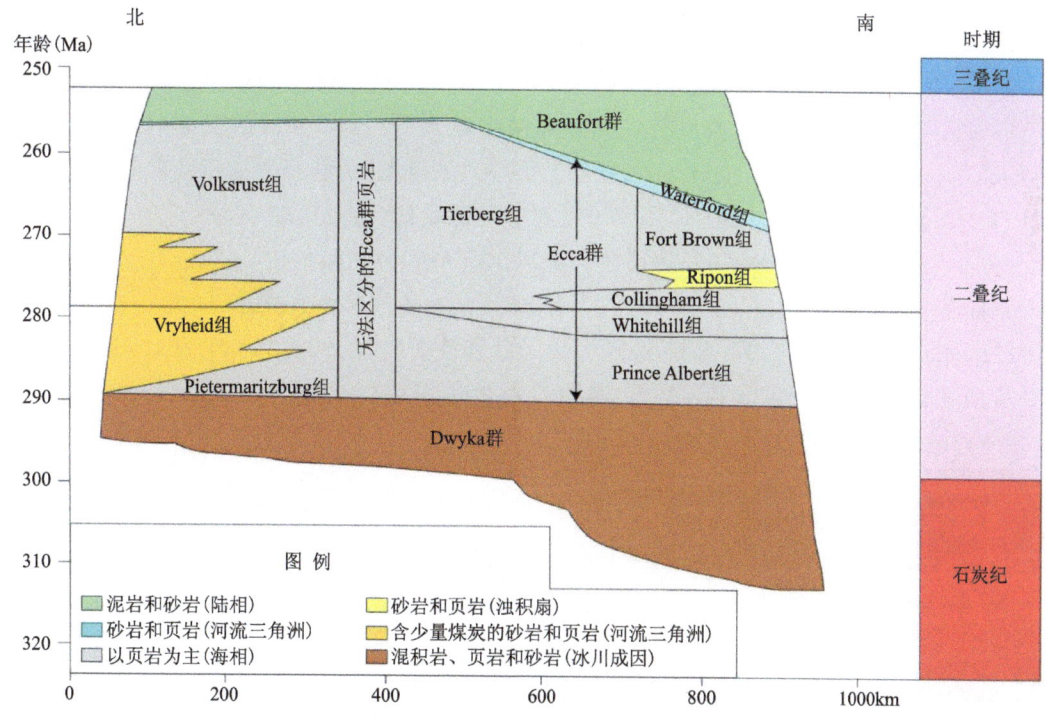

图 3-2-25　主卡鲁盆地晚石炭世—晚二叠世地层空间展布特征(Mosavel et al.,2019)

Ripon 组砂岩的孔隙度为 0~4%,平均 0.5%,渗透率介于 $(0.01 \sim 0.1) \times 10^{-3} \mu m^2$ 之间,平均渗透率为 $0.05 \times 10^{-3} \mu m^2$,为低孔低渗的致密砂岩储层,砂岩平均密度约为 $2.67 g/cm^3$。与全球其他地区的砂岩储层相比,Ripon 组砂岩具有异常低的孔隙度和渗透率(表 3-3-5;Cambell,2014)。

表 3-3-5　Ripon 组储层与 Marnoso-Arenacea 组和 Foinaven 油田储层物性对比

	Ripon 组(二叠纪砂岩,Ecca 群,南非)	Marnoso Arenacea 组(意大利北部)(Amy et al.,2009)	Foinaven 油田(古新世砂岩,苏格兰近海)(Huggins,2007)
岩性	中—细粒砂岩	砂泥岩互层	中—细粒砂岩
储层厚度	0.3~44m	1m	80m
孔隙度(%)	0.5	0.15	23~30
渗透率($10^{-3}\mu m^2$)	0.045	<100	500~2000

2. 非常规储层——Ecca 群

主卡鲁盆地页岩气储层主要为 Ecca 群 Prince Albert 组、Whitehill 组和 Collingham 组页岩，其中盆地南部的 Whitehill 组是最具潜力的页岩气储层(Chere,2015;Mosavel,2019)。Prince Albert 组和 Whitehill 组仅分布在主卡鲁盆地的西南部，向北逐渐尖灭；Collingham 组在主卡鲁盆地内广泛分布。Prince Albert 组厚度通常在 100～300m 之间，主要由深灰色泥岩、黑色页岩组成；Whitehill 组平均厚度为 15m，最厚可达 80m，主要由黑色页岩组成；Collingham 组厚度在 30～70m 之间。

将 Ecca 群页岩的矿物组成(图 3-3-26)与来自欧洲、英国和美国的页岩样品进行比较(Rybacki et al.,2015,2016;Herrmann et al.,2018)，发现 Ecca 群页岩的刚性矿物占比较高，为 50%～70%，韧性矿物占比为 30%～50%，中等强度的矿物占比较小，介于 0～50% 之间。Alum 页岩(丹麦)含有 60%～70% 的韧性矿物和 30%～40% 的刚性矿物占比；Posidonia 页岩(德国)富含中等强度矿物(25%～45%)，含有 40%～60% 的韧性矿物和 10%～20% 的刚性矿物占比；Barnett 页岩(美国)具有 40%～50% 的韧性矿物，30%～50% 的硬矿物和约 10% 的中等强度矿物；Bowland 页岩(英国)具有广泛的中等强度矿物(7%～69%)和刚性矿物(24%～82%)以及 7%～35% 的韧性矿物(图 3-3-27)。

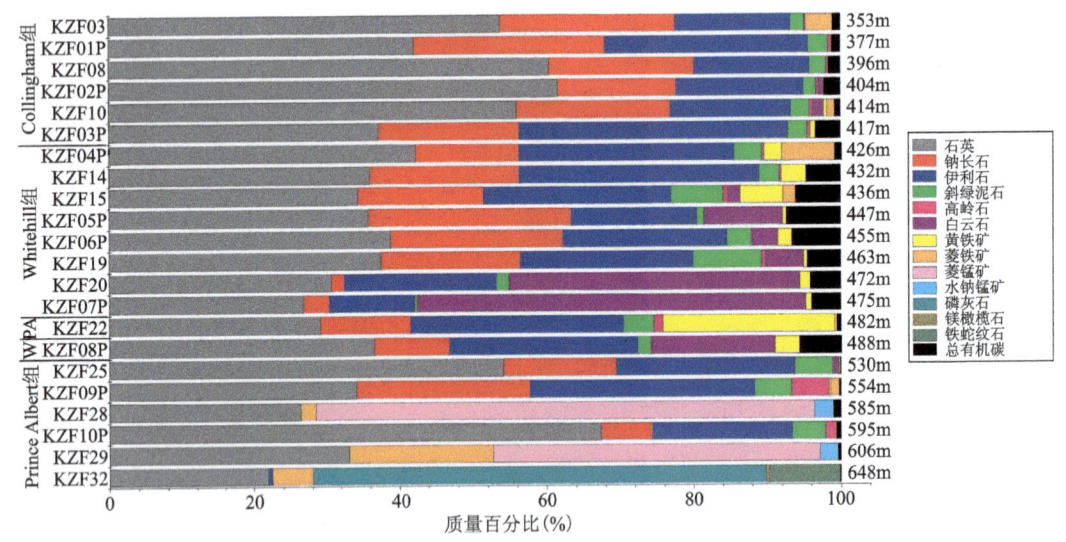

注：PA. Prince Albert 组；W. Whitehill 组。

图 3-3-26　KZF-1 钻孔 Ecca 群岩芯样品矿物及 TOC 组成(Geel et al.,2021)

Prince Albert 组的黏土矿物含量最高，从西向东增加，其中在 KZF-1 钻孔中的含量为 18%，在 SFT2 钻孔中含量为 46%；KWV-1 钻孔的含量最高，为 49%。Ecca 群下部 3 个地层都存在成岩富铁和富镁碳酸盐矿物，如白云石、铁白云石和菱铁矿，在 KZF-1 钻孔和 SFT2 钻孔的 Prince Albert 组和 Whitehill 组最常在，菱锰矿只存在于 KZF-1 的 Prince Albert 组中，含量为 20%。Prince Albert 组中发现了钙长石，但只在 SFT2(2%)和 KWV-1(8%)钻孔中发现了钙长石，主卡鲁盆地西部 Prince Albert 组中主要为钠长石(8%)。Whitehill 组的黄铁

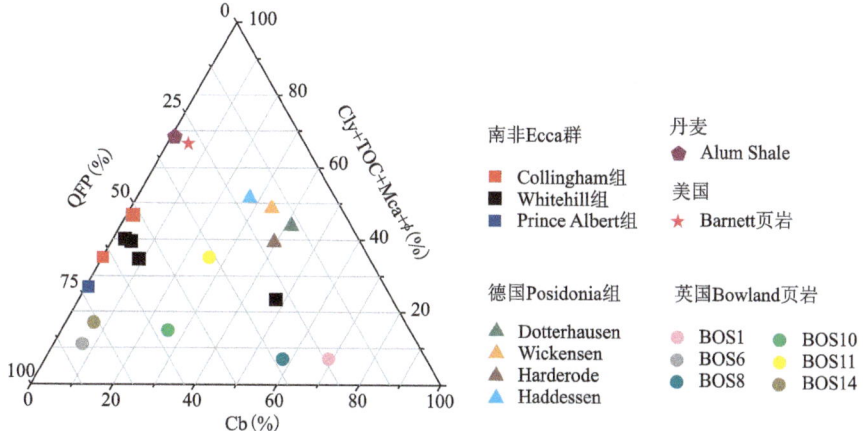

注:韧性矿物组分为黏土和干酪根(TOC),中组分为碳酸盐(Cb),刚性矿物组分为石英(Qtz)、长石(Fsp)和黄铁矿(Py)。缩写 QFP=石英+长石+黄铁矿;Cly=黏土;TOC=总有机碳;Mca=云母;ϕ=孔隙度。

图 3-3-27　Ecca 群页岩与其他地区页岩矿物组成三角图(Geel et al.,2021)

矿或磁黄铁矿含量最高。铁白云岩主要赋存于 KZF-1 和 SFT2 的 Whitehill 组。Collingham 组的石英含量最高。长石中最常见的是钠长石,其在 Collingham 组的含量最高。KZF-1 和 KWV-1 钻孔中,除 Whitehill 组外,其余各层均检测到锆石,黑云母主要存在于 SFT2 钻孔(图 3-3-28、图 3-3-29)。

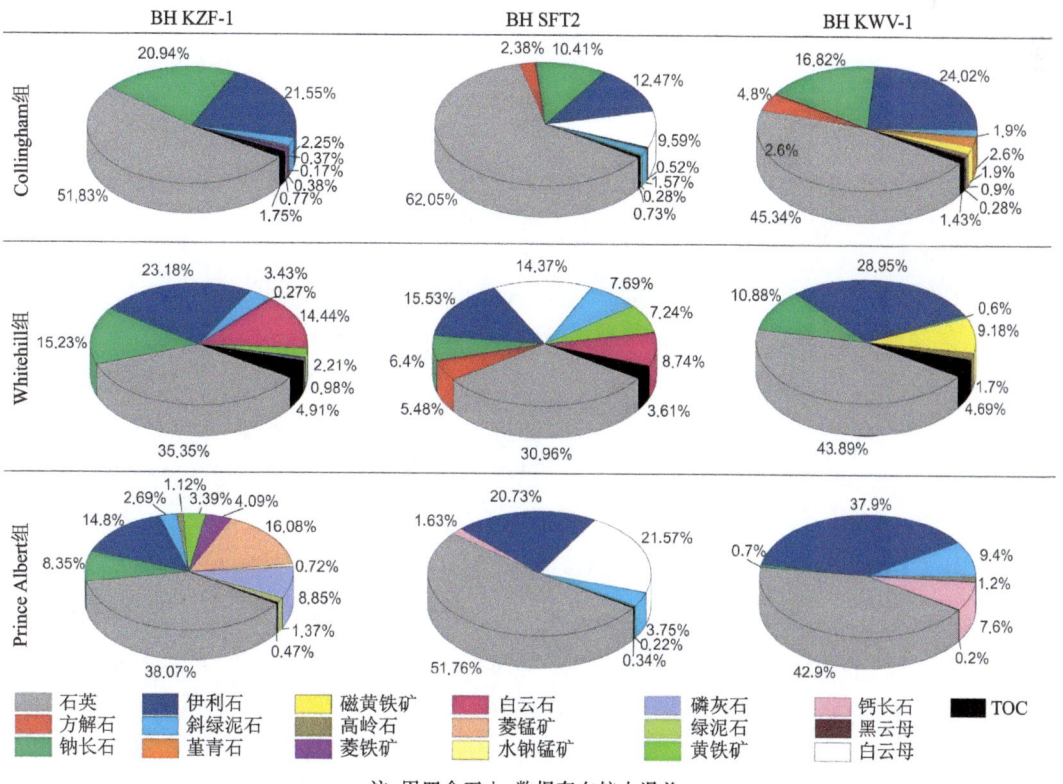

图 3-3-28　KZF-1、SFT2 和 KWV-1 钻孔 Prince Albert 组、Whitehill 组和 Collingham 组矿物组成饼图(Geel and Bordy,2021)

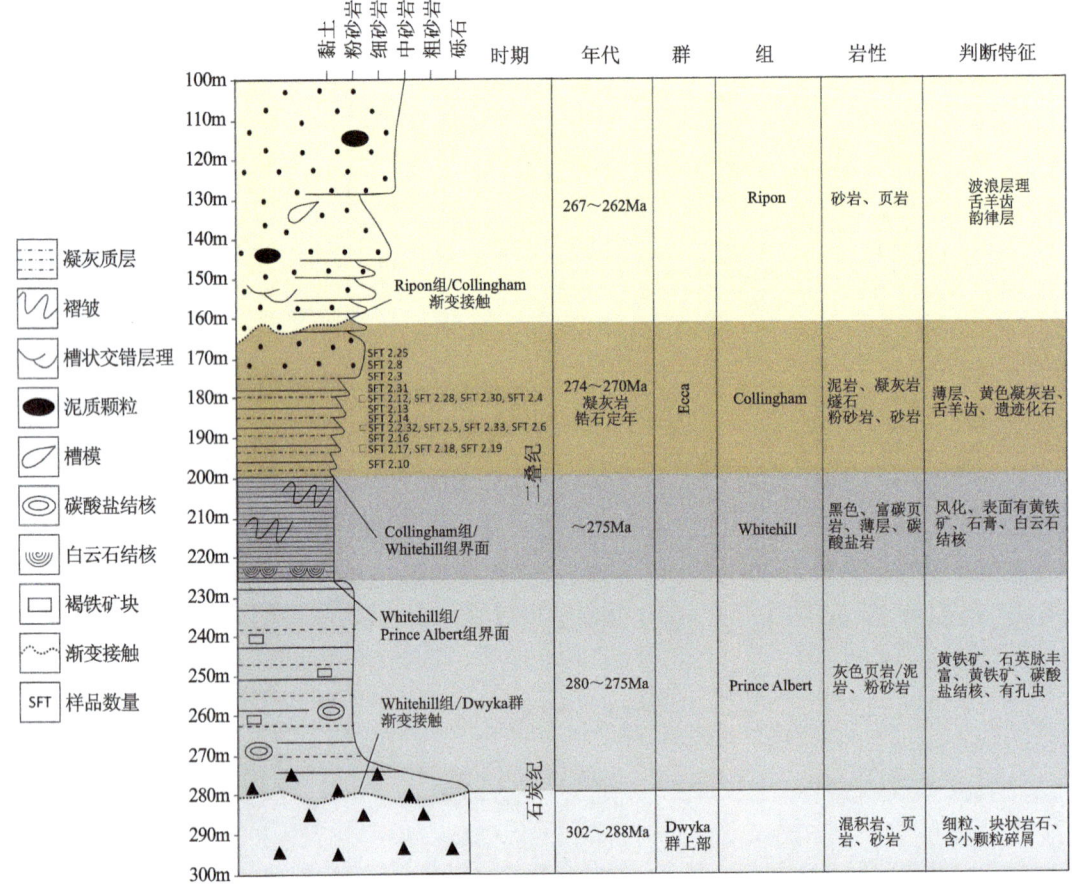

图 3-3-29　SFT2 钻孔岩性柱状图（Black et al.，2016）

1）物性特征

主卡鲁盆地 Ecca 群 Prince Albert 组、Whitehill 组和 Collingham 组的黑色页岩的渗透率范围为 $10^{-22}\sim10^{-19}\,m^2$，其中 Prince Albert 组、Whitehill 组和 Collingham 组的渗透率分别为 $10^{-22}\,m^2$、$10^{-20}\sim10^{-22}\,m^2$ 和 $10^{-19}\sim10^{-20}\,m^2$，Prince Albert 组渗透率最低，表明盆地东部的 Prince Albert 组页岩受到了压实和胶结作用，孔隙连通性较差，其体积密度（包括页岩内部孔隙空间）在 $2.185\sim2.400\,g/mL$ 之间，而骨架密度（不包括孔隙空间）在 $2.227\sim2.402\,g/mL$ 之间（Campbell，2014，2018；表 3-3-6）。Ecca 群黑色页岩的孔隙度范围为 $4.1\%\sim6.3\%$，其中 Collingham 组、Whitehill 组和 Prince Albert 组孔隙度分别为 $4.37\%\sim4.90\%$、$4.25\%\sim6.33\%$ 和 4.13%，Whitehill 组孔隙度最高，盆地内不同区域 Prince Albert 组砂岩的孔隙度差异较大（Steefen，2019；Campbell，2014，2018）。Whitehill 组页岩中有 3 种孔隙类型，即有机质孔隙、粒间孔和粒内孔，有机质孔隙主要为中孔（$10\sim50\,nm$）和高孔（$50\sim100\,nm$）。

表 3-3-6　Prince Albert 组样品的孔隙体积、面积、体积密度、骨架密度、孔隙度和渗透率
（KZF-01、KWV-01 和 SA 1/66 钻孔样品）(Mosavel et al.,2019)

井名	样品号	基于体积的中值孔径(μm)	基于面积的中值孔径(μm)	平均孔径(μm)	体积密度(g/mL)	骨架密度(g/mL)	孔隙度(%)	渗透率($10^{-3}\mu m^2$)
KZF-01	HM58	0.291	0.004	0.021	2.325	2.332	0.270	<0.05
	HM60	229.913	0.007	0.332	2.256	2.291	3.131	0.396
	HM66	283.146	0.007	0.143	2.205	2.236	3.050	1.159
	HM70	209.419	0.005	0.056	2.199	2.227	2.447	0.438
	HM81	149.785	0.004	0.052	2.185	2.228	3.345	2.791
	HM89	160.999	0.015	0.168	2.267	2.280	1.014	0.126
KWV-01	HM95	12.907	0.363	2.378	2.298	2.301	0.154	*SNB
	HM97	7.022	0.948	2.809	2.308	2.311	0.134	*SNB
	HM98	1.833	0.178	0.560	2.321	2.324	0.120	*SNB
	HM100	8.108	0.556	1.912	2.400	2.402	0.078	*SNB
SA 1/66	HM125	—	—	—	2.686	—	1.900	0.000 066
	HM126	—	—	—	2.521	—	5.6	0.000 138

注：* SNB 表示 HM95、HM97、HM98 和 HM100 样品没有足够的孔隙度数据（孔隙体积和孔隙大小分布）。

2）可压裂性

页岩气储层的前景与岩石地层的脆性和强度有关(Hol et al.,2011)。脆性岩石由于原位应力场的高各向异性和低断裂闭合率而有助于水力压裂。而高杨氏模量和断裂韧度的脆性岩石可能具有比韧性岩石更高的破裂压力，该类岩石在人为压裂形成复杂裂缝网络的能力较差（脆性较差）。低孔隙度对应高内摩擦角和高脆性，为了更好地计算脆性指数，应当考虑孔隙度的影响(Rybacki et al.,2016)。因此，具有刚性物（如石英、长石）和多孔韧性页岩可能会受到较小的超压，使得裂缝更易传播(Rybacki et al.,2016)。

岩石的脆性指数归一化为 0（韧性）和 1（脆性）之间，Prince Albert 组的脆性指数在 0.57～1.00 之间，Whitehill 组介于 0.55～0.80 之间，Collingham 组在 0.54～0.81 之间。Prince Albert 组的脆性指数平均值最高，为 0.81，Whitehill 组最低（0.65），Collingham 组居中（0.72）。Ecca 群下部页岩样品的脆性指数均大于 0.4，属于脆性岩石，其中 Prince Albert 组是 Ecca 群下部中最坚硬和最脆弱的地层单元，其次是 Collingham 组和 Whitehill 组。总体而言，除了英国 Bowland 页岩的部分样品外，Ecca 群下部的页岩比欧洲、英国和美国的页岩更脆。Ecca 群下部地层的脆性意味着其易于进行水力压裂。然而，这些地层中断裂带、矿脉以及碳酸盐层位不规则的空间分布，既可能提高也可能降低水力压裂的效果（图 3-3-30、图 3-3-31）。

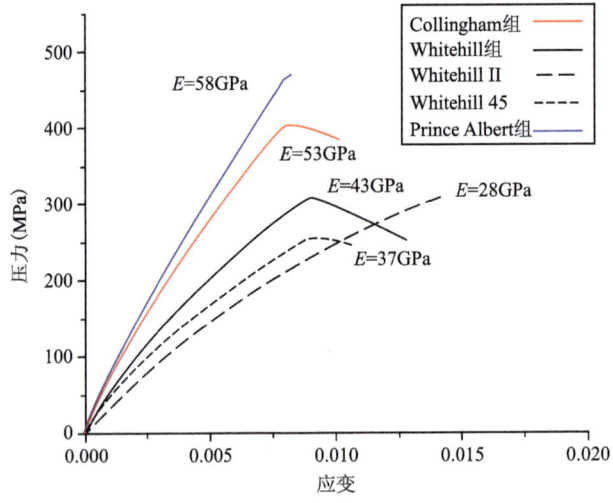

图 3-3-30　Ecca 群页岩三轴实验应力-应变曲线(Geel et al., 2021)

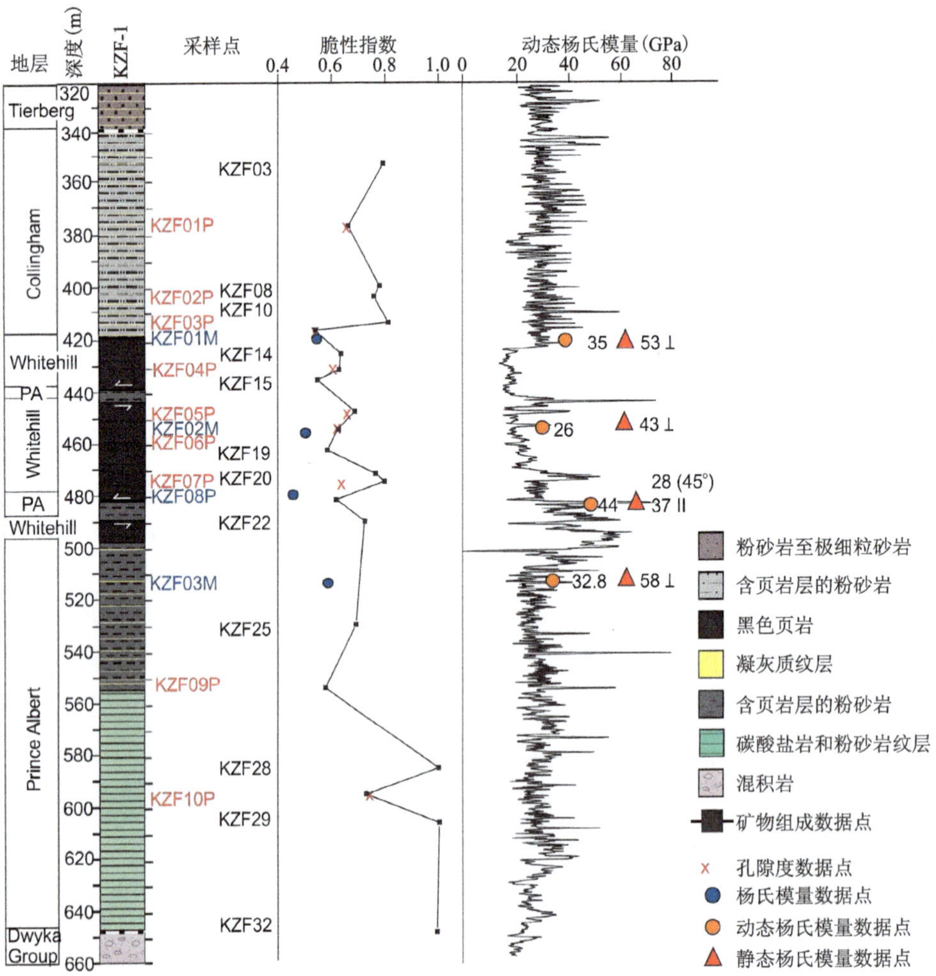

图 3-3-31　KZF-1 钻孔剖面图与脆性指数和动态杨氏模量(Geel et al., 2021)

(三) 生储盖组合

1. 常规油气藏生储盖组合

1) 烃源岩

承上所述，南非主卡鲁盆地下二叠统 Ecca 群的 Whitehill 组无疑是盆地最有潜力的烃源岩，其富含有机质的暗色泥岩厚度为 10~80m，有机碳含量在 3%~18% 之间，氢指数为 100~600mg/g。该组沉积于缺氧湖泊环境或局限海环境。有机质由植物、海藻以及细菌改造后的陆生植物的表皮和花粉组成（Ferreira and Akinlua，2009）。开普造山带晚期不断挤压促使盆地周边温度上升至 200℃，导致盆地发生变质作用，变质作用由南向北逐渐减弱，Whitehill 组烃源岩成熟度也呈现南高北低，在盆地南部已达到过成熟阶段，R_o 为 2.3%~3.8%。

2) 储层

目前主卡鲁盆地还没有商业性油气发现，主要油气发现位于下二叠统 Ecca 群中部 Vryheid 组砂岩中，油气主要来自有机质丰富的 Ecca 群 Whitehill 组泥岩。Vryheid 组砂岩沉积于三角洲环境，为长石砂岩、泥质砂岩或钙质砂岩。该套砂岩储层的孔隙度和渗透率变化较大，储层物性由南向北逐渐变好。盆地北部储层物性一般较好，孔隙度为 5%~18%，渗透率为 $(1~660)×10^{-3}\mu m^2$。由于碳酸盐岩胶结物受到淋滤作用，储集层发育良好的次生孔隙，其孔隙度和渗透率分别高达 20%~28% 和 $(250~1350)×10^{-3}\mu m^2$（Hodgson，2009；Wickens and Bouma，1995）。主卡鲁盆地北部上二叠统 Beaufort 组也有良好的孔隙度和渗透率，可作为次要储层。

3) 盖层

下二叠统 Ecca 群泥岩是盆地内良好的盖层，其他潜在的盖层还有上二叠统 Beaufort 组泥岩和中下侏罗统 Drakensberg 群的喷出岩。

4) 圈闭

盆地圈闭特征因盆地不同的构造位置而异。在盆地南部发育一系列与褶皱和逆冲构造相关的圈闭。盆地北部构造相对平缓，以地层-岩性圈闭为主。已发现的油气圈闭中主要为构造型和基底潜山型。在主卡鲁盆地 Natal 省北部地区的煤层勘探过程中，所钻的 78 口浅井中有 20 口井发现了油气。其中规模较大的圈闭是一个南北走向的低幅度背斜，其圈闭面积大于 50km²。

5) 生储盖组合

综上所述，在主卡鲁盆地内发现了一个常规含油气系统（图 3-3-32）。该含油气系统的源岩主要是下二叠统 Ecca 群 Whitehill 组，储集层主要是下二叠统 Ecca 群中部 Vryheid 组砂岩。烃源岩最早开始生成油气是在中三叠世，此时正好是上 Beaufort 群和 Stormberg 群发育期。早侏罗世 Drakensberg 群喷出岩大量发育，烃源岩进入主生排烃期。中侏罗世，主要为油气的运移和聚集成藏期，此时也正好是岩浆大量喷出阶段。在下二叠统 Ecca 群 Whitehill 组烃源岩埋深较大的地区，油气运移期要早于中侏罗世。油气生成的高峰期主要是中三叠世—中侏罗世，油气生成后,向上运移至盆地南部的构造中成藏。主卡鲁盆地北部地区构造圈闭较少,下二叠统 Whitehill 组烃源岩生成的油气可能沿前陆盆地的缓坡向上运移,并逸散至地表。

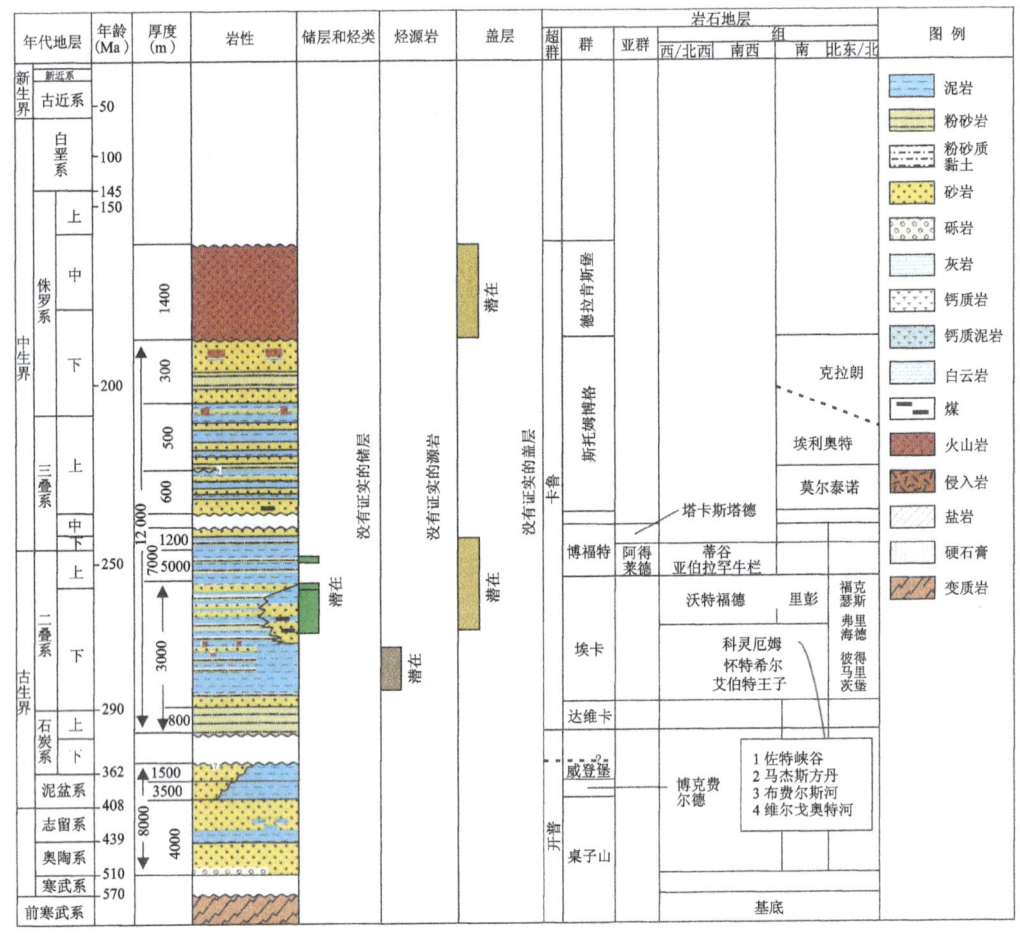

图 3-3-32　主卡鲁盆地生储盖组合综合柱状图(朱伟林,2013;IHS,2007)

2. 非常规油气藏源储组合

南非主卡鲁盆地南部是页岩气成藏的潜在有利区(EIA,2013),盆地内二叠系 Ecca 群是页岩气成藏的主要目的层。

Ecca 群沿盆地南部和西部边缘出现,由一系列泥岩、粉砂岩、砂岩和少量砾岩组成,在南部被 Cape 褶皱带限制,在北部形成成熟度边界。Ecca 群在盆地南部厚达 10 000ft(1ft≈0.304 8m),可分为上 Ecca 群(由薄层、有机质丰富的 Fort Brown 组和 Waterford 组组成)和下 Ecca 群(由 Prince Albert 组、Whitehill 组和 Collingham 组组成)。其中,有机质丰富的下 Ecca 群烃源岩,尤其是有机质丰富、热成熟度高的 Whitehill 组黑色页岩是页岩气勘探的主要目的层。

1)Prince Albert 组

下二叠统 Prince Albert 组在主卡鲁盆地形成了厚的、热成熟度高的页岩气成藏区。

Prince Albert 组页岩的钻探深度范围为 6000~10 000ft,在南部更深,平均达 8500ft。Prince Albert 组页岩总厚度为 200~800ft,平均为 400ft,富有机质部分有效厚度约 120ft。Prince Albert 组为深海沉积,富有机质部分占总有机碳含量(TOC)的比例一般为 1.5%~5.5%,局部高达 12%,平均为 2.5%。在火山侵入体附近,由于火山岩的存在,Prince Albert 组页岩的演化程度高,镜质体反射率(R_o)在 2%~4%,局部地区地层达到过成熟,R_o 高达 8%,表明有机质已转变成石墨和二氧化碳(EIA,2011)。

2) Whitehill 组

下二叠统 Whitehill 组有机质含量高,是南非主卡鲁盆地页岩气勘探的主要目的层。Whitehill 组页岩沉积于深海缺氧富藻环境,并含少量远端浊流和风暴沉积形成的砂质夹层。Whitehill 组富含有机质页岩的厚度为 100~300ft,远景区有机质含量为 3%~14%,局部高达 15%,平均为 6%,成熟度(R_o)为 2%~4%(EIA,2011)。在火山侵入体附近有机质转化为石墨。Whitehill 组页岩的主要矿物为石英、黄铁矿、方解石、绿泥石,这有利于对页岩进行水力压裂。

3) Collingham 组

Collingham 组是主卡鲁盆地第 3 个页岩气勘探层。Collingham 组页岩沉积环境为深水沉积向浅水三角洲沉积的过渡。除有机碳含量外,页岩储层性质与 Whitehill 组页岩相似,富有机质页岩厚度为 200ft,有效厚度为 80ft,TOC 为 2%~8%,平均为 4%。受火山岩侵入影响热成熟度高,R_o 在 3% 左右(EIA,2011)。

4) 上 Ecca 群

上 Ecca 群厚度大,在主卡鲁盆地南部厚度为 1500m,包含 Waterford 组和 Fort Brown 组。一些研究者认为这些页岩沉积于浅海环境,另外一些人将其归为湖泊成因。上 Ecca 群页岩的有机质含量和热成熟度比下 Ecca 群页岩稍差,总有机碳含量为 1%~2%,热成熟度 R_o 为 0.9%~1.1%。由于 Fort Brown 组和 Waterford 组页岩可能含油,因此尚未有对上 Ecca 群页岩进行页岩气资源量评估的报道(EIA,2011)。

(四)油气分布与主控因素

主卡鲁盆地的油气资源主要为干气和湿气两种类型的页岩气,平面呈环带状分布(图 3-3-33),主要受埋深、开普造山运动和强烈的玄武岩侵入影响。盆地南部靠近开普褶皱带,地层沉积厚;盆地北部地层沉积较薄;盆地内 Ecca 群烃源岩受早侏罗世玄武岩侵入影响明显,不同地区烃源岩成熟度存在差异(Roswell,1976),总体由南向北成熟度逐渐降低。

主卡鲁盆地南部 Ecca 群页岩的埋深较大,且受到了开普造山运动的影响;盆地西部受早侏罗世玄武岩侵入影响(图 3-3-34),热蚀变作用剧烈,因此盆地南部和西部 Ecca 群页岩的成熟度高,R_o 值普遍大于 3.0%,易生成干气。主卡鲁盆地最北部的 Ecca 群埋深浅,受早侏罗世玄武岩侵入影响(图 3-3-34),也易生成干气。主卡鲁盆地中部存在着一个页岩气过渡带,该区的埋深相对较浅,没有受开普造山运动影响,同时玄武岩侵入的影响较小(图 3-3-34),因而该区的页岩气主要为湿气。主卡鲁盆地东北部 Ecca 群 Prince Albert 组、Whitehill 组和 Collingham 组埋深浅,同时受早侏罗世玄武岩侵入影响较小,为凝析油藏发育潜力区。

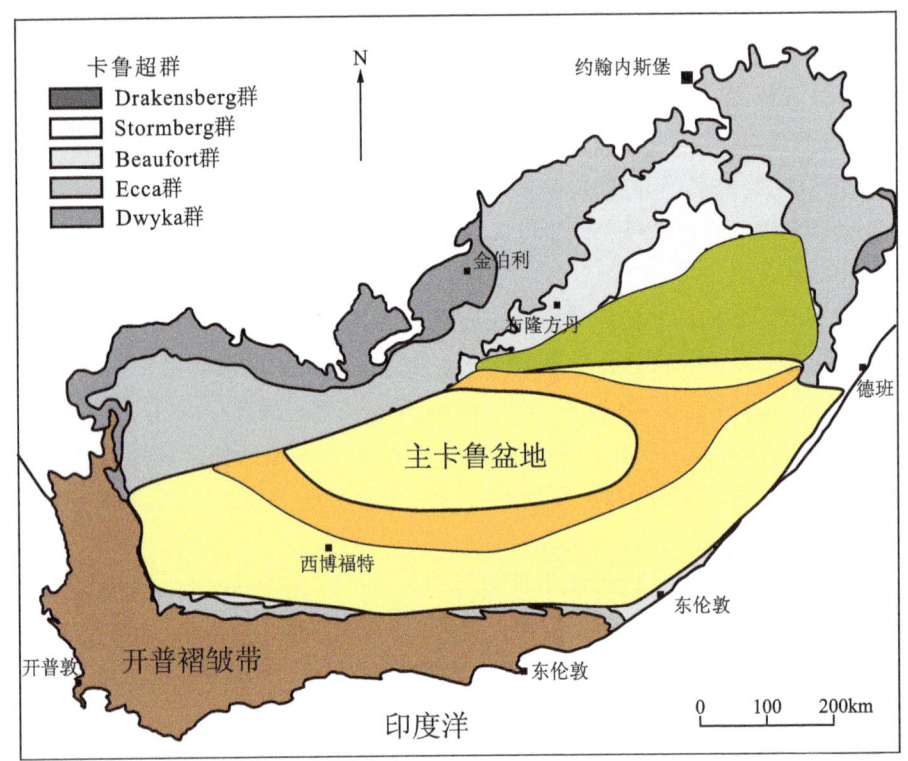

图 3-3-33 主卡鲁盆地油气资源类型分布图[图中黄色为干气区;橙色为湿气区;绿色为凝析油区(基于烃源岩 $nC_1 \sim nC_5$ 轻烃分析)](Chere,2015)

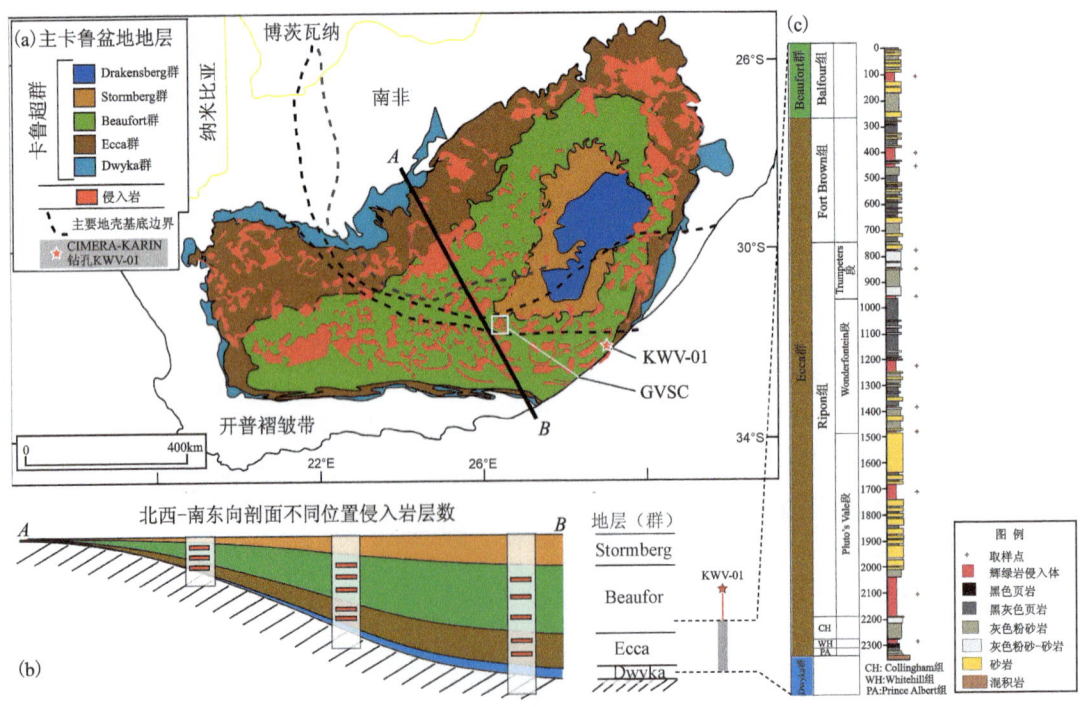

图 3-3-34 主卡鲁盆地区域地质图(a)和北西-南东向剖面示意图(b)以及 KWV-01 单井岩性柱状图(c)

第四节 卡鲁盆地资源潜力

主卡鲁盆地是南非重要的古生代沉积盆地,盆地中南部 Ecca 群沉积了厚层、富含有机质页岩,是页岩气有利成藏区;盆地东北部 Ecca 群煤层发育,目前发现了 Free State 煤田、North Eastern 煤田和 KwaZulu-Natal 煤田等大型煤田,煤田区煤层镜质组含量高,演化程度较高,是煤层气主要发育区,目前发现了 KA-3PT、EX1 等煤层气气田。主卡鲁盆地的油气勘探活动主要集中在页岩气和煤层气这两种非常规油气资源上,而常规油气资源潜力低,从石油地质分析的角度看,盆地东北部 Ecca 群埋深浅,具有一定的凝析油与常规油成藏条件,但目前尚未发现可商业开采的常规油气藏。本次研究,重点对盆地中南部的页岩气资源及东北部的煤层气资源进行估算。

(一)煤层气资源潜力

煤层气资源主要位于盆地东北部 Ecca 群 Vryheid 组(图 3-4-1)。Vryheid 组由几个向上变粗的层序组成,每个层序的上部都发育煤层,这些煤层在整个研究区域都可以追踪((Hancox and Götz,2014)。煤层的厚度各不相同,单个煤层厚度可达 10m,煤层的煤级为高挥发分至低挥发分烟煤。美国地质调查局(USGS,2016)对主卡鲁盆地 Vryheid 组的煤层气资源进行了定量评估。根据评估结果,主卡鲁盆地 Vryheid 组煤层气的资源量为 5.27Tcf(1492 亿 m^3),主要地质风险是中生代冈瓦纳超大陆解体期间辉绿岩侵入后煤层气的保存情况。

(二)页岩气资源潜力

页岩气资源主要位于盆地中南部 Ecca 群 PrinceAlbert 组、Whitehill 组和 Collingham 组(图 3-4-1)。美国能源信息署(EIA,2013)对主卡鲁盆地的页岩气资源潜力进行了评估,详细的评估参数见表 3-1-1,其中页岩气资源量计算采用面积丰度与远景区面积相乘的方法。基于有机碳含量、有机质演化程度及页岩厚度等参数评价结果,Whitehill 组页岩气丰度最大,为 58.5Bcf[①]$/mi^2$;Prince Albert 组次之,页岩气丰度为 42.7Bcf$/mi^2$;Collingham 组丰度最低,页岩气丰度为 36.3Bcf$/mi^2$,页岩气潜力区面积为 60 180mi^2(图 3-4-1)。

评价结果显示,主卡鲁盆地二叠统 Ecca 群(PrinceAlbert 组、Whitehill 组和 Collingham 组)页岩气总资源量为 44.1 万亿 m^3,技术可开采资源量 11 万亿 m^3。其中,Whitehill 组页岩气资源潜力最大,风险后资源量 23.9 万亿 m^3(845.4Tcf),技术可采资源量 5.98 万亿 m^3(211.3Tcf);Prince Albert 组次之,风险后资源量 10.9 万亿 m^3(385.3Tcf),技术可采资源量 2.73 万亿 m^3(96.3Tcf);Collingham 组页岩气资源量位居第三,风险后资源量 9.28 万亿 m^3

---

① Bcf 是石油开采单位,表示 10 亿立方英尺。1Bcf=283 1.7×$10^4 m^3$。

(327.9Tcf),技术可采资源量 2.32 万亿 m^3(82Tcf)。

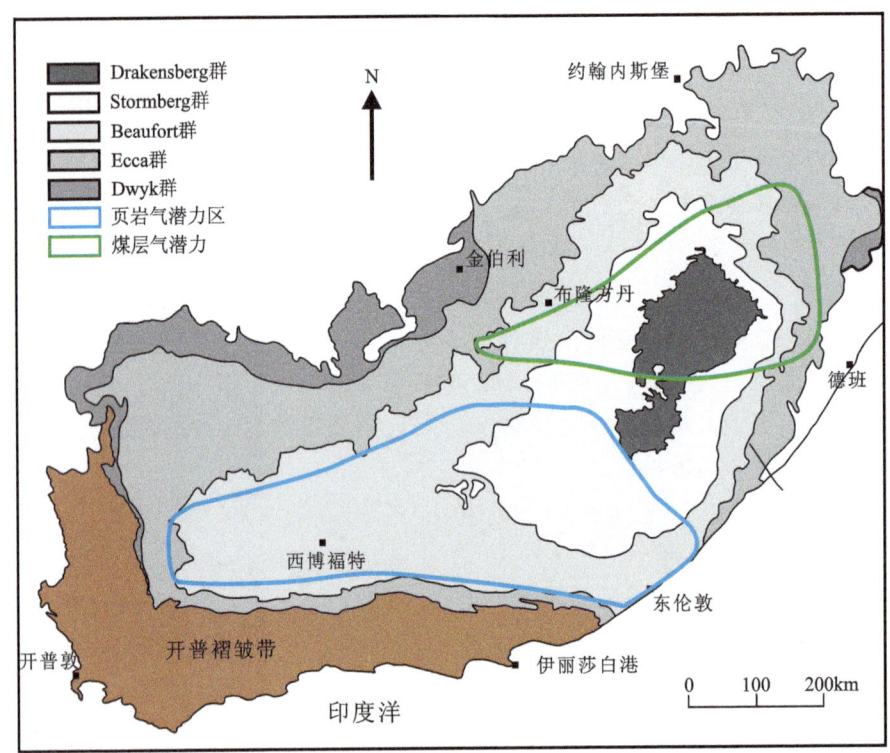

图 3-4-1　南非主卡鲁盆地油气资源潜力评估区分布图(评估区范围综合参考了 EIA 2013 年与 Chere 2015 年页岩气与煤层气分布区范围)

第四章　卡鲁克拉通坳陷盆地

第一节　卡拉哈里盆地(Kalahari Basin)

Kalahari 盆地的油气资源以煤层气形式存在,主要分布在盆地东部和北部地区。该盆地的卡鲁超群由晚石炭世—早中侏罗世的沉积物充填,形成了一个厚度小于 2000m 的碎屑沉积序列,其中夹杂着厚约 1000m 的玄武岩(Key and Ayres,2000)。沉积序列自下而上为 Dwyka 群冰碛岩、Ecca 群含煤建造、Beaufort 群砂泥岩沉积、Lebung 群红色碎屑岩建造,以及巨厚的玄武岩 Stormberg 群。

一、盆地概况

大 Kalahari 盆地(GKB)是非洲南部第二大沉积盆地,该盆地可划分为 3 个次级盆地,其分布范围从纳米比亚的 Aranos 盆地横跨博茨瓦纳的 Kalahari 盆地,一直延伸到津巴布韦的 Mid-Zambezi 盆地,并向东南延伸至 Ellisras 盆地,盆地面积约 $100×10^4 km^2$(图 4-1-1)。

Kalahari 盆地位于博茨瓦纳境内,面积约 $43×10^4 km^2$(图 4-1-1),该盆地的卡鲁超群沉积物覆盖了该国约 70% 的面积,以不整合的方式覆盖在冈瓦纳基底之上。除了盆地东部和东北部边缘有少量的卡鲁超群地层露头外,其他地区几乎被新生代沉积物所覆盖。因此,与主卡鲁盆地相比,Kalahari 盆地的卡鲁超群的研究程度较低(Bordy et al.,2010)。

二、勘探历程及勘探现状

据报道,自 1998 年以来,该盆地的煤层气勘探主要位于 Kalahari 盆地的中部和东部(ECL,1998;图 4-1-2),该地区被认为具有较大的煤层气勘探潜力,主要有以下几个方面的原因:①Ecca 群潜在烃源岩的厚度较其他地区更厚;②埋藏深度足以产生油气;③玄武岩侵入为烃源岩的成熟提供了有利的热条件;④巨厚的玄武岩形成了良好的盖层。另外,该地区的煤

图 4-1-1　博茨瓦纳 Kalahari 盆地卡鲁超群简明地质图（Bordy,2019）

层约占总煤/页岩厚度的 30%，其深度在 300~500m 之间，这与美国商业煤层气的生产深度相当（Advanced Resources International,2003）。

图 4-1-2　已勘探的煤田（Clark et al.,1986）和煤层气（ECL,1998）地质图

2005年,博茨瓦纳和津巴布韦的煤层气被认为是潜在的、可开发的天然气资源(Oesterlen and Lepper,2005)。后续的研究对Kalahari盆地东北部地区的煤层气资源规模进行了估算,煤层气潜在的资源规模变化范围较大,从Hwange/Lupane气田到Lupane-Binga气田,潜在资源量由27万亿ft³(Mukwakwami,2013)降低至0.2万亿ft³(Mthandazo,2015)。

2015年,Sibanda报告指出,Lupane-Lubimbi的煤层气资源潜量约为40万亿m³。

2016年,美国地质调查局(USGS)完成了大Kalahari盆地内未被发现的、技术上可开采的煤层气资源的评估。该盆地位于博茨瓦纳、赞比亚和津巴布韦的一个复杂地质区域,面积约为648 670km²(图4-1-3)。大Kalahari盆地下二叠统沉积厚度约为1500m,煤层位于二叠系Ecca群中,含煤带厚度500～550m,净煤厚度55～125m,单煤层厚度1～30m。大Kalahari

图4-1-3　Kalahari盆地位置及煤层气评估区(Brownfield et al.,2016)

盆地已钻探了 26 口煤层气探井,博茨瓦纳和津巴布韦的几口测试井报告了可采天然气含量或产量(IHS MarkitTM,2015;McConachie,2015;Dowling,2016),其天然气含量高达 9.5m³/t,随着深度的增加天然气含量也随之增加。

截至 2015 年,津巴布韦与博茨瓦纳东北部的 Kalahari 盆地煤层气资源量为 2.3 万亿 ft³,资源丰度为 1.8 亿 ft³/km²(APF Energy,2004;Potgieter,2017)。Kalahari 盆地目前尚未发现可商业开采的气藏。大 Kalahari 盆地煤层气发育于 Ecca 群中的厚煤层且煤在地表以下小于 1800m 的地层中。赞比亚和津巴布韦部分地区(也称为赞比西盆地)的煤炭等级从次烟煤到中等挥发性烟煤再到高挥发性烟煤,而 Kalahari 盆地博茨瓦纳部分的煤炭等级为高挥发性烟煤(Cairncross,2001)。博茨瓦纳煤的镜质体反射率(R_o)值介于 0.5%~0.7%之间,灰分含量高,平均为 39%,平均含硫量为 0.45%。由于玄武岩的侵入,博茨瓦纳煤层的成熟度较高,而在津巴布韦,玄武岩侵入对煤成熟度的影响较小。Kalahari 盆地(博茨瓦纳)的煤含甲烷,而赞比西盆地(赞比亚和津巴布韦)的煤含有生物气(低阶煤)和湿气(高阶煤)。

大 Kalahari 煤层气的评估数据如表 4-1-1 所示,美国地质调查局对大 Kalahari 盆地 Ecca 群中埋深小于 1800m 厚煤层的煤层气资源进行了评估(表 4-1-2),预测煤层气资源量为 45 040 亿 ft³。

表 4-1-1　Kalahari 盆地煤层气资源量评估关键参数(USGS,2016)

评估参数	最小值	中位值	最大值	计算平均值
远景区面积(英亩)	10 000	4 000 000	50 000 000	18 003 333
单井平均控制面积(英亩)	40	80	120	80
成功率(%)	10	20	35	21.7
平均 EUR(BCFG)	0.04	0.08	0.3	0.092
可能性	1			

注:1 英亩≈4050m²;EUR.每口井估计最终采收率;BCFG.10 亿 ft³ 的天然气。

表 4-1-2　Kalahari 盆地煤层气评估结果(USGS,2016)

含油气系统	资源类型	资源量(BCFG)			
		F95	F50	F5	平均
Kalahari 盆地煤层气评估区	煤层气	622	3523	11 721	4504

注:F95 代表 95%概率对应的资源量。

三、盆地基础地质特征

(一)构造演化

Kalahari 盆地及其次级盆地在地球动力学方面的研究较少。Catuneanu(2005)等将该盆地的成因机制归于碰撞引发的伸展构造,该构造与晚古生代—早中生代冈瓦纳-开普造山运动有关,该造山运动是由古太平洋板块向南俯冲至冈瓦纳板块下部引起的。这一过程导致非洲南部的主卡鲁盆地发育为弧后前陆体系(图4-1-4)。在此期间Kalahari盆地及其他次级盆地在北部发育为克拉通坳陷或裂陷盆地(Catuneanu et al.,2005;Modie,2008)。

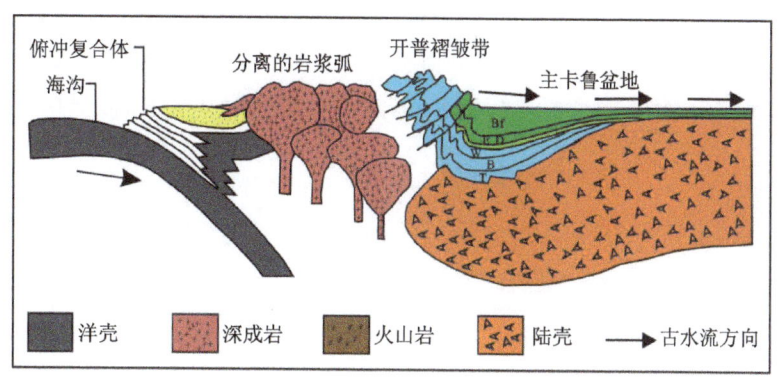

图4-1-4　主卡鲁盆地与开普褶皱带地球动力学背景(Modie,2008)

早石炭世(360～340Ma),泛大陆形成于的冈瓦纳和劳亚大陆相互碰撞(Burke and Dewey,2002)。到中石炭世(330～310Ma),冈瓦纳大陆的大部分地区发生隆升,沉积作用终止(Visser and Praekelt,1996)。中侏罗世(约180Ma),现今KwaZulu-Natal海岸以东的地幔岩浆流侵入盆地,形成了Kalahari盆地的主岩脉。

(二)地层展布

盆地内卡鲁超群的基底由津巴布韦克拉通、Kaapvaal克拉通以及Lebombo构造带太古宙、元古宙Waterberg超群的高变质岩和火成岩(如片麻岩、花岗岩、流纹岩、辉长岩、石英岩)组成(Smith,1984)。

Dwyka群在中部Kalahari次盆北部基本不存在,但在局部地区,其厚度可达38m。而在中部Kalahari次盆的其他地区(东南、南部和西部),其厚度范围为166～258m(Smith,1984)。

盆地内的Ecca群主要由砂岩、煤及碳质泥岩、粉砂岩和煤组成,其厚度范围在175(北带)～300(南带)m之间。Ecca群下部为一个整体向上变粗的序列,厚度在40(北带)～135(西带)m之间,平均厚度约90m。岩性主要为一套深灰色块状或层状粉砂质泥岩,厚度在20(北带)～65(西带)m之间。盆地内局部地区的Ecca群下部存在植物碎片以及黄铁矿和菱铁矿带,向上砂体逐渐增加。Ecca群中部存在一套厚约50m、向上变粗的层序,由互层泥岩、层状、泛层状和波纹交错层理粉砂岩和细粒至粗粒薄层波纹交错层理砂岩组成,具有侵蚀底面、滑塌构造和生物扰动等沉积构造。上段地层厚约10m,由块状、层状细粒至粗粒砂岩组成,局部发育钙质、云母质及植物碎片(Smith,1984)。

研究区Ecca群上部地层在盆地范围内厚度为120～160m,平均厚度为140m,由5个地层单元组成。该套地层下部砂岩段以块状、中粗—粗粒长石砂岩为主,粉砂岩、泥岩和煤透镜体薄互层形成单独或叠置向上变细层序。上部含煤段以碳质、煤质泥岩和煤为特征,砂岩带或透镜体呈向上变粗序列。

Beaufort 群是盆地内卡鲁超群的上部,该沉积地层由粉砂质、非碳质和钙质泥岩组成,底部含有植物碎屑和粉砂岩(Smith,1984)。泥岩呈层状或块状(Williamson,1996),粉砂岩呈细层状或薄层状(Modie,2000),局部发育厚约 3m 的细粒至粗粒砂岩、粉砂岩和灰岩向上变细层序,砂岩具有分选较好,含泥岩碎屑的特征。中部 Kalahari 次盆北部和东南部以碳质泥岩为特征,夹有煤线和粉砂岩。在南部和西部,该套地层被含砂质、粉砂质的沉积序列占据,以粉砂岩为主,夹少量泥岩。

(三)沉积演化

Kalahari 盆地的卡鲁超群沉积自下而上为 Dwyka 群冰碛岩、Ecca 群含煤建造、Beaufort 群砂泥岩沉积物、Lebung 群红色碎屑岩建造以及巨厚的玄武岩——Stormberg 群。与南非的主卡鲁盆地的沉积相似,Kalahari 盆地的沉积从冰川沉积开始,经河流三角洲和沼泽相,最终演变为干旱的风成环境,之后随玄武岩的侵入而结束沉积(Modie,2007;Smith,1984)。

Dwyka 群主要由冰碛岩及衍生岩组成,主要岩性为纹层状泥岩和混积岩,位于古元古界基底之上。在博茨瓦纳西南部露头发现与泥岩相关的前冰期湖相或海相碎屑沉积岩。盆地东缘露头的岩性主要为块状陆源混杂岩,局部夹砂岩、纹层状粉砂岩凸镜体,反映冰川—冰河沉积(Modie,1999,2000)。Dwyka 群冰川沉积形成于晚古生代,是南冈瓦纳大陆漂经南极地区的产物。

Ecca 群与 Dwyka 群为连续沉积,主要表现为河流—三角洲平原相沉积,岩性为砂岩、粉砂岩、泥岩、碳质泥岩夹煤层。在 Ecca 群湖滨和河流间湾处沉积了大量的有机质碎屑,构成了煤层的物质基础。Kalahari 盆地的东缘可见到 Ecca 群的露头,主要由中—粗粒砂岩组成,具有纹层状构造及板状交错层理。

Beaufort 群为湖相沉积,气候温暖干燥,湖岸进一步扩大(Williamson,1996)。Beaufort 群在 Kalahari 盆地称作 Kwetla 组,主要由单一的粉砂岩、钙质泥岩组成,夹少量细—粗粒砂岩、粉砂岩、钙质结核和粉砂质灰岩。

Lebung 群为卡鲁超群的最后一个沉积地层,其岩性组合特征表明其沉积环境从湿热的湖泊环境演变为干热的河流-风成环境,该群包括 Ntane 组和 Mosolotsane 组,主要为红色碎屑沉积岩。Mosolotsane 组位于 Lebung 群下部,分布范围较广,但露头较少,从钻孔中可见以粉砂岩及细—中粒砂岩为主,夹少量泥岩,可见赤铁矿层(Smith,1982)。该组在博茨瓦纳 Tuli 盆地中见明显的钙质结核,反映浅水半干旱环境沉积,存在远端河流体系。Ntane 组整合接触于 Mosolotsane 组之上,为块状—层状不等粒杂砂岩,发育低角度板状层理及槽状交错层理(少量高角度交错层理),露头主要见于盆地东部边缘。Kalahari 盆地卡鲁超群沉积结束于早侏罗世,玄武岩喷发,形成 Stormberg 群玄武岩(Jourdan,2005)。

四、盆地油气地质条件

Potgieter(2017)对博茨瓦纳东北部和津巴布韦西部的 Kalahari 盆地中煤层气的成藏条件进行了研究,该区域面积为 $16.7 \times 10^4 \mathrm{km}^2$,其中卡鲁超群所占的面积约为 $13.5 \times 10^4 \mathrm{km}^2$(图 4-1-5)。

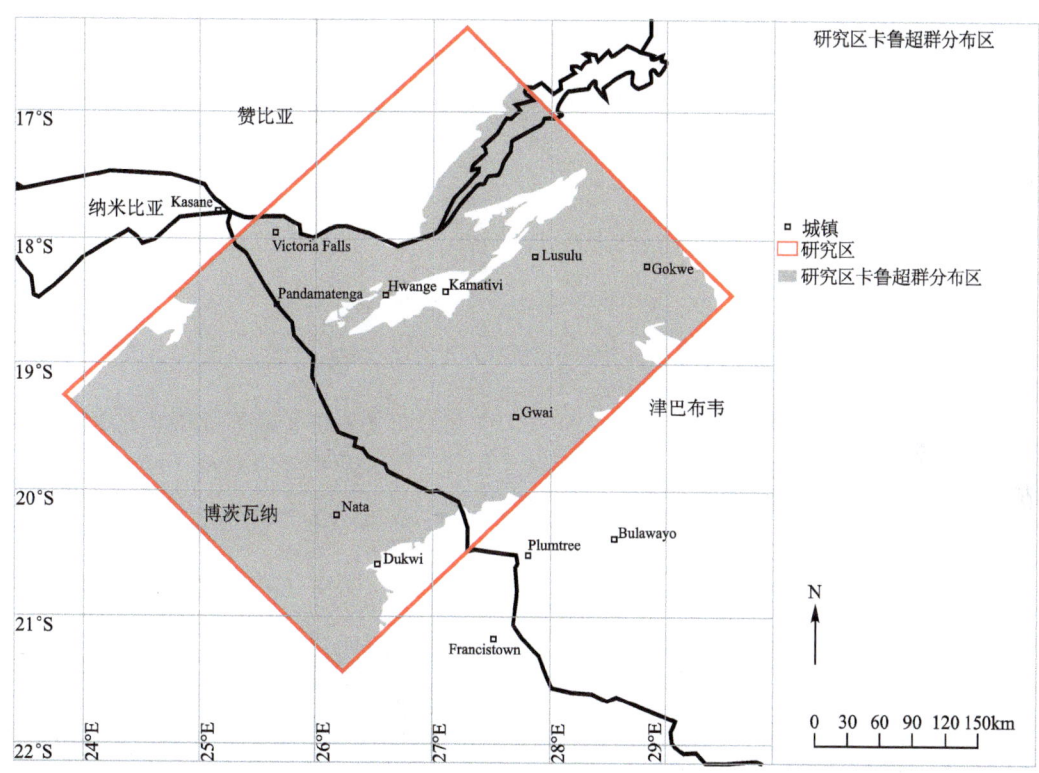

图 4-1-5 研究区内卡鲁超群分布范围(Potgiete,2017)

(一)煤层厚度

Potgieter(2017)对 Anglo Coal Botswana (2010)、Oesterlen 和 Lepper (2005)、Palloks (1984)、Thompson(1981)及 Smith (1984)等文献中的 250 个煤层厚度进行了统计(图 4-1-6),结果表明博茨瓦纳东北部和津巴布韦西部 Kalahari 盆地中煤层厚度呈正态分布,厚度范围为 1~23.65m,平均厚度为 9.58m(表 4-1-3)。

(二)煤岩密度

煤的密度($RHOB_{(c)}$)值与厚度(h)和面积(A)数据一起用于计算煤的体积和质量。密度可以从实验室分析和利用地球物理测井来确定。研究区测井分析结果表明,所有测量值分布在 1.1～1.75g/cm³ 之间(Kubu Energy,2014),平均值约为 1.53g/cm³(表 4-1-4,图 4-1-7)。

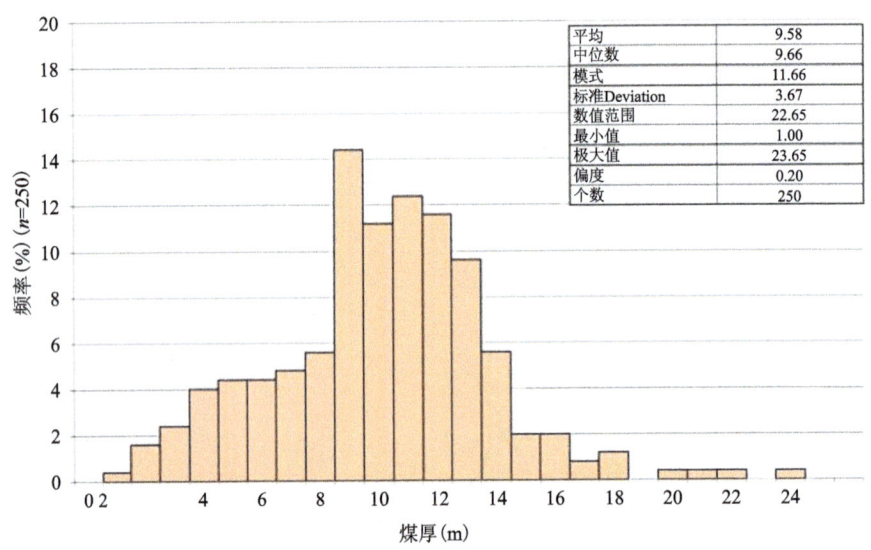

图 4-1-6　研究区煤层厚度统计直方图(Potgieter,2017)

表 4-1-3　研究区煤层厚度的统计数据(Potgieter,2017)

参数	煤炭总厚度数据统计(m)
平均	9.58
中位数	9.66
模拟值	11.66
标准偏差	3.67
范围	22.65
最小值	1.00
极大值	23.65
计算值	250

表 4-1-4　研究区煤的测井密度统计数据(Kubu Energy,2014)

参数	测井密度统计(g/cm³)
平均	1.53
中位数	1.55
模拟值	1.70
标准偏差	0.14
范围	0.64
最小值	1.11
极大值	1.75
计算值	13 427

(三)煤的含气量

煤的含气量和测定是其资源评价的一个必要组成部分。由于研究区煤层气的勘探工作开展的很少,因此对煤的潜在含气量研究是很有必要的。Eddy(1982)曾利用煤层深度来评估煤层可能的气体含量。饱和度评估需要精确的气体含量测量与吸附等温线测量相结合。然而,该地区以往的研究在测量的质量控制方面并不一致,而且缺乏可靠的吸附等温线数据(Potgieter,2015)。为了评估煤层气含量,饱和度数据采用了 Kubu Energy(Faiz et al.,2013)

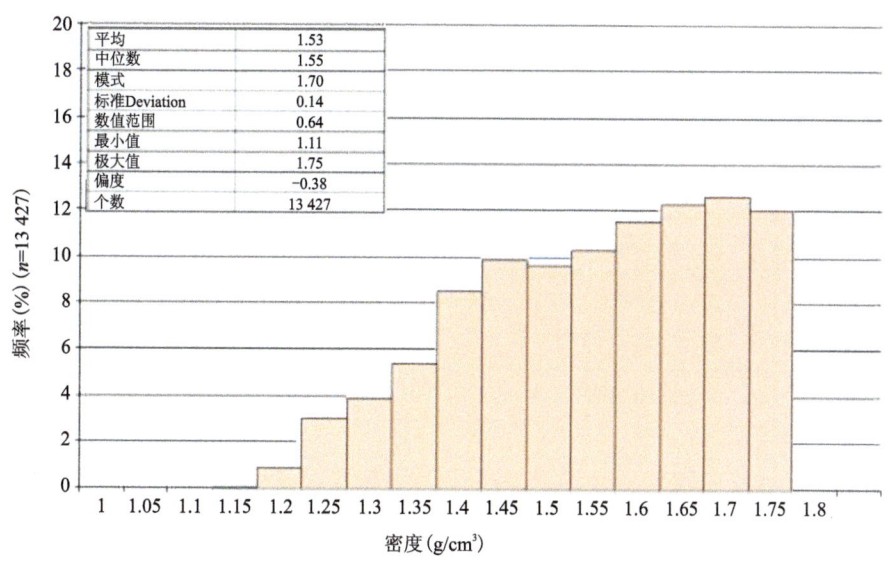

图 4-1-7　博茨瓦纳钻井中收集的煤的密度(Potgieter,2017)

与 Shangani Energy(Barker,2006)评价中的数据。许多公司在研究区内的钻孔数据被用来获取煤层的深度和厚度(图 4-1-8),并根据这些钻井中煤层的相关资料评估了煤的含气量。表 4-1-5 显示了每个区域煤层含气量的计算结果。

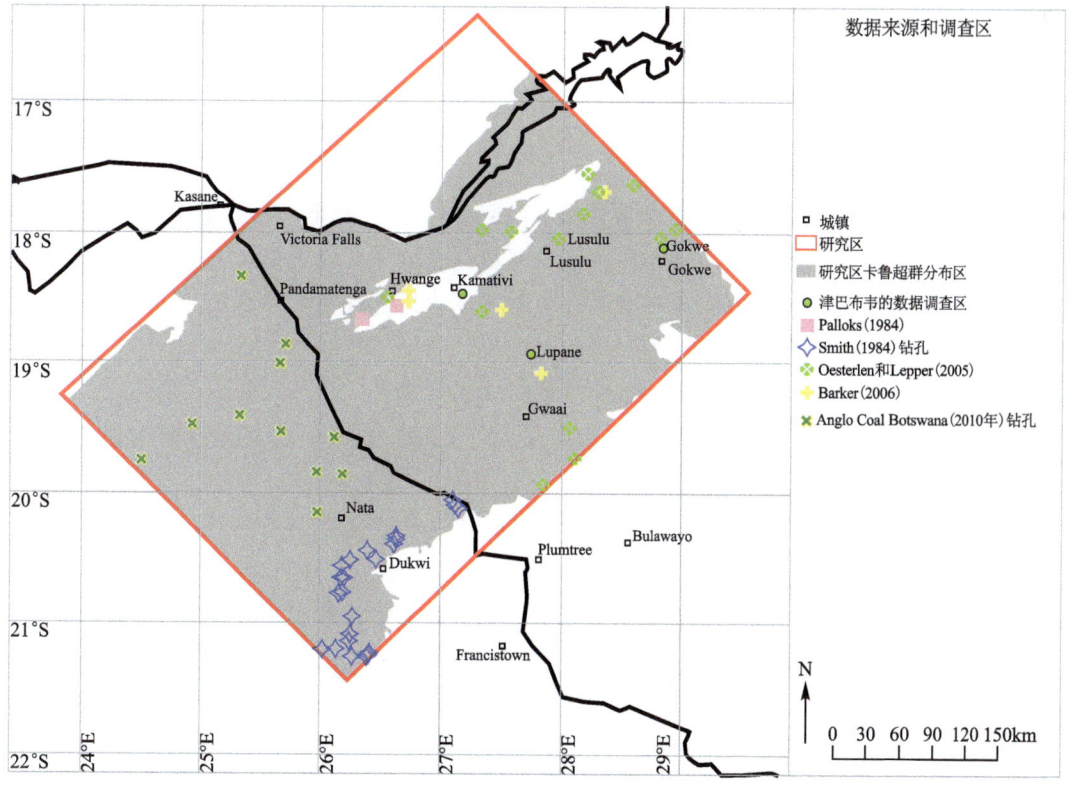

图 4-1-8　研究区用于评价的钻孔分布图(Potgieter,2017)

表 4-1-5　基于煤层质量和深度的趋势线方程计算煤层含气量(Potgieter,2017)

国家	地区	计算的含气量(scf/t)		
		极小值	极大值	平均值
津巴布韦	西部	1	363	235
津巴布韦	Entuba	1	486	221
津巴布韦	Lubu	1	180	73
津巴布韦	Sengwa 南部	1	486	198
津巴布韦	Sengwa 北部	1	145	112
津巴布韦	Lusulu	54	94	72
津巴布韦	Wankie	176	447	291
津巴布韦	Gokwe	160	182	172
津巴布韦	Lubimbi	1	93	73
津巴布韦	Busi	18	20	19
津巴布韦	Tjolotjo	27	29	28
博茨瓦纳	东北部	1	34	23

五、盆地资源潜力分析预测

综上所述,Kalahari 盆地卡鲁超群煤层薄、密度较大、含气量低,目前钻探揭示资源类型主要为煤层气,且煤层气主要集中分布在盆地东北部(图 4-1-8),笔者结合 Kalahari 盆地的实际地质情况和勘探程度,采用体积法对 Kalahari 盆地东北部的煤层气资源进行了预测。

体积法计算煤层气资源公式为

$$G_a = 0.01 \times A \times h \times \rho_c \times G_c$$

式中:G_a 为煤层气地质资源量($10^8 m^3$);A 为煤层含气面积(km^2);h 为烃源岩煤的厚度(m);ρ_c 为煤的密度(g/cm^3);G_c 为含气量(m^3/t);0.01 为单位换算系数。

本次资源量计算中,煤层厚度、煤层密度和煤层含气量数据主要参考 Potgieter(2017)对博茨瓦纳东北部和津巴布韦西部 Kalahari 盆地 250 个煤层数据的统计值。其中,煤层厚度取均值 9.58m,煤层密度取均值 1.53g/cm³,煤层含气量取均值 3.58m³/t。煤层含气区面积取值美国地质调查局评价大 Kalahari 盆地煤层气面积的 43%(Kalahari 盆地面积约等于大 Kalahari 盆地面积的 43%),即 $3.1 \times 10^4 km^2$。考虑到盆地煤层气勘探与研究水平整体较低,风险系数取值 15%,利用这些参数估算的 Kalahari 盆地煤层气风险后资源量为 $2440 \times 10^8 m^3$。

第二节 刚果盆地(Congo Basin)

一、盆地概况

刚果盆地为非洲板块中心的一个大致圆形的盆地,该盆地从北部的中非共和国延伸到南部的安哥拉,占据了刚果民主共和国、刚果人民共和国和中非共和国大部分国土面积。该盆地面积约为 $3.4 \times 10^6 \text{km}^2$,海拔为 $300 \sim 400\text{m}$,为典型的陆内克拉通盆地,是世界上最大的内陆盆地之一。该盆地的沉积厚度为 $4000 \sim 9000\text{m}$,盆地内卡鲁超群沉积物主要沉积在盆地中部和东部地区(Delvaux et al.,2015),盆地中心为新生代至现今沉积物,其他大部分地区为中生代沉积,盆地边缘有古生代和新元古代沉积物出露,盆地基底为陆核结晶变质岩(Cahen et al.,1963,1982)。

二、勘探历程及勘探现状

早在20世纪初,Cornet(1911)和Passau(1923)就在刚果盆地发现了富含有机质的岩石,揭示盆地具有潜在的油气资源。

第一阶段勘探(1952—1956年):该阶段使用地质和地球物理方法开始对刚果盆地进行勘探,开展重磁和地震测量,进行了地质实地调查,完成了600km折射地震剖面与131km反射地震剖面,并钻探了两个大约2000m深的完全取芯基准井(Samba井与Dekese井)(图4-2-1)。

第二阶段勘探(1974—1976年):埃索-德士古(Esso-Texaco)联合公司进行了2900km地震反射剖面的采集,并钻探了两口约4000m深的探井(Mbandaka-1井和Gilson-1井)(图4-2-1),这两口探井虽然没有发现石油,但提供了盆地的地层、岩石以及测井数据。

第三阶段勘探(1984年至今):日本国家石油公司(JNOC)进行了航磁、重力勘探和烃源岩研究,这次勘探集中在盆地东缘,那里有中白垩统Loia群和上侏罗统Stanleyville群的露头发育,在露头和钻井中识别出几个烃源岩地层,发现最有前景的烃源岩并不在生油窗内,但盆地深部的烃源岩可能已经生油气(Sachse et al.,2012)。自JNOC开展勘探活动以来,Oil Search/Pioneer(2007)和HRT石油公司(2008)对现有的勘探数据进行了几次回顾,以评估刚果盆地的油气资源潜力,吸引潜在投资者,促进油气勘探活动(图4-2-1)。

与此同时,2005年以来,沿Lukenie河和Tshuapa河以及Inongo湖沿岸(湖滩上的沥青块)有烃类显示(如石油渗漏)的报道。HRT石油公司(Mello,2008)对这些样品进行了取样和分析,并将其确定为由富有机质的高产烃源岩生成的黑油残留物。2011年,HRT石

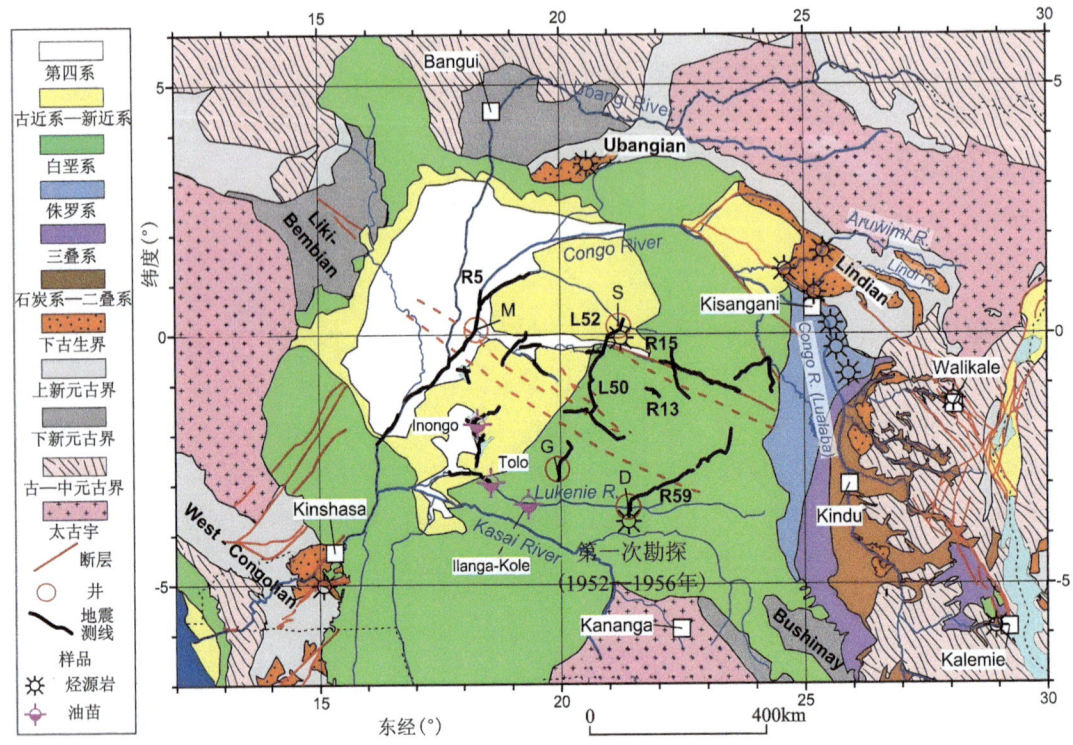

图 4-2-1 刚果盆地油气勘探示意图（据 Lepersonne，1974 修改）

油公司对 Lukenie 河 Ilanga-Kole 和 Tolo 附近的"石油"泄漏样品进行测试，最终确认这些"石油"并非天然生成，而是人为污染来源。目前，刚果盆地卡鲁超群的油气资源潜力无公开报道。

三、盆地基础地质特征

刚果盆地的卡鲁超群包括 Lukuga 群和上覆的 Haute Lueki 群（图 4-2-2），对应石炭纪—三叠纪的沉积，其露头主要分布在刚果东部，盆地西南缘位于安哥拉北部，对应地层为 Lutoe 群和 Cassange 群（Lepersonne et al.，1977；Cahen et al.，1978）。刚果盆地的沉积从山地冰川沉积开始，过渡至含煤湖相沉积，最终演变为干热气候沉积环境。

Lukuga 群为石炭纪—晚二叠世沉积，主要分布在与东非裂谷相关的断陷中，如坦噶尼喀湖边缘的 Lukuga 盆地（Fourmarier，1914）、加丹加中部 Upemba 洼地的 Luena 盆地（Cambier，1930）、刚果盆地东部边缘的"U"形冰川谷（Boutakoff，1948）及刚果盆地的 Dekesek 次盆（Cahen et al.，1960）。该套地层下部为典型的冈瓦纳冰川沉积物和泥页岩，相当于南非主卡鲁盆地的 Dwyka 群冰川沉积物，沉积时间为晚石炭世（约 320Ma）。Lukuga 群上部由后冰期的黏土岩和砂岩（Dekese 次盆），以及含煤层系（Lukuga 和 Luena 地堑）组成，与南非的 Ecca 群为同期地层（Daly et al.，1991；Catuneanu et al.，2005；Johnson et al.，2006）。

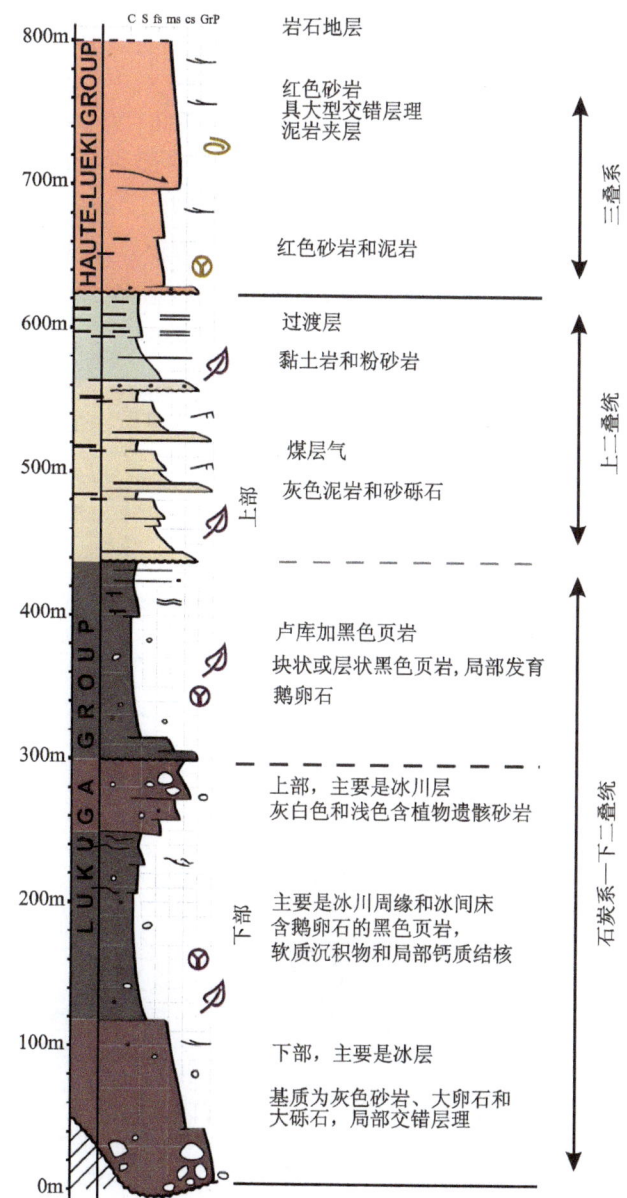

图 4-2-2 刚果盆地石炭系—三叠系岩性剖面图（据钻孔和地震资料推断）(Maarten et al.,2015)

刚果盆地东缘的 Lukuga 群厚度为 300~600m，该地层在东西向的大型古冰川山谷保存最为完整。在刚果民主共和国南部和安哥拉北部的 Kasai 和 Kwango 地区，沿着盆地的南缘，零星地发现了其他冰川遗迹 (Asselberghs et al.,1947;Lepersonne et al.,1951;Rocha-Campos et al.,1976)。刚果民主共和国东部的 Lukuga 群自下而上可以分为两个亚群，下亚群由两组冰碛岩组成，其下部和上部为冰川沉积 (Cahen and Lepersonne,1978)，中间由黑色页岩隔开，该亚群覆盖在寒武系不整合面之上，为南非主卡鲁盆地 Ecca 群的同期地层，地层总厚度为 100~300m (Fourmarier et al.,1914;Jamotte et al.,1932;Boutakoff et al.,1948)。

上亚群包括厚约 120m 的黑色页岩("Lukuga 黑色页岩"),上覆厚 20～125m 的砂岩和泥岩层,并发育有薄煤层,上部为一套厚 30～65m 的泥岩(Cahen et al.,1978),亚群顶部为一个剥蚀面,上覆为 Haute Lueki 亚群底部的一套砾岩。

Haute Lueki 群主要分布在刚果盆地东部边缘,与 Lukuga 群为不整合接触(Fourmarier et al.,1914;Lepersonne et al.,1977)。刚果民主共和国东南部的 Haute Lueki 群厚度在 50～500m 之间,在坦噶尼喀湖以西走向北北西的新生代裂谷(如 Luama)中该套地层保存最好。该套地层的野外露头描述如下:①该群下部为一套灰褐色细砂岩和粉砂岩,亦有红色泥岩,厚度达 150m;②该群上部为交错层理红砂岩,厚度在 150～300m 之间。Haute Lueki 群为南非主卡鲁盆地 Beaufort 群的同期地层(Johnson et al.,2006)。

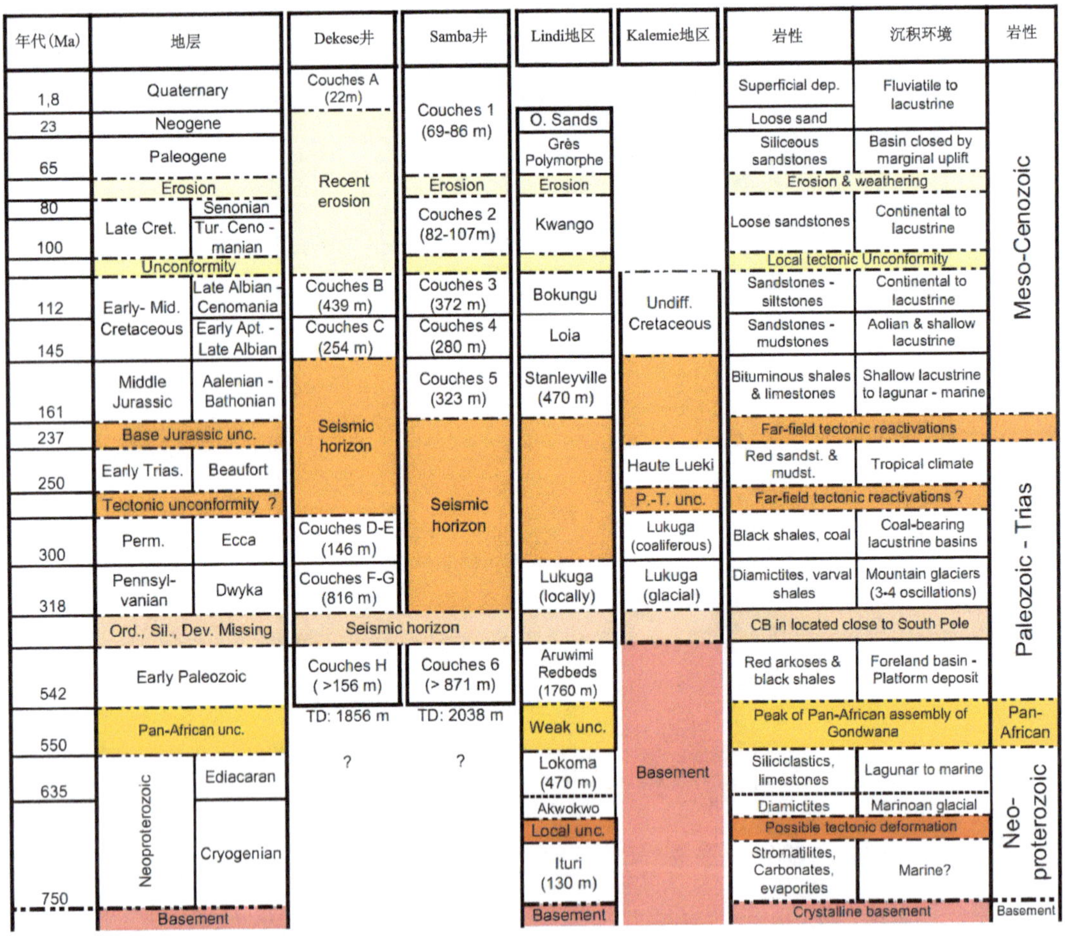

年代(Ma)	地层		Dekese井	Samba井	Lindi地区	Kalemie地区	岩性	沉积环境	岩性
1.8	Quaternary		Couches A (22m)	Couches 1 (69-86 m)	O. Sands		Superficial dep.	Fluviatile to lacustrine	Meso-Cenozoic
23	Neogene				Grès Polymorphe		Loose sand		
65	Paleogene						Siliceous sandstones	Basin closed by marginal uplift	
80	Erosion		Recent erosion	Erosion	Erosion		Erosion & weathering		
	Late Cret.	Senonian		Couches 2 (82-107m)	Kwango		Loose sandstones	Continental to lacustrine	
100		Tur. Cenomanian							
	Unconformity						Local tectonic Unconformity		
112	Early- Mid. Cretaceous	Late Albian Cenomania	Couches B (439 m)	Couches 3 (372 m)	Bokungu	Undiff. Cretaceous	Sandstones - siltstones	Continental to lacustrine	
		Early Apt. - Late Albian	Couches C (254 m)	Couches 4 (280 m)	Loia		Sandstones - mudstones	Aolian & shallow lacustrine	
145									
161	Middle Jurassic	Aalenian - Bathonian		Couches 5 (323 m)	Stanleyville (470 m)		Bituminous shales & limestones	Shallow lacustrine to lagunar - marine	
237	Base Jurassic unc.		Seismic horizon				Far-field tectonic reactivations		Paleozoic - Trias
250	Early Trias.	Beaufort				Haute Lueki	Red sandst. & mudst.	Tropical climate	
	Tectonic unconformity ?					P.-T. unc.	Far-field tectonic reactivations ?		
300	Perm.	Ecca	Couches D-E (146 m)	Seismic horizon		Lukuga (coaliferous)	Black shales, coal	Coal-bearing lacustrine basins	
318	Pennsylvanian	Dwyka	Couches F-G (816 m)		Lukuga (locally)	Lukuga (glacial)	Diamictites, varval shales	Mountain glaciers (3-4 oscillations)	
	Ord., Sil., Dev. Missing			Seismic horizon			CB in located close to South Pole		
542	Early Paleozoic		Couches H (>156 m)	Couches 6 (>871 m)	Aruwimi Redbeds (1760 m)		Red arkoses & black shales	Foreland basin - Platform deposit	
			TD: 1856 m	TD: 2038 m					
550	Pan-African unc.				Weak unc.		Peak of Pan-African assembly of Gondwana		Pan-African
	Neoproterozoic	Ediacaran	?	?	Lokoma (470 m)	Basement	Siliciclastics, limestones	Lagunar to marine	Neoproterozoic
635					Akwokwo		Diamictites	Marinoan glacial	
		Cryogenian			Local unc.		Possible tectonic deformation		
					Ituri (130 m)		Stromatilites, Carbonates, evaporites	Marine?	
750		Basement			Basement		Crystalline basement		Basement

图 4-2-3 刚果盆地地层柱状图(Delvaux,2015;Kadima et al.,2011)

刚果盆地由西至东沉积的地层厚度逐渐增大,断陷作用增强,正断层增加且控制沉积(图 4-2-4),但盆地整体的卡鲁超群中 Lukuga 上亚群并不发育,因此未对该盆地进行资源量计算。

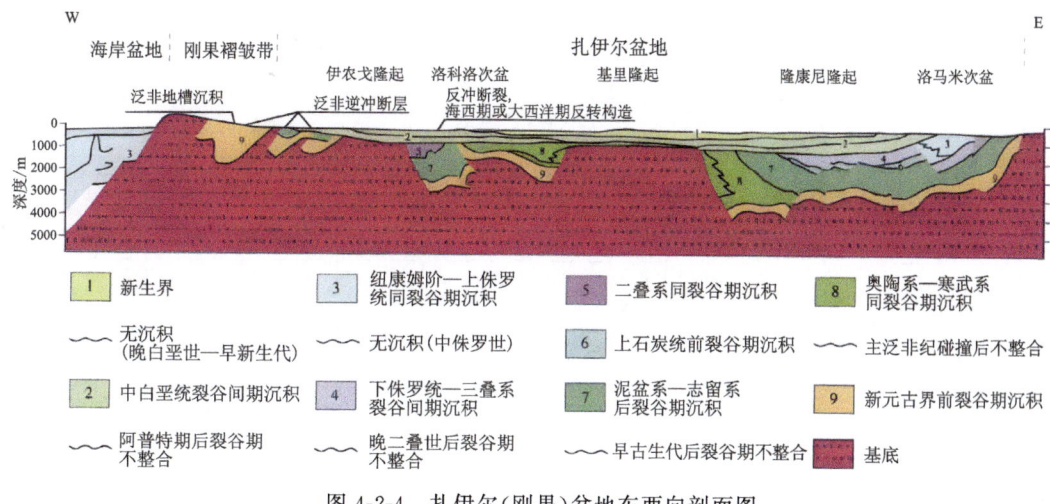

图 4-2-4 扎伊尔(刚果)盆地东西向剖面图

四、盆地油气地质条件

Delvaux 等(2021)对刚果盆地的油气潜力进行了评价,但人们对该盆地的油气系统和相关油气资源等方面仍知之甚少。

目前,在刚果盆地的卡鲁超群中发现了几套潜在烃源岩,但潜在烃源岩的横向连续性较差,与盆地规模相比,其横向分布较为局限。盆地内几套潜在烃源岩的分布地区及其展布地层如下。

(1)基桑加尼(Kisangani)北部 Aruwimi 河地区 Aruwimi 群 Alolo 组深色页岩(早—中古生代)。

(2)Dekese 井 Lukuga 群灰色页岩(晚石炭世)。

(3)Kalemie 煤田和 Upemba 煤田(晚石炭世—二叠纪)冰后煤系。

(4)Stanleyville 群在 Kisangani(Lualaba)上游沿刚果河发育的黑色页岩(中晚侏罗世)。

上述潜在烃源岩的油气潜力和成熟度是基于中非皇家博物馆(Royal Museum for Central Africa,RMCA)里刚果盆地探井的岩芯和露头样品进行分析的。JNOC 公司(1984)也对单独的露头样品进行了大量分析,主要分析了 Stanleyville 组富有机质页岩。Sachse 等(2012)对 Dekese 井和 Samba 井的大量古生代和中生代露头和岩芯样本进行了地球化学分析,并进行了总有机碳(TOC)、岩石热解和气相色谱—质谱分析。JNOC 公司的岩石热解结果见表 4-2-1。RMCA 的岩芯样品分析结果见表 4-2-2 和表 4-2-3。

Aruwimi 群 Alolo 组页岩样品的 TOC 值通常很低(平均<0.2%),并且含有大量的降解有机质,因此认为该套地层不发育烃源岩。Yambuya 剖面样品 TOC 值略高(平均 0.58%),但只有很少的样品能够进行岩石热解实验分析,这些样品在热解过程中释放出的烃类都很少,但释放出大量的 CO_2,总体呈现非常低的 HI 值和高 OI 值。该烃源岩为 II_2/III 型干酪根,不能被视为潜在烃源岩。2011 年 CoMiCo-RMCA 在野外调查期间采集的 Alolo 组页岩样品 TOC 含量极低(0.08%)。

表 4-2-1 刚果盆地岩芯样品的 TOC 和岩石热解参数表(JNOC 公司,1988)

JNOC 样品名	地区	群	岩性	Corg (%)	S_1 (mg/g)	S_2 (mg/g)	S_3 (mg/g)	HI(mg/g Corg)	OI(mg/g Corg)	T_{max} (℃)	V_r (%)
KS-26	Kisangani	Stanleyville	油页岩	10.1	0.54	108.1	2	1.067	20	435	
KS-28	Kisangani			12	0.84	125.4	2.24	1.043	19	432	
KS-32	Kisangani			5.55	0.1	58.4	1.77	1.052	32	433	
KS-33	Kisangani			5.02	0.22	59.4	1.1	1.183	22	435	
KS-34	Kisangani			6.21	0.21	72	1.24	1.159	20	437	
KS-35	Kisangani			0.92	0.03	3.97	0.52	432	57	429	
KS-36	Kisangani			1.24	0.06	6.43	0.71	519	57	430	
KS-38	Kisangani			9.23	0.2	118.7	1.48	1.286	16	439	
KS-45	Kisangani			15.5	2.58	172	3.16	1.112	20	422	
KS-46	Kisangani			16.2	1	169	3.44	1.041	21	435	
KS-47	Kisangani			17.6	0.94	169.3	2.18	960	12	437	
KS-48	Kisangani			1.63	0.13	5.59	1.38	343	85	434	0.85
KS-52	Kisangani			9.61	0.22	108.4	2.66	1.128	28	438	
KS-81	Kisangani			5.48	0.51	45.04	2.11	822	39	427	0.69
KS-82	Kisangani			2.8	0.21	25.06	0.98	895	35	429	
KS-83	Kisangani			1.24	0.03	5.45	0.4	440	32	433	
KS-84	Kisangani			8.23	1.82	98.24	1.51	1.194	18	432	
KS-18	Kisangani	Stanleyville	灰岩、钙质页岩	0.38	0.03	0.65	0.21	171	55	423	
KS-23	Kisangani			1.57	0.05	5.41	0.37	345	24	425	
KS-24	Kisangani			2.05	0.07	12.65	0.49	617	24	427	
KS-50	Kisangani			0.56	0.07	0.9	0.74	161	132	429	
KS-53	Kisangani			6.74	0.16	62.68	1.94	930	29	427	
KS-71	Kisangani			3.26	0.12	32.06	0.97	983	30	425	
KS-21	Kisangani	Stanleyville	泥岩	0.71	0.11	2.45	0.44	345	62	426	
KS-31	Kisangani			0.49	0.02	0.52	0.31	106	63	425	
KS-41	Kisangani			0.44	0.01	0.65	0.34	148	77	432	
KS-72	Kisangani			0.72	0.03	1.75	0.68	243	94	425	
KS-77	Kisangani	Lukuga	黑色纹层页岩	0.95	0.03	0.11	0.57	12	60	411	0.8
KS-78	Kisangani			1.02	0.03	0.14	0.43	14	42	453	0.5
KS-79	Kisangani			0.82	0.01	0.3	0.37	37	45	437	0.64
KS-87	Kisangani			1.42	0.01	0.16	1.18	11	83	434	0.48
KS-88	Kisangani			1.46	0.03	2.31	0.36	158	25	436	0.47
KS-104	Kindu	Lukuga	黑色页岩	0.61	0.01	0.24	0.41	39	67	435	
KS-105	Kindu			0.88	0.02	0.04	0.8	5	91	443	0.75

注:Corg.总有机碳;V_r.镜质体反射率。

表 4-2-2　RMCA 样品的 TOC 和岩石热解参数 (Delvaux et al., 2015)

RWTH 样品名	MRAC RG Nr	位置	群	层位	描述	经度 (°)	纬度 (°)	深度 (m)	Corg (%)	CaCO$_3$ (%)	S$_1$ (mg/g)	S$_2$ (mg/g)	S$_3$ (mg/g)	HI(mg/g Corg)	OI(mg/g Corg)	T$_{max}$ (°C)	V$_r$ (%)
1234	36991		Loia	C	绿色页岩	21.385	-3.455	703.0	0.09	1.15							
304	36997				绿色页岩	21.385	-3.455	707.8	0.08	2.47							
305	37001			D	棕色页岩	21.385	-3.455	712.0	0.16	52.59							
306	37002				棕色页岩	21.385	-3.455	723.0	0.11	7.50							
307	37005				棕色页岩	21.385	-3.455	726.0	0.13	5.87							
308	37006				棕色页岩	21.385	-3.455	732.0	0.07	6.16							
140	37064-66	Dekese 井	Lukuga	F	黑色纹层页岩	21.385	-3.455	924.6	0.47	0.74							0.97
141	37064-66				黑色纹层页岩	21.385	-3.455	924.9	0.46	0.94							0.95
151	37067				黑色纹层页岩	21.385	-3.455	942.2	0.46	1.00							0.93
152	37067				黑色纹层页岩	21.385	-3.455	942.9	0.53	1.07	0.03	0.10	0.82	19	154	417	0.94
153	37067				黑色纹层页岩	21.385	-3.455	943.4	0.44	1.06							0.92
154	37067				黑色纹层页岩	21.385	-3.455	944.4	0.50	1.29							0.97
1235	37074				黑色纹层页岩	21.385	-3.455	993.5	0.49	0.92	0.04	0.15	0.76	31	156	422	0.84
1237	37076				黑色纹层页岩	21.385	-3.455	1 019.7	0.68	1.86	0.09	0.45	1.11	66	162	427	0.77
142	37079				黑色纹层页岩	21.385	-3.455	1 049.2	0.95	0.41	0.05	0.34	0.68	36	72	420	0.96
143	37079				黑色纹层页岩	21.385	-3.455	1 050.2	0.47	0.67							0.97
144	37079				黑色纹层页岩	21.385	-3.455	1 050.5	0.42	0.78							0.99
145	37079				黑色纹层页岩	21.385	-3.455	1 050.9	0.51	0.75	0.05	0.06	0.65	11	128	422	0.94
146	37079				黑色纹层页岩	21.385	-3.455	1 051.2	0.44	0.71							0.95
155	37081-3				黑色纹层页岩	21.385	-3.455	1 067.9	2.30	1.02	0.08	2.27	0.70	99	30	431	0.97

续表 4-2-2

RWTH 样品名	MRAC RG Nr	位置	群	层位	描述	经度 (°)	纬度 (°)	深度 (m)	Corg (%)	CaCO$_3$ (%)	S$_1$ (mg/g)	S$_2$ (mg/g)	S$_3$ (mg/g)	HI(mg/g Corg)	OI(mg/g Corg)	T$_{max}$ (°C)	V$_r$ (%)
147	37023-81	Dekese 井	Lukuga	F	黑色页岩	21.385	-3.455	1 068.0	2.40	0.41	0.07	2.48	0.81	103	34	431	0.96
148	37081-83				黑色页岩	21.385	-3.455	1 068.2	1.83	0.42	0.05	0.65	0.92	36	50	425	0.95
156	37081-83				黑色页岩	21.385	-3.455	1 068.7	0.43	0.15							1.03
157	37081-83				黑色页岩	21.385	-3.455	1 069.0	0.37	0.15							
149	37081-83				黑色页岩	21.385	-3.455	1 069.5	0.63	0.27	0.05	0.08	0.50	13	80	364	0.99
158	37084				黑色纹层页岩	21.385	-3.455	1 095.3	0.64	1.07	0.05	0.18	0.50	27	77	420	1.00
159	37084				黑色纹层页岩	21.305	-3.455	1 096.0	0.61	0.58							0.98
160	37084				黑色纹层页岩	21.385	-3.455	1 098.0	0.73	1.02	0.04	0.24	0.16	33	22	421	0.93
150	37081-83				黑色纹层页岩	21.385	-3.455	1 099.3	0.72	1.18	0.07	0.26	0.43	36	60	420	0.94
161	37085				黑色纹层页岩	21.385	-3.455	1 134.2	0.97	8.52	0.06	0.32	0.67	32	69	424	0.94
162	37085				黑色纹层页岩	21.385	-3.455	1 136.7	0.95	0.75	0.05	0.38	0.95	39	99	423	0.89
163	37085				黑色纹层页岩	21.385	-3.455	1 136.8	0.70	1.27	0.07	0.20	0.71	29	101	421	1.06
164	37085				黑色纹层页岩	21.385	-3.455	1 138.9	0.97	0.97	0.07	0.40	0.78	41	80	421	0.96
1233	37126				黑色纹层页岩	21.385	-3.455	1 189.9	0.56	0.90	0.04	0.21	0.48	38	86	422	
1238	37127				黑色纹层页岩	21.385	-3.455	1 189.9	0.55	1.12	0.04	0.22	0.55	40	100	420	0.91
1236	37195				灰色纹层页岩	21.385	-3.455	1 259.8	0.62	1.27	0.08	0.29	0.40	47	65	428	
1228	37195				灰色纹层页岩	21.385	-3.455	1 261.0	0.58	0.98	0.06	0.29		50		427	1.19
1232	37200				冰碛岩	21.385	-3.455	1 312.3	0.15	2.90							1.22
1231	37202				冰碛岩	21.385	-3.455	1 340.4	0.15	2.43							1.06
1230	37204				冰碛岩	21.385	-3.455	1 379.1	0.14	3.48							
1225	37205				黑色纹层页岩	21.385	-3.455	1 459.0	0.42	0.74	0.04	0.15	0.78	36	188	427	1.05

续表 4-2-2

RWTH 样品名	MRAC RG Nr	位置	群	层位	描述	经度 (°)	纬度 (°)	深度 (m)	Corg (%)	CaCO₃ (%)	S_1 (mg/g)	S_2 (mg/g)	S_3 (mg/g)	HI(mg/g Corg)	OI(mg/g Corg)	T_{max} (℃)	V_r (%)
1224	37234	Dekese 井	Lukuga	F	黑色纹层页岩	21.385	−3.455	1 459.7	0.37	1.66							
1227	37255				黑色页岩	21.385	−3.455	1 501.5	0.51	0.47	0.08	0.21	1.20	41	235	409	1.11
165	37263-4				黑色页岩	21.385	−3.455	1 530.0	0.43	0.57							1.09
166	37263-4				黑色页岩	21.385	−3.455	1 530.8	0.30	0.18							
167	37263-4				黑色页岩	21.385	−3.455	531.4	0.36	0.25							1.13
168	37263-4				黑色页岩	21.385	−3.455	532.2	0.45	0.21							
169	37263-4				黑色页岩	21.385	−3.455	1 532.5	0.42	0.47							1.17
170	37263-4				黑色页岩	21.385	−3.455	533.2	0.39	0.42							
171	37263-4				黑色页岩	21.385	−3.455	1 533.5	0.41	1.02							1.19
1226	37268				冰碛岩	21.385	−3.455	1 549.0	0.11	4.54							
1229	37310			G	冰碛岩	21.385	−3.455	1 661.5	0.06	2.94							
299	34505	Samba 井	Loia	4	灰色页岩	21.202	0.165	567.8	0.38	10.51							
300	35448				灰色页岩	21.202	0.165	632.8	0.15	8.56							
301	35457				沥青质页岩	21.202	0.165	654.0	19.38	3.00	3.18	159.20	161.90	821	36	447	
292	35464				灰色页岩	21.202	0.165	665.2	11.01	17.41	1.98	79.04	3.96	718	128	431	
293	35466				灰色页岩	21.202	0.165	676.2	1.23	5.10	0.36	6.19	1.57	505	59	429	
302	34477				含砂质页岩	21.202	0.165	706.4	1.24	0.30	0.08	8.21	0.73	663	27	433	
1202	35495				沥青质页岩	21.202	0.165	734.9	2.91	3.82	1.31	31.89	0.80	922	103	430	
1203	35495				沥青质页岩	21.202	0.165	734.9	4.51	9.73	2.01	41.55	4.66	824	31	429	
1201	35495				沥青质页岩	21.202	0.165	734.9	8.78	8.71	2.58	72.41	2.68	964	39	433	
1205	35495				沥青质页岩	21.202	0.165	739.7	3.95	12.70	1.59	38.12	1.55			432	

续表 4-2-2

RWTH样品名	MRAC RG Nr	位置	群	层位	描述	经度(°)	纬度(°)	深度(m)	Corg(%)	CaCO₃(%)	S₁(mg/g)	S₂(mg/g)	S₃(mg/g)	HI(mg/g Corg)	OI(mg/g Corg)	T max(°C)	Vr(%)
1204	35495	Samba井	Loia	4	沥青质页岩	21.202	0.165	739.8	4.67	2.45	2.33	40.79	2.18	874	47	425	
303	35502				沥青质页岩	21.202	0.165	757.0	3.89	6.34	1.24	35.66	2.63	917	68	430	
294	35506				沥青质页岩	21.202	0.165	763.5	1.05	25.96	0.24	6.62	0.86	629	82	432	
295	35514				沥青质页岩	21.202	0.165	781.0	5.85	12.55	2.28	54.81	1.29	936	22	437	
296	35542				含砂钙质页岩	21.202	0.165	825.3	1.60	20.03	0.26	14.31	0.95	893	59	436	
1197	35619	Samba井	Stanley-ville	5	灰色页岩	21.202	0.165	1 008.6	0.54	17.52							
1198	35619				灰色页岩	21.202	0.165	1 008.7	0.20	16.46							
1199	35619				灰色页岩	21.202	0.165	1 008.8	0.14	21.07							
1200	35619				灰色页岩	21.202	0.165	1 009.4	1.50	0.95							
297	35625				砂岩	21.202	0.165	1 031.5	0.13	7.58							
298					含砂的棕色页岩				0.09	15.10							
180	45196		Aruwimi	Alolo	棕色页岩	25.398	1.727		0.04	0.46							0.74
181	45194				灰色页岩	25.398	1.727		0.09	49.26							1.12
179	45201				灰色页岩	25.392	1.722		0.05	0.50							
178	45202	Aruwimi河			灰色页岩	25.387	1.717		0.18	1.00							1.44
177	45205	Malili-Banalia剖面			棕色页岩	25.372	1.672		0.18	13.82							
176	45206				钙质页岩	25.381	1.626		0.07	0.53							
175	45215				钙质页岩	25.370	1.607		0.26	24.71				140	89	425	
174	45217				灰色页岩	25.369	1.605		0.18	1.55							
173	45219				灰色页岩	25.367	1.602		0.17	28.03							1.05
172	45221				棕色页岩	25.358	1.595		0.13	26.35							

续表 4-2-2

RWTH 样品名	MRAC RG Nr	位置	群	层位	描述	经度 (°)	纬度 (°)	深度 (m)	Corg (%)	CaCO$_3$ (%)	S$_1$ (mg/g)	S$_2$ (mg/g)	S$_3$ (mg/g)	HI(mg/g Corg)	OI(mg/g Corg)	T$_{max}$ (℃)	V$_r$ (%)
1243	45577				黑色页岩				0.89	0.91	0.09	0.83		93		439	
1242	4560				黑色页岩				1.39	0.93	0.08	0.02					
1241	45552				黑色钙质岩	24.515	1.266		0.29	68.43							
1247	45547				黑色石灰岩	24.515	1.266		0.36	76.95							
1240	45545				黑色石灰岩	24.515	1.266		0.45	76.71	0.13	0.21	0.00	46	113	442	
1240	45545	Armwimi 河 Yanbuya 剖面	Aruwimi	Alolo	黑色石灰岩	24.515	1.266		0.45	76.71	0.14	0.17	0.51	38	16	450	
309	45576				黑色页岩	24.515	1.266		1.83	0.92	0.12	0.03	0.30	2		416	
1248	45581				黑色石灰岩	24.515	1.266		037	63.63							
1249	45582				黑色石灰岩	24.515	1.266		0.30	92.74							
1245	45584				黑色石灰岩	24.515	1.266		0.40	72.88	0.11	0.07	1.06	17	264	430	
1245	45584				黑色石灰岩	24.515	1.266		0.40	72.88	0.10	0.06	0.81	15	201		
1246	45585				黑色石灰岩	24.515	1.266		1.11	0.88	0.01	0.02	3.08	2	277		
310	45595				黑色石灰岩	24.524	1.263		0.19	81.45							
311	45598				黑色石灰岩	24.524	1.263		0.28	66.2							
312	45601				黑色石灰岩	24.524	1.263		0.24	79.48							
313	45602				黑色石灰岩	24.524	1.263		0.18	73.02							
1244	45604				黑色钙质页岩	24.524	1.263		0.25	60.99							
1239	45607				黑色页岩	24.524	1.263		1.08	0.77	0.06	0.01	0.85	1	78		
1250	45627	Pont de laLind	Aruwimi	Alolo	灰色钙质页岩	25.207	0.803		0.22	41.94							
1251	45624				灰色钙质页岩	25.212	0.811		0.12	53.50							
1252	45622				灰色钙质页岩	25.218	0.815		0.27	17.98							
1253	45620				灰色钙质页岩	25.222	0.820		0.09	24.91							

续表 4-2-2

RWTH样品名	MRAC RG Nr	位置	群	层位	描述	经度(°)	纬度(°)	深度(m)	Corg(%)	$CaCO_3$(%)	S_1(mg/g)	S_2(mg/g)	S_3(mg/g)	HI(mg/g Corg)	OI(mg/g Corg)	T_{max}(℃)	V_r(%)
182	45065	Aruwimi河Bombwa地区	Lokoma	Mmung	棕色钙质页岩	25.715	1.878		0.06	20.47							
183	45067				棕色钙质页岩	25.720	1.876		0.13	26.37							
184	45071				棕色钙质页岩	25.709	1.887		0.07	1.50							
188	45073				棕色钙质页岩	25.708	1.895		0.06	0.71							
187	45075				灰色钙质页岩	25.709	1.907		0.07	0.71							0.88
189	45084				棕色钙质页岩	25.695	1.891		0.06	21.00							
185	45085				棕色钙质页岩	25.688	1.894		0.08	18.21							
186	45086				灰色钙质页岩	25.688	1.894		0.08	30.77							
1261	10669	Ubangai地区	Ioloma	Mamng	灰绿色页岩		3.684		0.20	30.12							
1255	10731				灰绿色石灰岩	20.786	3.684		0.11	27.92							
1259	10732				灰绿色石灰岩	20.786	3684		0.19	18.33							
1260	1260				页岩				0.04	−0.18							
1257	22788				灰色页岩	22.795	3.673		0.06	0.15							
1258	22883				灰色页岩	21.670	4.161		0.05	0.12							
1262	22884				灰色页岩	21.670	4.161		0.14	2.13							
1256	22903				灰色钙质页岩	22.795	3673		0.12	19.86							
1254	22904				灰色钙质页岩	22.536	3.677		0.05	30.61							
190	2294	Ituri河	Itur	Lenda	硅质灰岩、方解石	28.028	1324		0.16	98.50							
191	2272				硅质灰岩	28.028	1.324		0.15	87.00							
192	2274				灰黑色灰岩	28.028	1.324		0.06	81.64							
193	2293				白云质灰岩	28.028	1.324		0.08	0.10							
194	2287				黑色灰岩	28.028	1.324		0.12	46.98							
195	2303				灰色白云质灰岩	28.028	1.324		0.11	88.91							

续表 4-2-2

RWTH 样品名	MRAC RG Nr	位置	群	层位	描述	经度 (°)	纬度 (°)	深度 (m)	Corg (%)	CaCO$_3$ (%)	S$_1$ (mg/g)	S$_2$ (mg/g)	S$_3$ (mg/g)	HI(mg/g Corg)	OI(mg/g Corg)	T$_{max}$ (℃)	V$_r$ (%)
1263	119702				块状灰色页岩	28.050	-1.372		0.43	1.53	0.04	0.17	0.47	40	111	446	
1269	119703				纹层状砂质页岩	28.050	-1.372		0.54	1.15	0.04	0.20	1.39	37	258	442	1.04
1270	119705			W3	纹层状砂质页岩	28.050	-1.372		0.41	0.87	0.02	0.08	1.08	20	265	449	
1271	119706	Walikale	Lukoga	(Dwyka 组上段)	灰色页岩	28.050	-1.372		0.61	1.47	0.05	0.29	1.26	48	208	436	0.70
1268	119709				纹层状砂质页岩	28.050	-1.372		0.21	0.63							
1264	119715				纹层状砂质页岩	27.877	-1.400		0.65	1.66	0.04	0.34	0.24	52	37	436	1.02
1267	119727				纹层状砂质页岩	28.020	-1.210		132	2.04	0.09	1.19	0.67	90	51	438	1.01
1265	119729				纹层状砂质页岩	27.877	-1.400		0.92	2.17	0.08	0.74	0.00	80	0	439	
1266	119732				纹层状砂质页岩	27.877	-1.400		0.30	1.21							
314	92331				煤	29.000	-5.830		47.65	3.17	2.60	97.40	18.10	204	38	426	0.47
315	92316				细粒石灰岩	25.595	-0.200		2.66	85.36	0.80	21.61	76.76	811		434	0.41
316	92342	Kaleme	Lukug4	煤	细粒石灰岩	25.604	-0.054		4.68	64.82	1.46	36.79	8544	786		428	0.47
317	92343	Lualaba	Sunley		沥青质页岩	25.750	0.270		13.15	20.33	6.27	123.90	2.80	942	21	426	0.55
318	92353		Ville		沥青质页岩	26.248	0.833		8.49	39.96	3.98	87.30	15.20	1028	179	435	0.50
319	92380				沥青质页岩	25.550	0.110		25.43	7.08	5.90	246.40	6.50	969	26	438	0.55
320	92393				沥青质页岩	25.730	0.630		10.56	29.99	6.94	96.57	3.84	914	36	424	0.55
KPO1		Kipah	Kwango	Inzia	黑色页岩				9.11		1.93	68.02	2.82	747	31	438	
KP02			Kwango	Inzia	黑色页岩				8.21		1.65	61.56	2.30	750	28	439	
1165	DR009.WP048	Bas-Conga	Schisto-Calcaire	Bargu	黑色云质灰岩	15.123	-5.068		0.08								

注: Kipala 样本的两项分析数据来自 Kadima(2007)。

表 4-2-3　JNOC、RMCA 及 Kadima 样品有机质分析数据表

地区	群组	地层	样品深度 (m)/出处	nCorg	nRE	nV_r	Corg (%)	CaCO$_3$	T_{max} (℃)	HI (mg/g Corg)	OI (mg/g Corg)	V_r (%)	类型	成熟度
Kipala	Kwango	Inzia	露头	2			8.66		438.5	749	30		I	低成熟
Dekese	Loia	Couches C	703～708	2			0.08	1.81					不发育	未成熟
Samba	Loia	Couches 4	568～825	22	13		3.52	13.01	432.6	806	58		I	未成熟
Kananga	Loia	Red beds	JNOC	31	1		0.15						不发育	
Samba	Stville	Couches 5	1008～1031	8			0.43	13.11					不发育	
Kisangani	Stville	Grey shales	露头	6	6	5	10.8	41.25	430.8	909	66		I	未成熟
Kisangani	Stville	Grey shales	JNOC	17	17	1	7.57		432.8	922	31	0.77	I	低成熟
Kisangani	Stville	Limestone	JNOC	13	6		1.23		426.0	535	49		II	未成熟
Kisangani	Stville	Mudstones	JNOC	38	8		0.24		426.1	112	83		III	未成熟
Kisangani	Stville	Sandstone	JNOC	6			0.24						不发育	
Lubutu?	Lukuga	Varyal clay	JNOC	7	6		1.01		433.3	39	46	0.58	III	过渡区
Kindu	Lukuga	Varval clay	JNOC	2	2		0.75		439.0	22	79	0.75	II	过渡区
Walikale	Lukuga	Varval clay	露头	10	7	4	0.55	10.99	440.9	52	155	0.94	II	生油区
Kalemie	Lukuga	Coal seam	露头	1	1		47.7	3.17	426.0	204	38		III	低成熟
Dekese	Lukuga	Couches D	712～732	4			0.11	18.03					不发育	
Dekese	Lukuga	Couches F	924～1052	16	5	13	0.54	0.94	421.4	32	134	0.93	III	生油区
Dekese	Lukuga	Couches F	1060～1100	11	7	8	1.04	0.63	416.0	50	50	0.98	III	生油区
Dekese	Lukuga	Couches F	1130～1261	9	8	7	0.69	1.99	423.0	40	86	0.98	II	生油区

续表 4-2-3

地区	群组	地层	样品深度(m)/出处	nCorg	nRE	nV_r	Corg(%)	CaCO$_3$	T_{max}(℃)	HI(mg/g Corg)	OI(mg/g Corg)	V_r(%)	类型	成熟度
Dekese	Lukuga	Couches F	1310~1530	8	2	5	0.33	1.59	418.0	39	211	1.11	Ⅲ	生气区
Dekese	Lukuga	Couches F	1530~1550	9		3	0.36	0.96				1.14	Ⅲ	生气区
Malili-Ban.	Aruwimi	Alolo	露头	10			0.13	14.62					不发育	
Yambuya	Aruwimi	Alolo	露头	24	12		0.58	53.70	435.4	27	158		残余	
Lindi bridge	Aruwimi	Alolo	露头	4			0.18	34.58					不发育	
Bombwa	Lokoma	Mamungi	露头	8			0.08	14.97					不发育	
Ubangi	Lokoma	Mamungi	露头	9			0.11	14.34					不发育	
Ituri	Ituri	Lenda	露头	6			0.11	67.19					不发育	
West-Congo	Schisto-Calcaire	Bangu	露头	1			0.08						不发育	

注：nCorg、nRE、nV_r代表 TOC 样品数量、岩石热解样品数量、镜质体反射率样品数量。

Lukuga 群二叠系—石炭系沉积物(Dekese 井和露头样品)的 TOC 含量中等(<2.4%),具有 II_2/III 型贫氢干酪根,生烃潜力低。该套烃源岩可能生成了少量天然气,但没有生成石油。Samba 井侏罗纪(Stanleyville 群)和中白垩世(Loia 群)样品,以及刚果盆地东北部露头样品 TOC 高达 25%。Stanleyville 群样品烃源岩为 I 型干酪根;上覆 Loia 群发育 I 型与 II 型干酪根。烃源岩母质可能为缺氧环境中的湖相藻类,并含有少量陆源 III 型有机质(Sachse et al.,2012)。

综上所述,地球化学数据显示 Stanleyville 群是该区最有潜力的烃源岩层,该套烃源岩不同样品的有机质丰度不同,沉积环境也不相同。Samba 井 Stanleyville 群岩性为红色粉砂岩和砂岩,其有机质丰度极低(0.43%),最富有机质的是棕灰色页岩,被称为沥青页岩(Passau et al.,1923),发现于刚果河(Lualaba)的 Kisangani Ubundu 部分露头和钻孔中,RMCA 和 JNOC 样品具有超高的 HI(900~1000mg/g)和中—低的 OI(30~70mg/g)。灰岩含氢量较低(1%~2%),但氢指数较高(500~600mg/g)。范氏图表明 Stanleyville 群样品的干酪根类型为 I 型(藻类)到 III 型(高等植物来源)(图 4-2-5)。

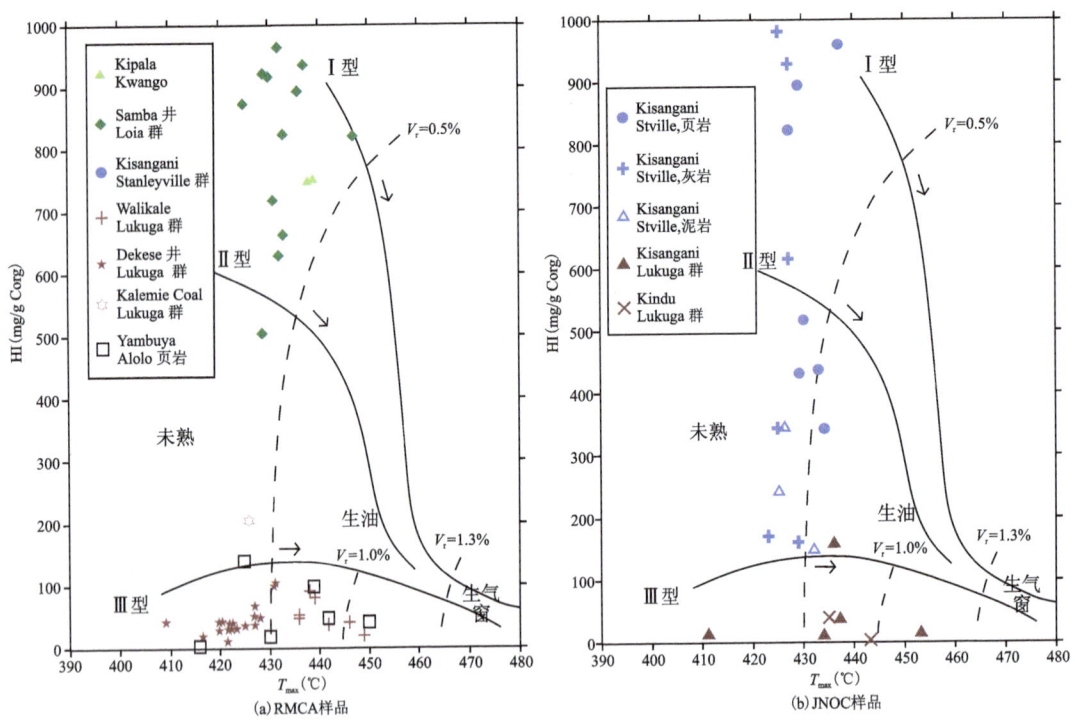

图 4-2-5　干酪根类型范氏图(Espitalie et al.,1977)

图 4-2-5 显示,RMCA 收集的所有来自 Stanleyville 群、Loia 群以及 Kipala 页岩的样品均位于未成熟区。虽然一些样品的 T_{max} 值介于 430~440℃之间,但由于具有较高的 HI 值,仍处于未成熟阶段。只有 JNOC 公司收集的少数 Stanleyville 群样品的 HI 值小于 450,且接近生油窗附近。RMCA 与 JNOC 公司收集的古生代 Lukuga 群及 Alolo 组页岩样品的 T_{max} 值在 410~455℃之间,具有更高的成熟度,大部分样品位于生油窗内,个别样品达到生气阶段。

总体而言,目前没有迹象表明刚果盆地存在任何活跃的油气系统,但由于目前对这一大型盆地的了解仍然非常有限,因此未来的勘探工作还有很大空间,需要开展更多新的现代地球物理和地质工作,以提高对这一广大地区的基本认识,这应该成为未来油气勘探调查的基础。目前对刚果盆地的地质演化和盆地结构还缺乏足够了解,无法预测是否存在可开采的油气藏。

第五章 卡鲁裂谷盆地

第一节 卢安瓜盆地(Luangwa Basin)

一、盆地概况

Luangwa(卢安瓜)盆地位于非洲赞比亚东北部,主要沿卢安瓜河流域分布。卢安瓜河是赞比亚境内第4长河,河流呈北东-南西流向,在赞比亚南部与赞比西河交汇(图5-1-1)。卢安瓜河河谷长约600km,平均宽度约80km。河谷之下是典型的非洲裂谷盆地,即卢安瓜盆地。盆地面积约39 000km^2,含有卡鲁超群碎屑沉积物,这些沉积物的年龄大致为二叠纪—三叠纪。

二、勘探历程及勘探现状

20世纪八九十年代,普莱西德(Placid)公司和美孚(Mobil)公司对Luangwa盆地的油气资源进行了勘探。在此期间,两家公司共获得了近3000km的地震和重力数据,地震测线如图5-1-2所示,地震测线平均线间距为20km。普莱西德公司还在盆地内钻探了两口探井,但都是干井(图5-1-2)。Luangwa-1井于1987年在盆地中心钻

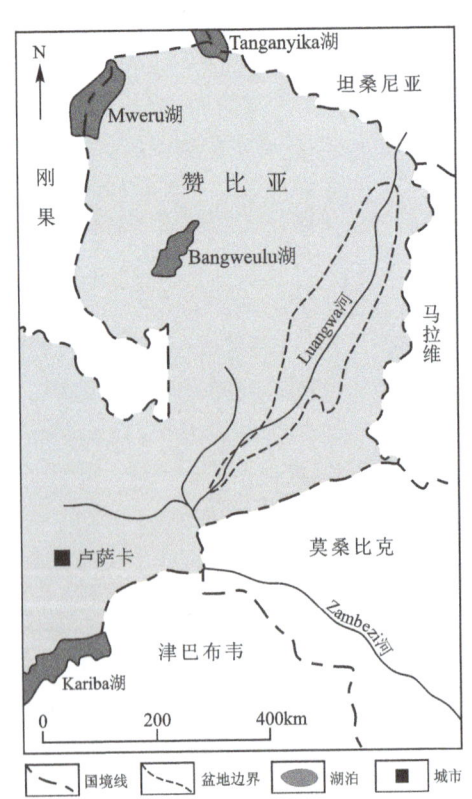

图5-1-1 Luangwa盆地地理位置略图(Banks et al.,1995)

探,深度为2710m;Chama-1 井于1988年在靠近盆地东部断陷边缘钻探,深度达3270m,两口勘探井均未打到卡鲁超群底部,最深的钻探止于 Madumabisa 组上部(上 Ecca 群同期地层)。

图 5-1-2　Luangwa 盆地地震测线及钻井位置(Banks et al.,1995)

三、盆地基础地质特征

(一)构造背景

从构造上看,Luangwa 盆地由两个不重叠的相对半地堑组成,中间有一个转换带位于两个半地堑之间的构造高部位(Morley et al.,1990)。其中,北部半地堑称为北次盆,南部半地堑称为南次盆,南北两个次盆在构造和沉积演化上具有非常相似的特征(图 5-1-3、图 5-1-4)。

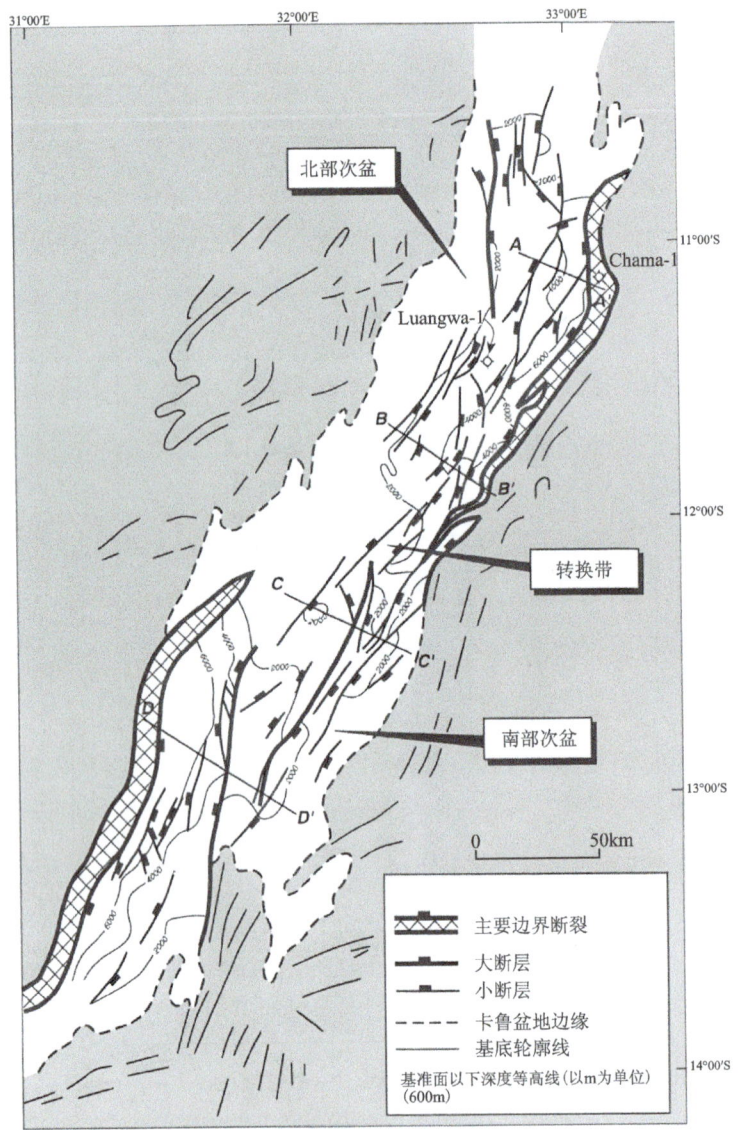

图 5-1-3　Luangwa 盆地下伏基底构造等高线图(Banks et al.,1995)

北部次盆主要边界断裂向西倾,北部边界断裂所在的东侧盆缘由一系列东倾断层组成,使得盆地基底向东逐渐变浅。这个区域相当于 Rosendahl 分类中挠曲和断层的肩部(Rosendahl,1987)。在南次盆中,情况相反,地堑缓坡带位于东侧,而主要断层位于西侧。

(二)地层发育情况

Luangwa 盆地地层柱状图如图 5-1-5 所示。由于侧向的相变和同沉积伸展断裂作用,地层厚度在横向上变化较大,现今保存厚度从沉积中心的 7000m 到盆地边缘的 0m 不等。图 5-1-6(a)显示了 Luangwa 盆地地震剖面,可分为 3 个段,即下卡鲁段、上卡鲁段和后卡鲁段。

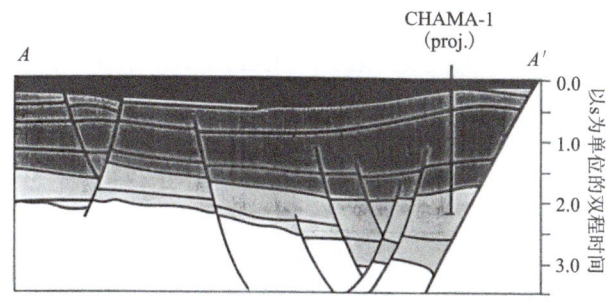

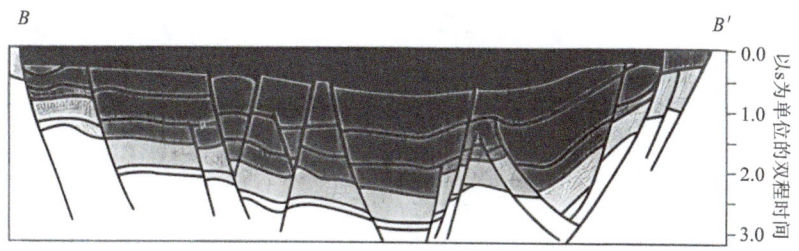

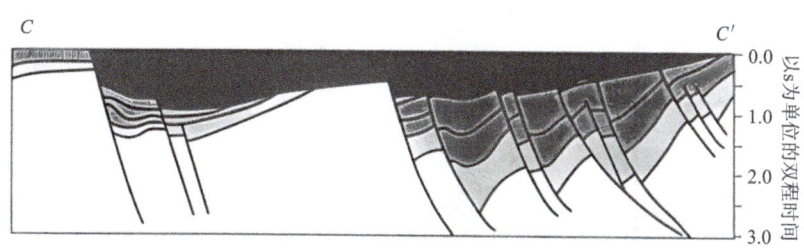

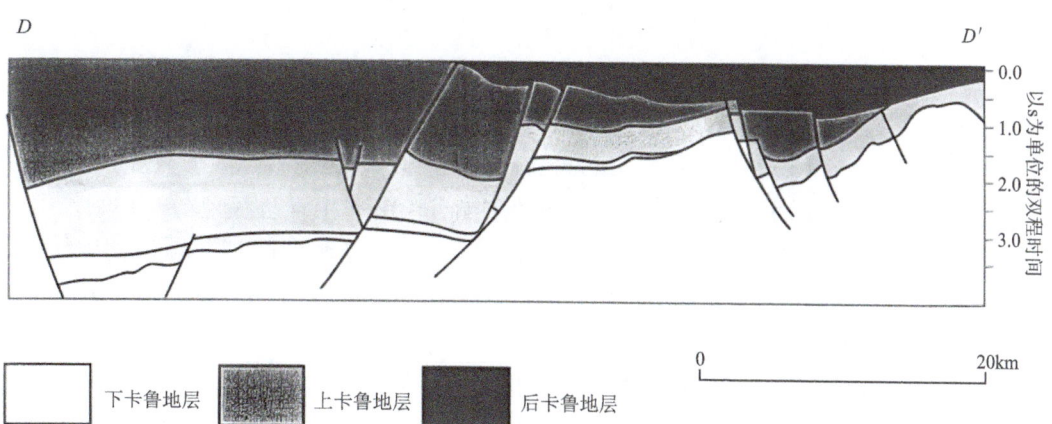

注：剖面位置如图 5-1-3 所示。

图 5-1-4　Luangwa 盆地构造剖面（Banks et al.，1995）

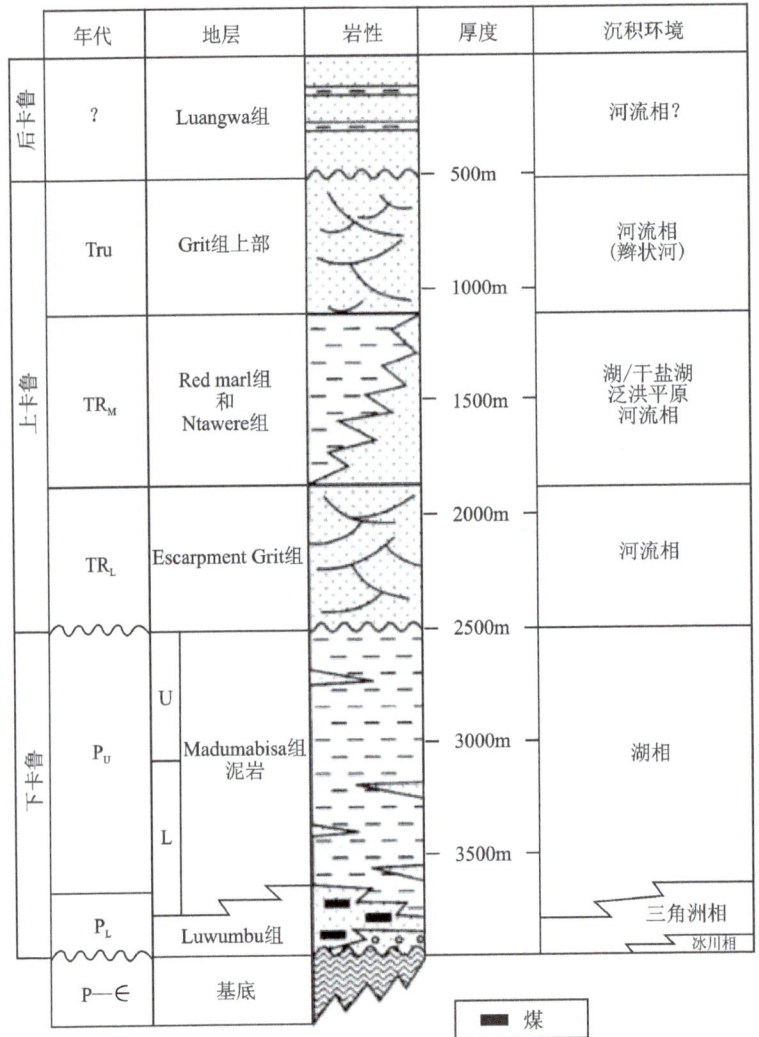

注：地层厚度为平均厚度。

图 5-1-5 Luangwa 盆地卡鲁地层柱状图（Banks et al.，1995）

下卡鲁地层由 Luwumbu 组和 Madumabisa 组泥岩组成。前者仅在露头和盆地边缘钻孔中发现。其底部发育薄的（0～30m）冰川沉积物，相当于南非主卡鲁盆地的 Dwyka 群。而 Luwumbu 组大部分由煤、页岩和含砾粗砂岩组成，该套地层在盆地北缘的露头厚度可达 100m，在盆地中心厚度可达 2000m，利用孢粉学对 Luwumbu 组露头样品进行了定年，确定其沉积年代为早二叠世。

Luwumbu 组被 Madumabisa 泥岩覆盖，局部地区 Luwumbu 组横向上相当于 Madumabisa 组泥岩。Madumabisa 组泥岩在盆地大部分地区厚度不超过 2000m，在南次盆局部地区厚度可达 5000m。根据大量的露头资料和 Luangwa-1 和 Chama-1 两口井的孢粉资料，确定 Madumabisa 组泥岩年龄为早二叠世—晚二叠世。

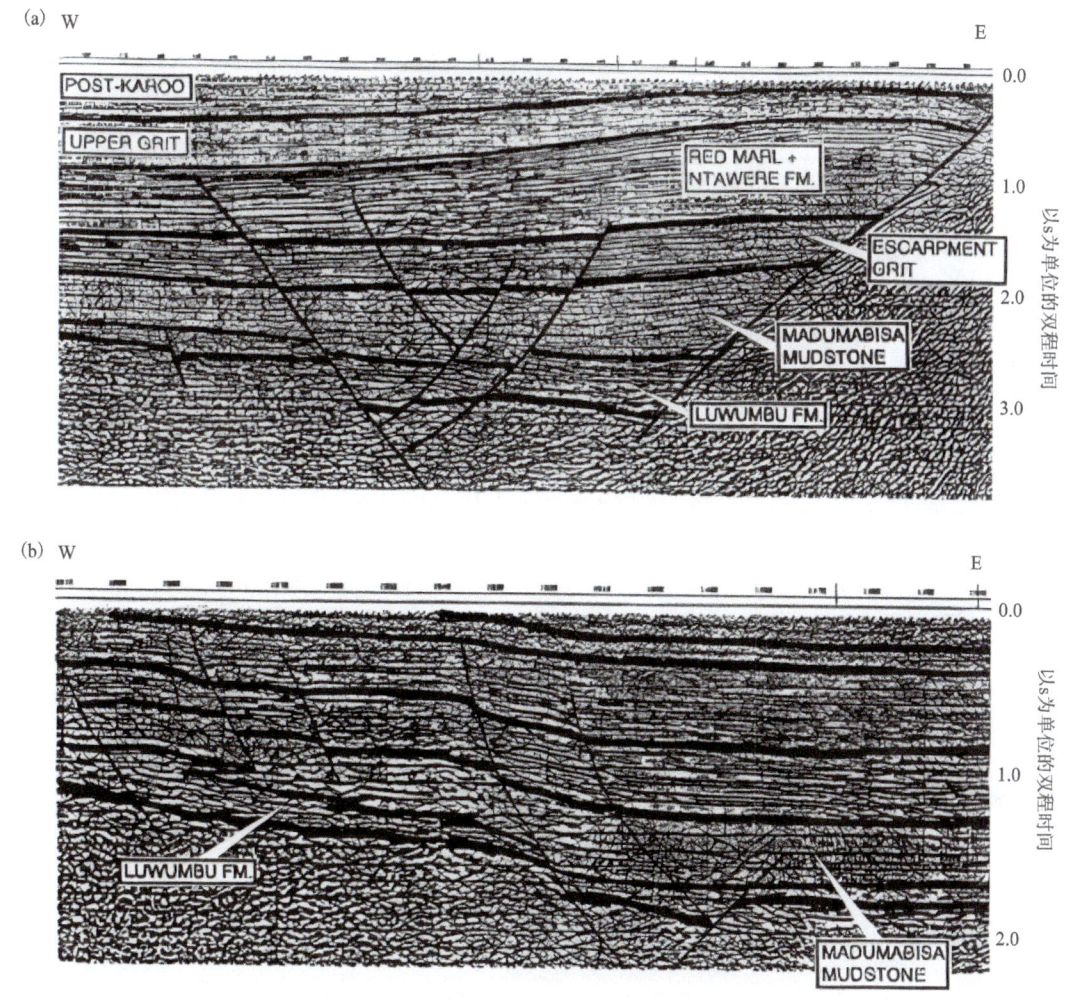

图 5-1-6　Luangwa 盆地北部次盆地震剖面地震相和构造样式(a);
Luangwa 盆地北部次盆西缘部分地震剖面(b)(Banks et al.,1995)

Madumabisa 组泥岩由灰色、红褐色和紫色粉砂岩、泥岩组成,局部夹有细—粗砂岩。上部存在少量的灰岩,推测该地层为湖相成因。地震相分析(图 5-1-6)表明,Madumabisa 组泥岩侧向上与 Luwumbu 组相对应,这种对应关系在地震相上表现为从强反射地震相(含泥质、煤质 Luwumbu 组)向弱振幅地震相过渡(Madumabisa 组块状泥岩)。

上卡鲁地层由两个碎屑颗粒较粗的交错层理砂岩单元组成(Escarpment Grit 组和 Upper Grit 组),它们之间由颗粒较细的砂岩单元(Red Marl 组和 Ntawere 组)分开,这些地层均为陆相沉积。其中,Grit 组为辫状河与洪泛平原沉积,Red Marl 组和 Ntawere 组为盐湖和曲流河沉积,Red Marl 组和 Ntawere 组很大程度在侧向上是对应的,Ntawere 组主要为砂岩,而 Red Maral 组主要为泥岩。

北部次盆,特别是靠近 Chama 构造的地区,上卡鲁地层的最上部存在轻微的角度不整合。Chama 构造(图 5-1-4,A-A′剖面)是卡鲁晚期反转运动及随后两期强烈反转运动所在位置。后卡鲁地层以不整合方式覆盖在上卡鲁地层之上,主要由 Luangwa 组欠压实砂岩组成。

四、盆地油气地质条件

从 Luangwa 盆地综合地层柱状图可知,该盆地卡鲁地层潜在的烃源岩和储层位于下二叠统 Luwumbu 组(下 Ecca 群 Prince Albert 组同期地层)和 Madumabisa 组下段(下 Ecca 群同期地层)。

(一) Luwumbu 组

John(1992)对 Luangwa 盆地北部、中部下二叠统 Luwumbu 组露头及盆地边缘浅层钻孔样品(样品位置见图 5-1-7 和图 5-1-8)进行了有机岩石学、热成熟度及油气潜力分析。Luwumbu 组煤的厚度在 9~280m 之间,但单个煤层一般小于 6m,且该组煤岩的显微组分中镜质组的含量平均为 60%,惰质组含量为 9%,具有一定的生气潜力,而部分样品惰质组含量可达 20%。利用反射光显微镜和孢子热蚀变指数测定热成熟度,所选样品均分布在生油窗(热蚀变指数为 2−~2+,R_o 为 0.5%~0.9%)。考虑到裂谷盆地煤层埋藏深度的巨大差异,如在裂谷或半地堑中埋深的差异,可能导致热成熟度的不同。例如,卡鲁地层厚度较大的地方(局部地区约 3500m),其煤的热成熟度(R_o)可能高于 1.35%,属于生气区。有机岩石学和孢粉分析表明,Luwumbu 组煤岩有机质类型为 II_1 型(一般在碳质泥岩样品中约占 25%)、II_2 型和 III 型,是 Luangwa 盆地具有潜力的烃源岩。

(二) Madumabisa 组

Luangwa 盆地早二叠世 Madumabisa 组发育一套湖相环境沉积的灰色、红褐色和紫色粉砂岩、泥岩建造,其下段发育大段的灰色、暗色泥岩,厚度为 500~1000m。由于 Madumabisa 组缺乏钻井资料及样品,因此没有可靠的数据来有效评价其生烃潜力,而基于 Madumabisa 组岩性组合、沉积环境及在盆地的分布范围和发育规模,判断其油气资源潜力不可忽视,可能为盆地内重要的潜在烃源岩。

(三) 生储盖组合

目前,Luangwa 盆地存在两套潜在的含油气系统。第一套潜在含油气系统的源岩为二叠系 Luwumbu 组煤岩,其成熟度较高,镜质体反射率大于 1.5%,已达生气阶段,而 Luwumbu 组三角洲砂岩、粉砂岩充当了潜在的储层,其上覆 Madumabisa 组的大段泥岩提供了良好的盖层。该盆地第二套潜在含油气系统的烃源岩为 Madumabisa 组泥岩,储集层为晚三叠世河流相沉积 Escarpment Grit 组砂岩,Red Marl 组泥岩为其提供了良好的盖层。目前关于 Madumabisa 组泥岩的研究较少,其生烃潜力有待确定,结合其埋深、沉积环境及发育规模来看,Madumabisa 组泥岩为 Luangwa 盆地重要的潜在烃源岩。

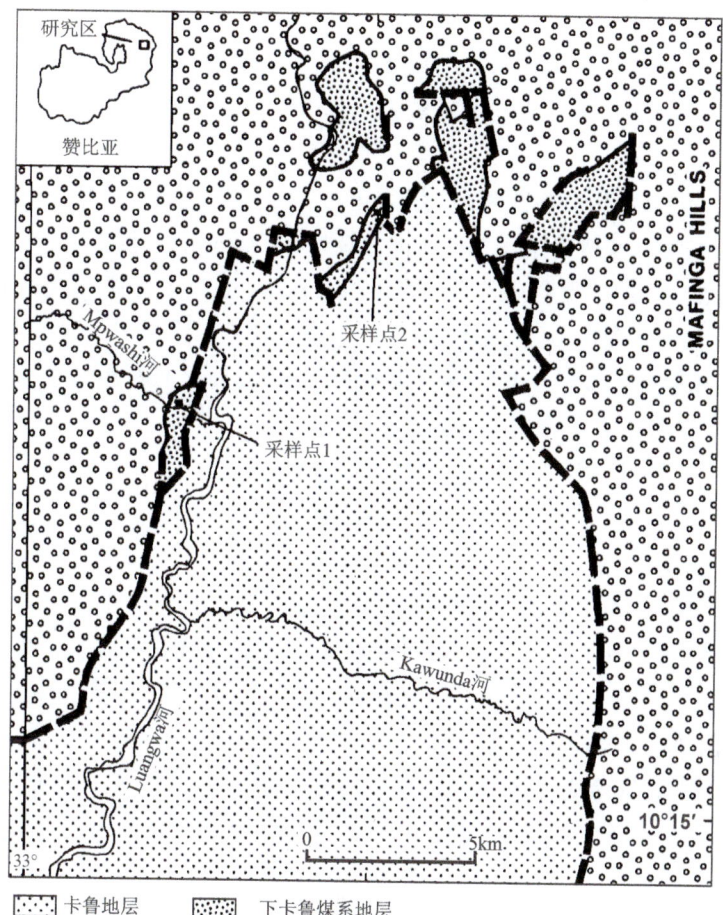

图 5-1-7　Luangwa 盆地北部露头采样点位置(Utting and Wielens,1992)

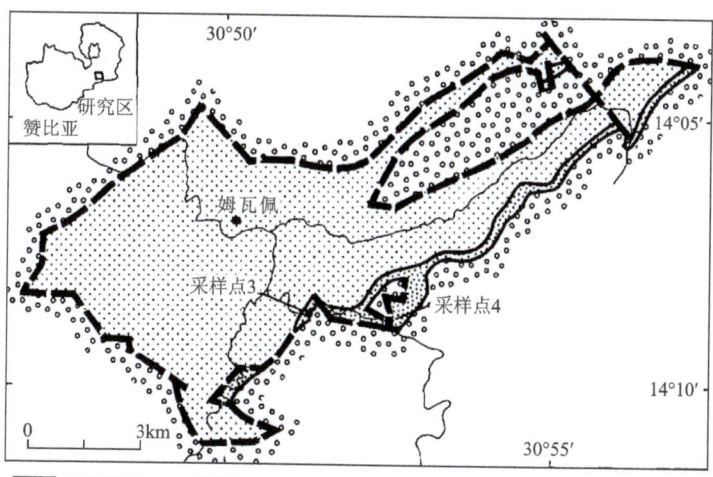

图 5-1-8　Luangwa 盆地中部露头采样点位置(Utting and Wielens,1992)

五、盆地资源潜力分析预测

目前,Luangwa 盆地已确定的烃源岩为 Luwumbu 组煤系地层,而对 Madumabisa 组烃源岩的研究较少,生烃潜力有待确定。本次研究主要对 Luwumbu 组煤层气的资源潜力进行预测。Luangwa 盆地整体勘探程度非常低,有关 Luwumbu 组煤层的研究资料非常少,只能对 Luwumbu 组煤层气的资源潜力进行粗略的预测。本次研究有关 Luangwa 盆地煤层的密度、含气量等参数主要参考 Kalahari 盆地煤层实测数据,煤层分布面积用盆地面积粗略代替,并利用体积法对盆地的煤层气资源量进行估算。

体积法计算煤层气资源公式为

$$G_a = 0.01 \times A \times h \times \rho_c \times G_c$$

式中:G_a 为煤层气地质资源($10^8 m^3$);A 为烃源岩面积(km^2);h 为烃源岩煤的厚度(m);ρ_c 为煤的密度(g/cm^3),本次计算参考 Kalahari 盆地煤层实测密度平均值 $1.53 g/cm^3$;G_c 为含气量(m^3/t),本次计算参考 Kalahari 盆地煤层含气量实测平均值 $3.58 m^3/t$(表 5-1-1);0.01 为单位换算系数。

根据体积法计算公式,对 Luwumbu 组的煤层气资源量进行了粗略估算(表 5-1-1),考虑到盆地煤层气勘探与研究水平整体较低,风险系数取值 15%,最终得到研究区煤层气风险后资源量为 $73.7 \times 10^{10} m^3$,技术可采资源量 $18.4 \times 10^{10} m^3$。

表 5-1-1 Luangwa 盆地 Luwumbu 组资源量计算参数表

参数名称	参数值
厚度(h)	23m
面积(A)	39 000km^2
密度(ρ_c)	1.53g/cm^3
镜质体反射率(R_o)	0.78%
含气量(G_c)	3.58m^3/t

第二节 奇皮塞盆地(Tshipise Basin)

一、盆地概况

Tshipise 盆地位于南非的最东北部,靠近津巴布韦和莫桑比克边界。盆地位于 Soutpansberg 山脉的北部,从西部的 Tolwe 镇延伸到东部的 Kruger 国家公园边界,东西长约 260km,中心宽约 35km(图 5-2-1)。

Tshipise 盆地是一个小的克拉通内由东西向断裂控制的沉积盆地,盆地东部与南北走向的 Lebombo 盆地相连,Lebombo 盆地为东非裂谷系的南部末端(图 5-2-1;Brandl et al.,2002)。

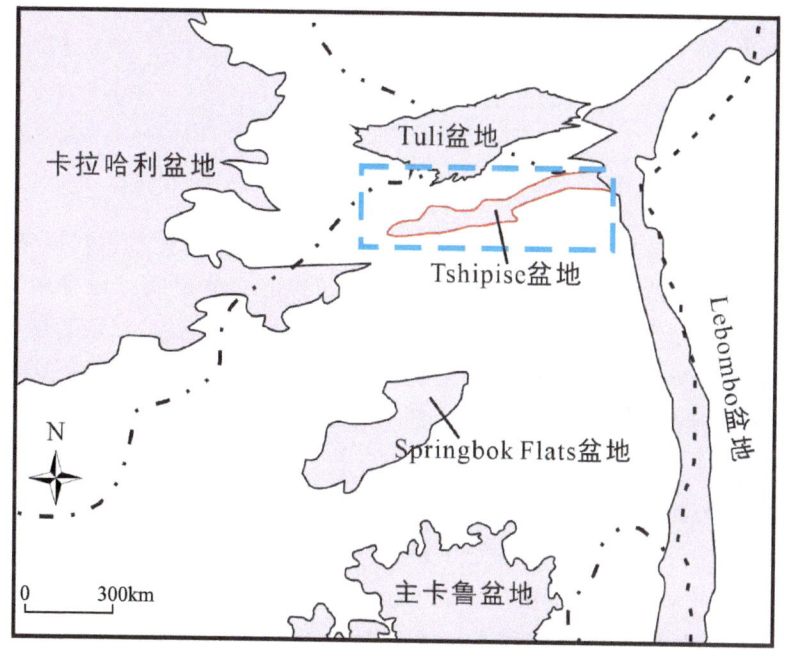

图 5-2-1　Tshipise 盆地区域地质图

研究区整体地形以 Soutpansberg 山脉为主,其北部为相对平坦的地势,之下为卡鲁沉积、玄武岩和林波波(Limpopo)活动带(图 5-2-1)。卡鲁沉积的露头一般局限于砂岩相,包括 Tshidzi 组、Fripp 组和 Clarenns 组。Clarenns 组在整个盆地形成了长长的山脊,在南侧形成了陡峭的悬崖,最高的山脊是 Coen Brits 农场的 Bobbejaankop(距谷底 200m)。Fripp 组砂岩在某些地区形成小隆起,在 Fripp 农场发育最好,形成高约 20m 的平缓北倾隆起。

二、勘探历程及勘探现状

20 世纪 50 年代末至 70 年代,南非地质调查局、矿业部和 ISCOR 公司在 Tshipise 盆地进行了煤炭普查(De Jager et al.,1976)。之后,ISCOR 公司对整个 Southpansberg 煤田进行了详细勘探。1978—1979 年,ISCOR 公司钻探了 2000 多个钻孔,并评估了该煤田煤炭资源,该项目后来被放弃。1983 年,ISCOR 公司为该盆地的日德兰项目进行了可行性研究,并编制了该地区地下开采焦煤的可行性研究报告。

2002年开始,Kwezi公司开始在Waterport镇附近的Chapudi地区进行勘探,钻了140多个井。非洲煤炭有限公司(CoAL)于2007年购买了包含1250个钻孔信息的ISCOR数据,同年CoAL开始在Fripp农场进行勘探钻孔,共完成了198个钻孔,其中包括24个大直径钻孔,用于批量取样。2013年,CoAL在Tanga农场完成了共5个钻孔的煤层气(CBM)项目,以评估该盆地的煤层气潜力。

三、盆地基础地质特征

(一)构造划分

Tshipise盆地的位移可能是岩石中应力储存的主要来源。自晚古生代以来,沿东非大裂谷的持续伸展确定了盆地的构造格架,通过褶皱和断裂的总体走向可以推断出古应力。通常,应力场随裂谷的内部与外部作用过程而演变(Brandl et al.,1981)。后者证实了晚古生代以来存在两个相交的断裂系统,其中一个系统由向东—东北方向的断裂组成,平行于区域走向,形成大的地垒和地堑构造。这类断裂主要包括Bosbokpoort断层、Tshipise断层和Klein Tshipise断层(Brandl et al.,1981)。第二个断裂体系与区域走向斜交,断层走向为西—西北向(Brandl et al.,1981)。该断裂系统中最重要的断层是Siloam断层(Brandl et al.,1981)。Tshipise盆地由一系列沉积单元组成,大部分是非海相成因,形成于晚石炭世—早侏罗世之间,约120Ma(McCarthy and Rubidge,2005)。

(二)沉积演化

研究区域从西部的沃特波特镇延伸到东部的克鲁格国家公园,地势平坦,海拔800m。研究区内的露头可划分为南非林波波省卡鲁超群的3个年代单元,即二叠系、三叠系和侏罗系。其中,二叠系由Tshidzi组、Madzaringwe组和Mikambeni组组成;三叠系由Fripp组、Solitude组、Klopperfontein组组成;侏罗系由Bosbokpoort组、Clarens组、Letaba组和Jozini组组成(图5-2-2、图5-2-3)。

该盆地最早的卡鲁超群沉积物为厚度

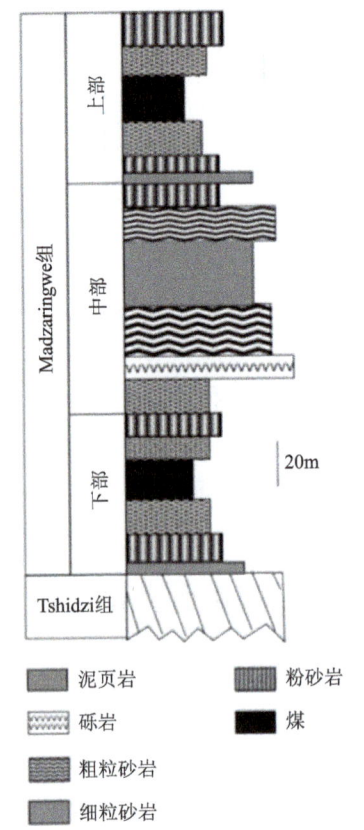

图5-2-2 Tshipse盆地Madzaringwe组(中—下Ecca群等时地层)岩石地层划分

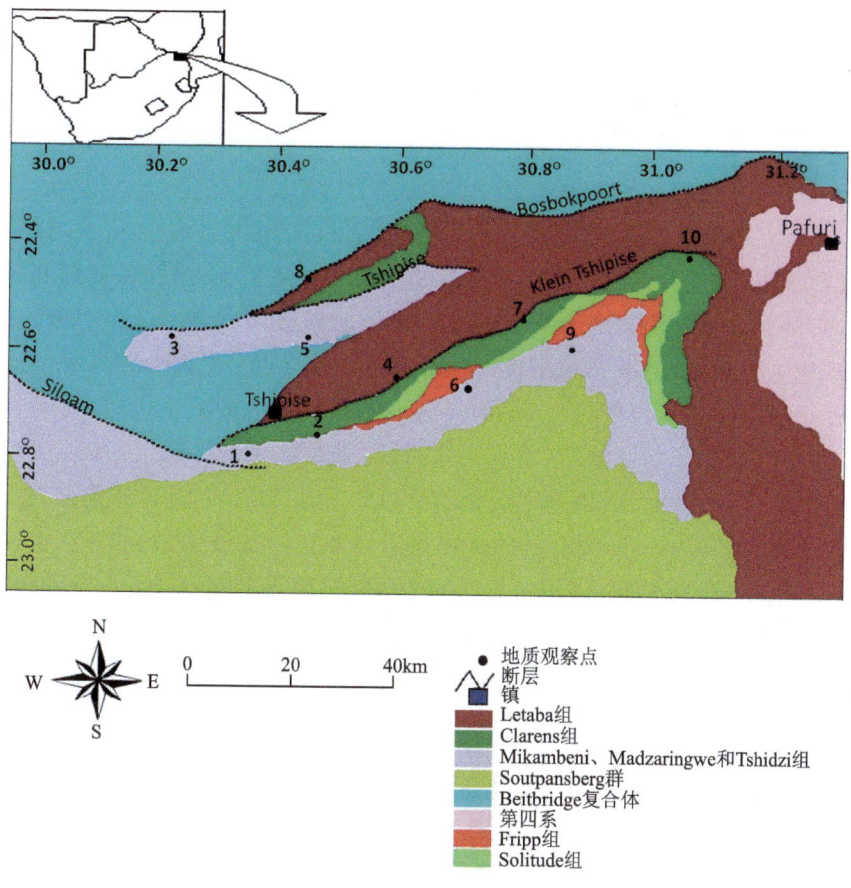

图 5-2-3 Tshipse 盆地地质平面图(Malaza et al.,2015)

20m 的粗砂岩，其沉积被认为发生在冰川萎缩期，如地面冰碛、冰川—河流和冰川—湖泊系统。Tshidzi 组沉积之后是 Madzaringwe 组，该组由厚 200m 的长石质、交错层理砾岩、砂岩、粉砂岩及含煤层的页岩组成。Madzaringwe 组之上是厚 140m 的 Mikambeni 组，由黑色页岩、砂岩和煤层交替组成(Johnson et al.,2006)。盆地上三叠统由 Fripp 组、Solitude 组、Klopperfontein 组组成。Fripp 组由砂岩和页岩组成，厚度为 35m。Solitude 组一般由紫色—灰色泥岩组成。在某些地区，其下部单元的底部可能由黑色页岩组成，偶尔有亮煤带(Johnson et al.,2006)及绿色或红色的细—粗粒砂岩，厚度可达 5m。Klopperfontein 组由中粗粒长石砂岩组成，最大厚度可达 20m(Brandl et al.,2000)。

Bosbokpoort 组、Clarens 组、Letaba 组和 Jozini 组属于侏罗系。厚 100m 的 Bosbokpoort 组由红色泥岩到非常细粒度的红色砂岩组成。Clarens 组由 150m 的 Red Sandstone 段和 150m 的 Tshipise 组成。Red Sandstone 段由非常细到细粒的浅红色泥质砂岩与层状米色砂岩组成。Tshipise 段由细粒、分选良好的白色或米色砂岩组成。Letaba 组由玄武质熔岩、安山岩、流纹岩及泥炭组成。Jozini 组由粉红色—红色流纹岩组成(Brandl et al.,1981)。该盆地发育于克拉通缝合线下方的区域，缝合线形成于 Kaapvaal 克拉通与 Limpopo 活动带中部。北部与盆地接壤的是 BeitBridge 杂岩，该杂岩由斜长石、辉长岩、蛇纹岩和片麻岩组成，而南部是火山沉积的 Soutpansberg 群。

四、盆地油气地质条件

Tshipise 盆地卡鲁超群晚古生代 Madzaringwe 组下部为辫状河沉积,有煤层发育,煤层为洪泛平原和沼泽沉积,以页岩、厚煤层、粉砂岩和砂岩为主要特征;中部以碎屑和基质支撑的砾岩、管状和透镜状砂岩以及钙质细粉砂岩、云母质粉砂岩为特征。Madzaringwe 组是 Tshipise 盆地晚古生代卡鲁超群中的一个含煤地层,其厚度约 220m,由两个主要煤层组成:下部煤层厚度为 2.5m,上部主煤层厚度约 3.5m,由多达 9 个煤带组成,煤带之间由碳质页岩隔开。

Madzaringwe 组的煤富含镜质组,惰质组含量低,壳质组含量更低。Tshipise 断裂南侧(东北东—南西南走向),煤的反射率值和焦化性质较高,而 Tshipise 断裂北侧煤的反射率值较低,焦化性质有限。Tshipise 断裂北侧的煤样显示高总硫和灰分值,其中黄铁矿是最常见的矿物形式。Tshipise 断裂南侧,煤中富含硅酸盐,菱铁矿含量略高,以表成黄铁矿为主。Madzaringwe 组为研究区潜在的烃源岩,Tshipise 盆地的煤层气主要位于 Madzaringwe 群含煤地层内。

五、盆地资源潜力分析预测

研究结果表明,Tshipise 盆地的煤层位于下 Madzaringwe 组,综合 Tshipise 盆地石油地质条件,笔者采用体积法对该盆地的煤层气资源量进行预测。煤层气地质资源量计算公式为

$$G_a = 0.01 \times A \times h \times \rho_c \times G_c$$

式中:G_a 为煤层气地质资源量($10^8 m^3$);A 为煤层含气面积(km^2);h 为煤层的厚度(m);ρ_c 为煤的密度(g/cm^3),本次计算参考 Kalahari 盆地煤层实测密度平均值 $1.53 g/cm^3$;G_c 为页岩含气量(m^3/t),本次计算参考 Kalahari 盆地煤层含气量实测平均值 $3.58 m^3/t$(表 5-2-1);0.01 为单位换算系数;考虑到盆地煤层气勘探与研究水平整体较低,风险系数取值 15%。

表 5-2-1 Tshipise 盆地 Madzaringwe 组煤层气资源量

煤层气资源量计算参数	数值
面积 A(km^2)	5600
厚度 h(m)	6
密度 ρ_c(g/cm^3)	1.53
含气量 G_c(m^3/t)	3.58

根据体积法对 Madzaringwe 组的煤层气资源量进行了计算(表 5-2-1),最终得到 Tshipise 盆地 Madzaringwe 组煤层气风险后资源量为 $276 \times 10^8 m^3$。

第三节　埃利斯拉斯盆地（Ellisras Basin）

一、盆地概况

Ellisras 盆地面积 2800km², 位于主卡鲁盆地以北约 320km 处, 南非东北部林波波省 Waterberg 地区以北, 盆地向西延伸到博茨瓦纳境内, 而东部则止于莱法拉拉河附近, 盆地南北宽约 35km, 东西长约 80km(图 5-3-1)。该盆地被认为是一个半地堑(Fourie et al., 2009)或地堑(Sullivan et al., 2013)结构, 其基底由古元古代 Waterberg 群、Transvaal 超群的变质砾岩和石英岩或基性岩组成。盆地内充填了晚石炭世—早侏罗世卡鲁超群沉积, 其最大厚度超过 600m。Waterberg 煤田呈东西走向, 与博茨瓦纳接壤, 位于南非北部林波波省的 Lephalale 附近, 为 Ellisras 盆地的一个大型煤矿, 其与博茨瓦纳西部的 Mmamabula 煤田的煤层为同一地层。

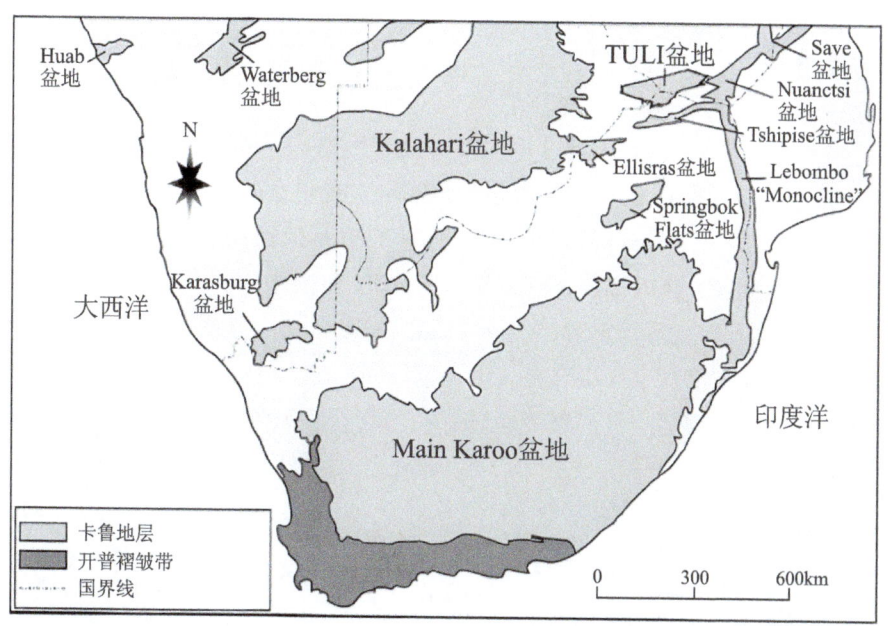

图 5-3-1　Ellisras 盆地地理位置图(Adapted from Chris Jones et al., 2019)

二、勘探历程及勘探现状

1920 年, Ellisras 盆地发现了煤炭, 但多年来, 人们很少对煤炭资源进行勘探。1941—1952 年, 为了获得 Waterberg 煤田的地质图, ISCOR 公司对该地区进行了勘探, 共打了 143

个钻孔和 2 个探矿井。此外,该公司从 1973 年开始对该地区进行密集勘探,以评估煤炭资源的数量和质量。

ISCOR 公司于 1979 年购买了农场的采矿权,并于 1980 年建立了 Grootegeluk 露天煤矿,该煤矿是南非最大的煤矿,也是目前位于 Waterberg 煤田的唯一一个正在运营的煤矿。目前,Exxaro 公司在 Grootegeluk 煤矿开采了几个煤区,其中上 Ecca 群(Grootegeluk 组)以亮煤和页岩互层为特征,中 Ecca 群(Vryheid 组)以暗煤、砂岩和碳质页岩为特征,该煤矿的煤一般富含镜质组,适于直接液化。2007 年,Grootegeluk 煤矿生产了 1850 万 t 煤。

20 世纪 90 年代初,Anglo 公司发现了 Waterberg 煤田东部深层的煤层气潜力,并于 2004 年建立了 5 个试验点,5 口井的深度为 500～800m,各试验点均成功地从 Grootegeluk 组中开采出了煤层气。

截至 2011 年,Anglo 公司已钻探 70 多口井进行生产测试,以评估该盆地的煤层气资源潜力。

三、盆地基础地质特征

(一)构造背景

Ellisras 盆地是一个地堑构造,受 3 个主要断层带影响,其中 Eenzaamheid 断层为该盆地南部的边界,Zoetfontein 断层靠近其北方边界,Daarby 断层位于盆地的中南部,该断层横穿Ellisras 盆地(图 5-3-2)。Daarby 断层是 Ellisras 盆地重要的断层,产生了 240～300m 的位移,将 Waterberg 煤田分为西南部浅层区(露天开采区)和东北部深层地下区。Ellisras 盆地在二叠纪—早三叠世受构造活动影响(Arnot et al.,2007),切入基底的几条断裂在长时间内重新活跃起来,可能是盆地发生火山岩侵入的原因(Buick et al.,2001)。

图 5-3-2　Ellisras 盆地地质构造图

(二)地层发育情况

Ellisras 盆地的综合地层柱状图如图 5-3-3 所示,卡鲁超群沉积物在盆地东部的厚度最大,可达 1500m,其厚度向西减小,卡鲁超群的各地层特征简述如下。

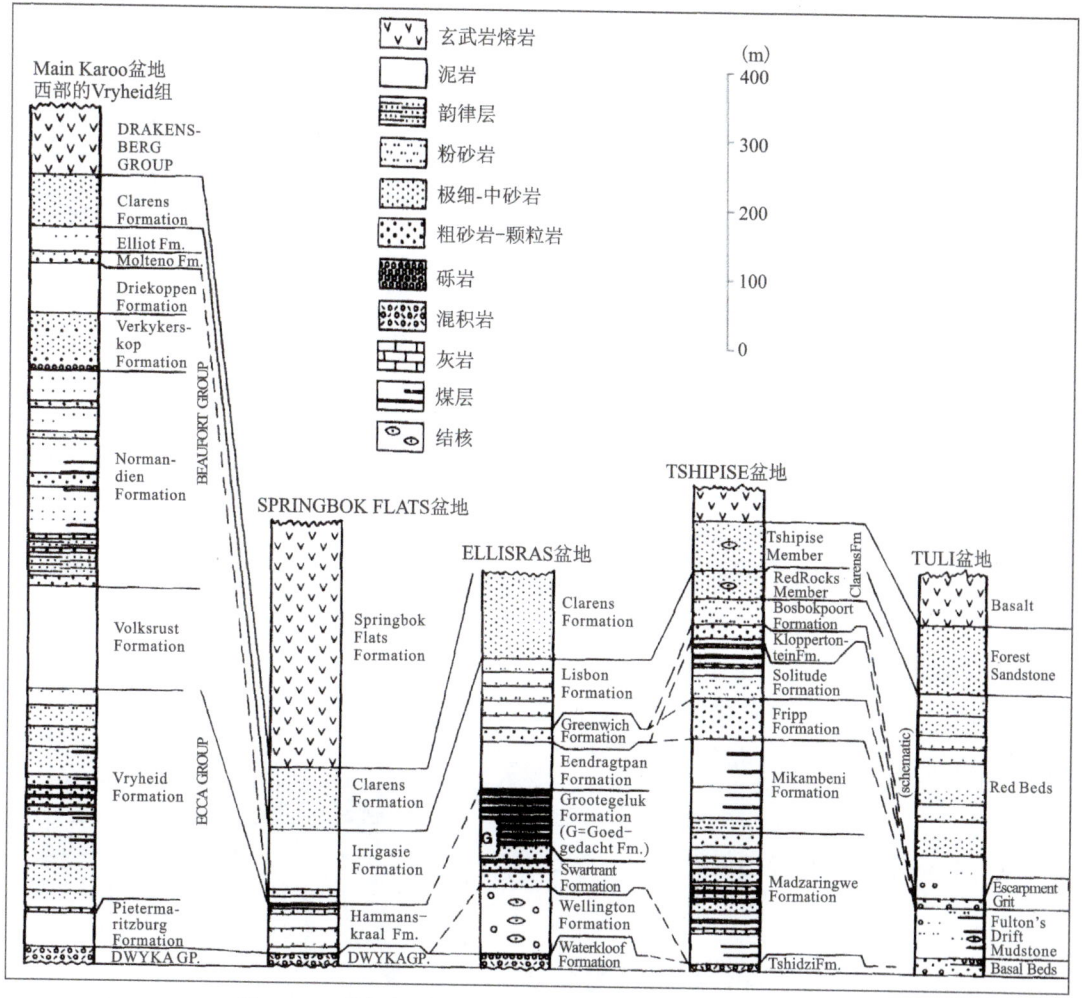

图 5-3-3　卡鲁超群层序地层对比(修改自 Johnson et al.,1996)

Clarens 组:该地层最大厚度约为 130m,由灰色—灰白色分选良好的块状细粒砂岩组成,局部发育粗粒砂岩和含砾砂岩,可见大型交错层理与下部地层接触。

Lisbon 组:厚度为 100~110m,主要由红色厚层泥岩和少量细—粗粒砂岩组成,含有砾石冲刷面。常见钙质结核,厚 5~10m 的薄层砂岩旋回,向上变为粉砂岩或泥岩。

Greenwich 组:与 Stormberg 群为同期地层,Ellisras 盆地卡鲁超群露头的北、东和中部形成一个狭窄的露头带,与下伏 Eendragtpan 组呈明显的不整合接触。Greenwich 组厚度为 7~33m,主要由紫红色—绿色—白色砂岩组成,含砂砾的交错层理,局部有薄的砾岩透镜体和薄层泥岩。该地层为辫状河沉积,总体呈向上变细的沉积序列,大部分被薄的泥岩覆盖。

Eendragtpan 组：该地层在 Ellisras 盆地中部的厚度最大为 110m，向北、东逐渐减小至 40m，岩性主要为泥岩和粉砂岩，颜色有灰色、蓝灰色、紫色和红色等。

Grootegeluk 组：相当于 Beaufort 群，该地层在盆地南部厚度为 110m，西北部和北部厚度为 40～60m，东南部地层厚度为 50m，东北部厚度为 10～20m，由泥岩、碳质页岩和煤组成，向上渐变为泥岩。

Goedgedacht 组：该地层仅存在于 Ellisras 盆地卡鲁超群露头的北部和西北部，整体为向上变粗的沉积序列（含煤泥岩→泥岩→粉砂岩→中—粗粒砂岩），向上变细的沉积旋回很少出现。

Swartrant(Vryheid) 组：卡鲁超群露头大部分区域（西北部除外）的下方均有该地层发育，其厚度在不同地方的差异较大。该地层在盆地北部厚度为 2～75m，东部厚度为 7～50m，中部厚度约 130m。该地层下部主要发育砂岩，中部为砂岩和泥岩互层，局部夹煤系页岩，上部为砂岩、泥岩和煤层。

Wellington 组：该地层仅发育于 Ellisras 盆地卡鲁超群南部部分地区，通常厚度为 20～30m，西南部最大厚度约 160m，东南部最大厚度约 180m。该地层底部为泥岩，向上变粗至砂岩。

Waterkloof 组：与 Dwyka 群为同期地层，主要由泥岩和砾岩组成，分布在盆地的西部。不整合面位于沃特堡组和更老的地层，其中一些岩石显示出较深的风化，发育古土壤。

四、盆地油气地质条件

Waterberg 煤田的煤层主要位于卡鲁超群的 Grootegeluk 组，沉积于 260～190Ma。Grootegeluk 组的厚度约为 70m，该地层中薄煤层与泥岩层交替出现。除此之外，卡鲁超群的 Vryheid 组也有煤层发育。Waterberg 煤田中证实了 11 个煤层，其中 4 个出现在 Swartrant(Vryheid) 组中，其余 7 个出现在上覆 Grootegeluk 组中（图 5-3-4）。Grootegeluk 组岩性为碳质页岩和煤，其底部煤层的镜质组含量约为 90%，惰质组含量较低（Faure et al.，1996）。Vryheid 组的煤层主要由

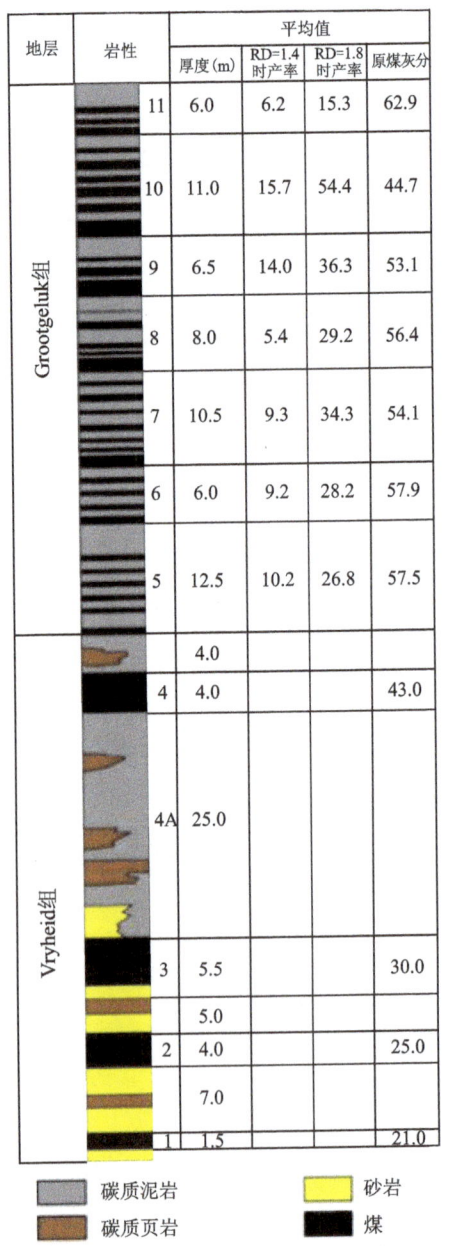

地层	岩性		平均值		
		厚度(m)	RD=1.4 时产率	RD=1.8 时产率	原煤灰分
Grootegeluk 组		11 6.0	6.2	15.3	62.9
		10 11.0	15.7	54.4	44.7
		9 6.5	14.0	36.3	53.1
		8 8.0	5.4	29.2	56.4
		7 10.5	9.3	34.3	54.1
		6 6.0	9.2	28.2	57.9
		5 12.5	10.2	26.8	57.5
Vryheid 组		4 4.0/4.0			43.0
		4A 25.0			
		3 5.5			30.0
		5.0			
		2 4.0			25.0
		7.0			
		1 1.5			21.0

碳质泥岩　砂岩　碳质页岩　煤

图 5-3-4　Waterberg 煤田含煤序列地层柱状图

暗煤组成,含少量碳质泥岩夹层(Faure et al.,1996)。随着深度的增加,该盆地煤层的煤级没有明显的变化。

Waterberg 煤田的煤层为卡鲁超群的一部分,沉积时间为晚古生代—中中生代(Tankard et al.,1982),该煤田存在于 Dwyka 群、Ecca 群和 Beaufort 群的同期地层,因此 Waterberg 煤田的地层与主卡鲁盆地的地层相似。与主卡鲁盆地不同的是,Waterberg 地区中存在厚 90m 的煤页岩层,而在主卡鲁盆地中不存在该套地层。Waterberg 煤田在位于深度超过 250m 的地方,Grootegeluk 组煤层的累计厚度约 70m。

五、盆地资源潜力分析预测

Ellisras 盆地的 Waterberg 煤田是南非已证实发现煤层气的地区。该盆地煤层深度大于 250m 和煤层厚度大于 1.5m 的地方有开采煤层气的潜力。现有研究结果表明,Ellisras 盆地的煤层主要位于 Grootegeluk 组中,结合 Ellisras 盆地的石油地质条件,笔者采用体积法对该盆地的煤层气资源量进行预测。煤层气地质资源量计算公式为

$$G_a = 0.01 \times A \times h \times \rho_c \times G_c$$

式中:G_a 为煤层气地质资源量($10^8 m^3$)A 为煤层含气面积(km^2);h 为煤层的厚度(m);ρ_c 为煤的密度(g/cm^3),本次计算参考 Kalahari 盆地地煤层实测密度平均值 $1.53 g/cm^3$;G_c 为页岩含气量(m^3/t),本次计算参考 Kalahari 盆地煤层含气量实测平均值 $3.58 m^3/t$(表 5-3-1);0.01 为单位换算系数;考虑到盆地煤层气勘探与研究水平整体较低,风险系数取值 15%。

根据体积法计算公式对 Ellisras 盆地的煤层气资源量进行了计算(表 5-3-1),最终得到 Ellisras 盆地 Grootegeluk 组煤层气风险后资源量为 $1610 \times 10^8 m^3$。

表 5-3-1 Ellisras 盆地 Grootegeluk 组煤层气资源量

煤层气资源量计算参数	数值
面积 $A(km^2)$	2800
厚度 $h(m)$	60
密度 $\rho_c(g/cm^3)$	1.53
含气量 $G_c(m^3/t)$	3.58

第六章 非洲陆上古生代卡鲁盆地群油气勘探前景

非洲古生代卡鲁盆地群位于非洲大陆的中南部，卡鲁盆地的类型多样，地质条件较为复杂。目前，针对卡鲁盆地群的研究主要集中在勘探程度较高的主卡鲁盆地，卡鲁盆地群内各盆地存在大量的矿权空白区，其勘探程度并不高。国内对非洲陆上卡鲁盆地群的构造演化特征、油气成藏地质条件等认识缺乏深入系统的研究，本书对卡鲁盆地群古生代油气地质条件的研究可为我国拓展海外油气业务以及非洲油气勘探区块的获取提供技术储备和支持。本章系统总结了非洲陆上古生代卡鲁盆地群各类型盆地的油气勘探前景。

非洲陆上古生代卡鲁盆地群整体上油气勘探程度低，未发现可商业化开采的油气田。非洲古生代卡鲁盆地群的油气资源以非常规油气为主，三大类型盆地中已发现的油气资源主要为页岩气和煤层气，其中弧后前陆盆地为页岩气和煤层气，陆内克拉通盆地和裂谷盆地主要为煤层气。卡鲁超群中的含油气层位主要为二叠系 Ecca 群，该套地层整体油气资源潜力大，但各类型盆地资源量差异较大。非洲古生代卡鲁盆地群主要盆地的油气资源量见表 6-1-1，其中弧后前陆盆地油气资源潜力最大，也是最具勘探前景的盆地，陆内克拉通盆地中的卡拉哈里盆地次之，裂谷盆地油气资源潜力相对较小。

表 6-1-1 非洲陆上卡鲁盆地群油气资源量统计

盆地	盆地类型	资源类型	资源量
主卡鲁盆地	弧后前陆盆地	页岩气和煤层气	$4425 \times 10^{10} \text{m}^3$
卡拉哈里盆地	陆内克拉通盆地	煤层气	$24.4 \times 10^{10} \text{m}^3$
Luangwa 盆地	裂谷盆地	煤层气	$73.7 \times 10^{10} \text{m}^3$
Tshipise 盆地	裂谷盆地	煤层气	$2.76 \times 10^{10} \text{m}^3$
Ellisras 盆地	裂谷盆地	煤层气	$16.1 \times 10^{10} \text{m}^3$

（1）弧后前陆盆地是非洲古生代卡鲁盆地群主要含油气盆地之一，典型盆地为南非的主卡鲁盆地。主卡鲁盆地是非洲南部最大的沉积盆地，也是卡鲁盆地群中油气勘探程度最高的盆地。主卡鲁盆地是现阶段卡鲁盆地群油气勘探重点盆地，现有的古生代卡鲁超群油气勘探活动主要集中在该盆地，但截至目前该盆地未发现可商用化开采的油气田。

主卡鲁盆地是古太平洋板块向冈瓦纳大陆俯冲形成的弧后前陆盆地。卡鲁超群的沉积开始于晚石炭世冰川沉积（Dwyka 群），之后经历了浅海沉积（Ecca 群）、河流三角洲沉积

（Beaufort 群）、河流三角洲及风成沉积（Stormberg 群），结束于侏罗纪火成岩沉积（Drakensberg 群）。主卡鲁盆地是南非重要的古生代沉积盆地，包含了厚层、富含有机质的页岩，盆地南部是页岩气有利的成藏部位。目前主卡鲁盆地的油气勘探活动主要集中在页岩气和煤层气这两种非常规油气资源，而常规油气资源潜力低，原位可开采石油几乎为零，尚未发现商业开采的常规油气藏。现有勘探实践表明，主卡鲁盆地页岩气有利勘探区主要集中在盆地的中南部，而煤层气主要集中分布在主卡鲁盆地北部和东北部，盆地内有 Free State 煤田、North Eastern 煤田和 KwaZulu-Natal 煤田等大型煤田，且主卡鲁盆地煤田区煤层的镜质组含量较高，热演化程度整体较高，因此不可忽视主卡鲁盆地煤层气资源潜力。

主卡鲁盆地的主力烃源岩为二叠系 Ecca 群 Whitehill 组黑色页岩，Ecca 群的 Prince Albert 组和 Collingham 组也有一定的生烃潜力，为该盆地次要烃源岩。Prince Albert 组和 Whitehill 组仅分布在盆地西南部，而 Collingham 组在整个盆地内广泛分布。Prince Albert 组厚度一般在 100~300m 之间，主要为深灰色泥岩；Whitehill 组主要由厚达 80m 的黑色页岩组成，其埋深向东南方向普遍增大，向西北方向出露，其最大深度在南部，最深超过 3000m；储层为下二叠统 Ecca 群 Vryheid 组砂岩及上二叠统 Beaufort 群砂岩；盖层为 Ecca 群上部泥岩和 Beaufort 群泥岩。

主卡鲁盆地的油气资源类型以页岩气为主，仅在盆地北部和东北部有煤层气分布，此外盆地东部地区可能有凝析油。主卡鲁盆地南部 Ecca 群烃源岩由于受到开普造山运动的耦合深埋作用影响，已达到过成熟阶段，主要产干气。盆地西部 Ecca 群烃源岩受到中侏罗世玄武岩侵入作用影响，达到过成熟阶段，以产干气为主。该盆地页岩气勘探主要集中在 Ecca 群相对较厚、成熟度相对较高的盆地南部。盆地东部 Ecca 群烃源岩由于埋深较浅且受到玄武岩侵入作用影响较小，因此以产油为主，该区域是重点的找油领域，但盆地内的常规油气资源很可能因开普造山运动及中侏罗世火山活动而被破坏；煤层气主要位于盆地东北部，盆地东北部为河流—三角洲沉积体系，有煤层发育。

主卡鲁盆地为卡鲁盆地群中最具油气资源潜力的盆地，该盆地内的页岩气地质资源量为 $4410 \times 10^{10} m^3$，技术可开采资源量为 $1100 \times 10^{10} m^3$；煤层气地质资源量为 $1492 \times 10^8 m^3$。该盆地表现出较大的勘探潜力，为卡鲁盆地群中油气资源量最大的盆地。因此，主卡鲁盆地的整体勘探程度相对较高，其基础地质研究和油气地质条件研究相对深入，为后续的油气勘探提供了支持。虽然南非的矿产勘探开发政策较为宽松，但页岩气的勘探开发仍应充分考虑南非国家的法律、法规和相关政策。

（2）非洲古生代卡鲁盆地群陆内克拉通盆地包括卡拉哈里盆地和刚果盆地，其中刚果盆地的卡鲁超群不发育，厚度相对较薄，未发现可开采的油气田。刚果盆地的卡鲁超群中发现了几套潜在烃源岩，几套潜在烃源岩的分布地区及所在地层包括：基桑加尼北部 Aruwimi 河地区 Aruwimi 群的 Alolo 组深色页岩（早—中古生代）；Dekese 井 Lukuga 群灰页岩（晚石炭世）；Kalemie 煤田和 Upemba 煤田（晚石炭世—二叠纪）煤系地层；Kisangani（Lualaba）上游沿刚果河 Stanleyville 组黑色页岩（中—晚侏罗世）。刚果盆地已发现的潜在烃源岩横向连续性较差，与盆地规模相比，其横向分布较为局限，生烃能力有限，不太可能形成规模油气藏。

卡拉哈里盆地的油气资源主要为煤层气，其煤层气资源丰度远低于加拿大和美国等国的主要盆地。受煤层展布控制,煤层气仅分布于煤层相对发育的盆地东北部,其盆地勘探活动也主要集中在盆地东北部的煤田。

卡拉哈里盆地古生代卡鲁超群由晚石炭世—早中侏罗世沉积物组成,形成了一个厚度小于 2000m 的碎屑岩沉积序列,其中夹杂着厚约 1000m 的玄武岩。卡拉哈里盆地卡鲁超群的沉积序列自下而上为 Dwyka 群冰碛岩、Ecca 群含煤建造、Beaufort 群砂泥岩沉积物、Lebung 群红色碎屑岩建造,以及巨厚的玄武岩 Stormberg 群。Ecca 群潜在烃源岩的厚度较其他地区更厚,它的埋藏深度足以产生油气;玄武岩侵入为烃源岩的成熟提供了有利的热条件,同时巨厚的玄武岩形成了良好的盖层。另外,该地区的煤层约占总煤/页岩总厚度的 30%,其深度在 300~500m 之间,博茨瓦纳东北区域和津巴布韦西部的 Kalahari 盆地中煤层厚度呈正态分布,厚度范围为 1~23.65m,平均厚度为 9.58m。因此,卡拉哈里盆地的油气资源类型主要为煤层气,且煤层气主要集中分布在盆地东北部。卡拉哈里盆地卡鲁超群的煤层具有煤层薄、密度大、含气量低的特点。该盆地卡鲁超群煤层气的地质资源量为 $24.4\times10^{10}\mathrm{m^3}$,但目前尚未发现具有开采价值的煤层气资源。盆地的油气勘探程度较低,其基础地质和油气地质条件研究程度较低,勘探前景有限。同时,盆地位于 3 个国家,国际环境复杂,增加了勘探部署难度。

(3)非洲古生代卡鲁裂谷盆地由一系列小的裂谷盆地组成,如 Luangwa、Tshipise 和 Ellisras 盆地,该类盆地在非洲中南部分布广泛。卡鲁裂谷盆地的卡鲁超群相对较厚,但盆地面积相对较小,卡鲁超群分布相对局限,烃源岩分布范围有限,但该类盆地仍具有一定的资源潜力,其油气资源类型主要为煤层气。

Luangwa 盆地的卡鲁超群由 Pre-Karoo、Lower Karoo 和 Upper Karoo 组成,其中 Pre-Karoo 位于卡鲁超群的底部,为石炭纪—二叠纪 0~30m 的冰川碎屑岩沉积。Lower Karoo 由下二叠统 Luwumbu 组和上二叠统 Madumabisa 组组成;Luwumbu 组主要发育煤、页岩和粗粒砾岩砂岩,厚度可达 2000m;Madumabisa 组主要为湖相泥岩,大部分地区厚度小于 2000m。Upper Karoo 由三叠纪的 Escarpment Grit 组和 Grit 组上部构成,主要发育砂砾岩和泥页岩,平均厚度约 1500m。Post Karoo 不整合覆盖在 Upper Karoo 之上,主要由 Luangwa 组欠压实砂岩组成,平均厚度小于 500m。

Luangwa 盆地存在两个潜在的含油气系统,其中第一个潜在含油气系统的烃源岩为二叠系 Luwumbu 组煤岩,其镜质组反射率 $R_o>1.5\%$,成熟度较高,已达生气阶段,而 Luwumbu 组三角洲砂岩、粉砂岩可作为潜在的储层,其上覆 Madumabisa 组大段泥岩提供了良好的盖层;第二个潜在含油气系统的烃源岩为 Madumabisa 组泥岩,储集层为晚三叠世 Escarpment Grit 组河流相砂岩,Red Marl 组泥岩为含油气系统提供了良好的盖层。目前,关于 Madumabisa 组泥岩研究较少,其生烃潜力有待确定,需要结合其埋深、沉积环境及发育规模综合判定。该盆地 Luwumbu 组发育良好的煤层,但单层煤层较薄,与碳质页岩互层沉积。盆地内煤和页岩的有机质含量较高,显微组分主要为镜质组和惰质组,含少量富氢草本母质,具有一定的煤层气潜力。Luangwa 盆地煤层气资源量预计为 $73.7\times10^{10}\mathrm{m^3}$,技术可采资源量为 $18.4\times10^{10}\mathrm{m^3}$。

Tshipise 盆地卡鲁超群晚古生代 Madzaringwe 群下部为辫状河沉积,有煤层发育,煤层为洪泛平原和沼泽沉积,以页岩、厚煤层、粉砂岩和砂岩为主要特征;中部以碎屑和基质支撑的砾岩、管状和透镜状砂岩以及钙质细粉砂岩、云母质粉砂岩为特征。Madzaringwe 群是 Tshipise 盆地晚古生代卡鲁超群中含煤地层,其厚度约 220m,主要由两个煤层组成,下部煤层厚度为 2.5m,上部主煤层厚度约 3.5m,由多达 9 个煤带组成,煤带之间被碳质页岩隔开。

Tshipise 盆地卡鲁超群 Madzaringwe 群的煤富含镜质组,惰质组含量低,壳质组含量更低。Tshipise 断裂南侧(东北东—南西南走向),煤的反射率值和焦化性质较高,而 Tshipise 断裂北侧煤的反射率值较低,焦化性质有限。Tshipise 断裂北侧的煤样显示高总硫和灰分值,其中黄铁矿是最常见的矿物形式。Tshipise 断裂南侧的煤样富含硅酸盐,菱铁矿含量略高,以表成黄铁矿为主。Madzaringwe 群为研究区潜在的烃源岩,其含煤地层为 Tshipise 盆地煤层气主要发育层系。

Ellisras 盆地 Waterberg 煤田的煤层主要位于卡鲁超群的 Grootegeluk 组,沉积于 260~190Ma,Grootegeluk 组的厚度约为 70m,该地层中薄煤层与泥岩层交替出现。除此之外,卡鲁超群的 Vryheid 组也有煤层发育。Waterberg 煤田卡鲁超群中证实了 11 个煤层,其中 4 个出现在 Swartrant(Vryheid)组,其余 7 个出现在上覆 Grootegeluk 组。Grootegeluk 组岩性为碳质页岩和煤,其底部煤层的镜质组含量约为 90%,惰质组含量较低(Faure et al.,1996)。Vryheid 组煤层主要由暗煤组成,含少量碳质泥岩夹层(Faure et al.,1996)。随着深度的增加,该盆地煤层的煤级没有明显变化。

Waterberg 煤田的煤层为卡鲁超群的一部分,沉积时间为晚古生代—中中生代(Tankard et al.,1982),该煤田存在于 Dwyka 群、Ecca 群和 Beaufort 群的同期地层,因此 Waterberg 煤田的地层与主卡鲁盆地的地层相似。与主卡鲁盆地不同的是,Waterberg 地区中存在厚 90m 的煤页岩层,而在主卡鲁盆地中该套煤层是不存在的。Waterberg 煤田在位于深度超过 250m 的地方,Grootegeluk 组煤层的累计厚度约 70m。

古生代卡鲁裂谷盆地的分布较为分散,分布在非洲中南部多个国家,同时,裂谷盆地的勘探程度普遍较低,基础地质资料相对匮乏,研究程度较低。因此,卡鲁裂谷盆地的煤层气开发前景较低,具有较大的勘探风险。

主要参考文献

龚鹏辉,刘晓阳,孙凯,等,2023.浅析坦桑尼亚卡鲁超群地质特征及含矿性[J].华北地质,46(1):50-60.

李金珊,2015.津巴布韦卡鲁盆地煤层气资源表征及评价研究[D].北京:北京科技大学.

李金珊,朱维耀,2018.基于三维地震底板标高模拟方法预测非洲卡鲁盆地煤层气含气量[J].中国矿业,27(12):173-177+182.

李科,曲红军,窦伟,等,2012.南部非洲卡鲁(Karoo)超群二叠系含煤地层特征及煤质简述[J].四川地质学报,32(S2):238-246.

梁良,1988.南非卡鲁盆地砂岩铀矿床构造和沉积环境[J].国外铀金地质(2):41.

吕鹏,张炜,2014.南非页岩气及其勘探开发现状[J].国土资源情报(8):22-27.

逄林安,2018.南非卡鲁盆地油气成藏特征分析[J].中国石油和化工标准与质量,38(9):60-61+63.

彭元桥,高勇群,杨逢清,等,2006.南非陆相二叠系—三叠系界线研究进展[J].地质科技情报(1):1-8.

汪立,屈红军,张功成,等,2017.东非坦桑尼次盆地油气地质特征与勘探前景[J].海洋地质前沿,33(12):46-52.

张光亚,刘小兵,赵健,等,2018.东非被动大陆边缘盆地演化及大气田形成主控因素:以鲁武马盆地为例[J].地学前缘,25(2):24-32.

舟丹,2019.全球页岩气开发动向[J].中外能源,24(1):47.

朱伟林,2013.非洲含油气盆地[M].北京:科学出版社.

AARNES I,SVENSEN H,CONNOLLY J A D,et al.,2010. How contact metamorphism can trigger global climate changes:Modeling gas generation around igneous sills in sedimentary basins[J]. Geochimica et Cosmochimica Acta,74(24):7179-7195.

ADAMS S,TITUS R,PIETERSEN K,et al.,2001. Hydrochemical characteristics of aquifers near Sutherland in the Western Karoo,South Africa[J]. Journal of Hydrology,241(1):91-103.

ALESSIO B L,COLLINS A S,SIEGFRIED P,et al.,2019. Neoproterozoic tectonic geography of the south-east Congo Craton in Zambia as deduced from the age and composition of detrital zircons[J]. Geoscience Frontiers,10(6):2045-2061.

ANDERSEN T,KRISTOFFERSEN M,ELBURG M A,2016. How far can we trust provenance and crustal evolution information from detrital zircons? A South African case study[J]. Gondwana Research,34:129-148.

ANGIELCZYK K D,LIU J,SIDOR C A,et al.,2022. The stratigraphic and geographic occurrences of Permo-Triassic tetrapods in the Bogda Mountains,NW China-Implications of a new cyclostratigraphic framework and Bayesian age model[J]. Journal of African Earth Sciences,195:104655.

AUBOURG C,TSHOSO G,LE GALL B,et al.,2008. Magma flow revealed by magnetic fabric in the Okavango giant dyke swarm,Karoo igneous province,northern Botswana[J]. Journal of Volcanology and Geothermal Research,170(3):47-61.

BAH B,LACOMBE O,BEAUDOIN N E,et al.,2023. Paleostress evolution of the West Africa passive margin: New insights from calcite twinning paleopiezometry in the deeply buried syn-rift TOCA formation (Lower Congo Basin)[J]. Tectonophysics,863:229997.

BALARINO M L,GUTIÉRREZ P R,PREVEC R,et al.,2024. First palynological record for the Lebombo Basin,South Africa with implications for Guadalupian (Middle Permian) palaeofloras and palaeoenvironments[J]. Gondwana Research,130:100-115.

BALDUZZI A,MSAKY E,TRINCIANTI E,et al.,1992. Mesozoic Karoo and post-Karoo formations in the Kilwa area,southeastern Tanzania-a stratigraphic study based on palynology,micropaleontology and well log data from the Kizimbani Well[J]. Journal of African Earth Sciences (and the Middle East),15(3):405-427.

BAMFORD M K,2000. Fossil woods of Karoo age deposits in South Africa and Namibia as an aid to biostratigraphical correlation[J]. Journal of African Earth Sciences,31(1):119-132.

BARBOLINI N,BAMFORD M K,RUBIDGE B,2016. Radiometric dating demonstrates that Permian spore-pollen zones of Australia and South Africa are diachronous[J]. Gondwana Research,37:241-251.

BARBOLINI N,BAMFORD M K,2014. Palynology of an Early Permian coal seam from the Karoo Supergroup of Botswana[J]. Journal of African Earth Sciences,100:136-144.

BARBOLINI N,SMITH R M H,TABOR N J,et al.,2016. Resolving the age of Madumabisa fossil vertebrates: Palynological evidence from the Mid-Zambezi Basin of Zambia[J]. Palaeogeography,Palaeoclimatology,Palaeoecology,457:117-128.

BARHAM L,PHILLIPS W M,MAHER B A,et al.,2011. The dating and interpretation of a mode 1 site in the Luangwa Valley,Zambia[J]. Journal of Human Evolution,60(5):549-570.

BARRETT P M,SCISCIO L,VIGLIETTI P A,et al.,2020. The age of the Tashinga Formation (Karoo Supergroup) in the Mid-Zambezi Basin,Zimbabwe and the first phytosaur from mainland sub-Saharan Africa[J]. Gondwana Research,81:445-460.

BELTON D X,RAAB M J,2010. Cretaceous reactivation and intensified erosion in the

Archean-Proterozoic Limpopo Belt, demonstrated by apatite fission track thermochronology[J]. Tectonophysics, 480(1):99-108.

BEZUIDENHOUT L J, DOUCOURÉ C M, 2020. Source azimuth determination of ambient seismic noise in the Eastern Cape Karoo, South Africa[J]. Journal of African Earth Sciences, 164:103639.

BICCA M M, JELINEK A R, PHILIPP R P, et al., 2019. Mesozoic-Cenozoic landscape evolution of NW Mozambique recorded by apatite thermochronology[J]. Journal of Geodynamics, 125:48-65.

BICCA M M, JELINEK A R, PHILIPP R P, et al., 2018. Precambrian-Cambrian provenance of Matinde Formation, Karoo Supergroup, northwestern Mozambique, constrained from detrital zircon U-Pb age and Lu-Hf isotope data[J]. Journal of African Earth Sciences, 138:42-57.

BICCA M M, PHILIPP R P, JELINEK A R, et al., 2017. Permian-Early Triassic tectonics and stratigraphy of the Karoo Supergroup in northwestern Mozambique[J]. Journal of African Earth Sciences, 130:8-27.

BLENKINSOP T G, OESTERLEN P M, 1996. Extension directions and strain near the failed triple junction of the Zambezi and Luangwa Rift zones, southern Africa: reply[J]. Journal of African Earth Sciences, 22(4):621-622.

BOARDMAN J, FOSTER I D L, ROWNTREE K M, et al., 2017. Long-term studies of land degradation in the Sneeuberg uplands, eastern Karoo, South Africa: A synthesis[J]. Geomorphology, 285:106-120.

BOARDMAN J, PARSONS A J, HOLLAND R, et al., 2003. Development of badlands and gullies in the Sneeuberg, Great Karoo, South Africa[J]. Catena, 50(2):165-184.

BOARDMAN J, 2014. How old are the gullies (dongas) of the Sneeuberg uplands, Eastern Karoo, South Africa?[J]. Catena, 113:79-85.

BORDY E M, ABRAHAMS M, SHARMAN G R, et al., 2020. A chronostratigraphic framework for the upper Stormberg Group: Implications for the Triassic-Jurassic boundary in southern Africa[J]. Earth-Science Reviews, 203:103120.

BORDY E M, CATUNEANU O, 2002. Sedimentology and palaeontology of upper Karoo aeolian strata (Early Jurassic) in the Tuli Basin, South Africa[J]. Journal of African Earth Sciences, 35(2):301-314.

BORDY E M, CATUNEANU O, 2002. Sedimentology of the lower Karoo Supergroup fluvial strata in the Tuli Basin, South Africa[J]. Journal of African Earth Sciences, 35(4):503-521.

BORDY E M, CATUNEANU O, 2001. Sedimentology of the Upper Karoo fluvial strata in the Tuli Basin, South Africa[J]. Journal of African Earth Sciences, 33(3):605-629.

BORDY E M, SEGWABE T, MAKUKE B, 2010. Sedimentology of the Upper Triassic-

Lower Jurassic (?) Mosolotsane Formation (Karoo Supergroup), Kalahari Karoo Basin, Botswana[J]. Journal of African Earth Sciences,58(1):127-140.

BOTHA J F,CLOOT A H J,2004. Deformations and the Karoo aquifers of South Africa [J]. Advances in Water Resources,27(4):383-398.

BRANDL G,REIMOLD W U,1990. The structural setting and deformation associated with pseudotachylite occurrences in the Palala Shear Belt and Sand River Gneiss, Northern Transvaal[J]. Tectonophysics,171(1):201-220.

BROWN R, GALLAGHER K, DUANE M, 1994. A quantitative assessment of the effects of magmatism on the thermal history of the Karoo sedimentary sequence[J]. Journal of African Earth Sciences,18(3):227-243.

BULGUROGLU M E, MILKOV A V, 2020. Thickness matters: Influence of dolerite sills on the thermal maturity of surrounding rocks in a coal bed methane play in Botswana [J]. Marine and Petroleum Geology,111:219-229.

BUMBY A J, ERIKSSON P G, VAN DER MERWE R, et al., 2002. A half-graben setting for the Proterozoic Soutpansberg Group (South Africa): evidence from the Blouberg area[J]. Sedimentary Geology,147(1):37-56.

BUMBY A J,GUIRAUD R,2005. The geodynamic setting of the Phanerozoic basins of Africa[J]. Journal of African Earth Sciences,43(1):1-12.

BURROUGH S L, THOMAS D S G, 2008. Late Quaternary lake-level fluctuations in the Mababe Depression: Middle Kalahari palaeolakes and the role of Zambezi inflows[J]. Quaternary Research,69(3):388-403.

CAGLIARI J,LAVINA E L C,PHILIPP R P,et al. ,2014. New Sakmarian ages for the Rio Bonito Formation (Paraná Basin, southern Brazil) based on LA-ICP-MS U-Pb radiometric dating of zircons crystals[J]. Journal of South American Earth Sciences,56:265-277.

CAILLAUD A, BLANPIED C, DELVAUX D, 2017. The Upper Jurassic Stanleyville Group of the eastern Congo Basin:An example of perennial lacustrine system[J]. Journal of African Earth Sciences,132:80-98.

CAIRNCROSS B,2001. An overview of the Permian (Karoo) coal deposits of southern Africa[J]. Journal of African Earth Sciences,33(3):529-562.

CATUNEANU O, BOWKER D, 2001. Sequence stratigraphy of the Koonap and Middleton fluvial formations in the Karoo foredeep South Africa[J]. Journal of African Earth Sciences,33(3):579-595.

CATUNEANU O,WOPFNER H,ERIKSSON P G,et al. ,2005. The Karoo basins of south-central Africa[J]. Journal of African Earth Sciences,43(1):211-253.

CHISENGA C,DULANYA Z,JIANGUO Y,2019. The structural re-interpretation of the Lower Shire Basin in the Southern Malawi rift using gravity data[J]. Journal of African Earth Sciences,149:280-290.

CHITLANGO F Z, WAGNER N J, MOROENG O M, 2023. Characterization and pre-concentration of rare earth elements in density fractionated samples from the Waterberg Coalfield, South Africa[J]. International Journal of Coal Geology, 275: 104299.

COETZEE A, KISTERS A F M, CHEVALLIER L, 2019. Sill complexes in the Karoo LIP: Emplacement controls and regional implications[J]. Journal of African Earth Sciences, 158: 103517.

COETZEE A, KISTERS A F M, 2018. The elusive feeders of the Karoo large igneous province and their structural controls[J]. Tectonophysics, 747-748: 146-162.

COLTON D, WHITFIELD E, PLATER A J, et al., 2021. New geomorphological and archaeological evidence for drainage evolution in the Luangwa Valley (Zambia) during the Late Pleistocene[J]. Geomorphology, 392: 107923.

DAVIS A L V, SCHOLTZ C H, 2004. Local and regional species ranges of a dung beetle assemblage from the semi-arid Karoo/Kalahari margins, South Africa[J]. Journal of Arid Environments, 57(1): 61-85.

DE WAELE B, FITZSIMONS I C W, 2007. The nature and timing of Palaeoproterozoic sedimentation at the southeastern margin of the Congo Craton: zircon U-Pb geochronology of plutonic, volcanic and clastic units in northern Zambia[J]. Precambrian Research, 159(1): 95-116.

DEBRUYNE D, DEWAELE S, MUCHEZ P, et al., 2019. Detrital zircon U-Pb ages from the Paleoproterozoic Lulua and Luiza volcanosedimentary Groups in the Kasai Shield, Congo Craton: Implications for the source of sediments and the Kasai-Ntem and São Francisco Craton relationship[J]. Precambrian Research, 333: 105448.

DELPOMDOR F, LINNEMANN U, BOVEN A, et al., 2013. Depositional age, provenance, and tectonic and paleoclimatic settings of the late Mesoproterozoic-middle Neoproterozoic Mbuji-Mayi Supergroup, Democratic Republic of Congo[J]. Palaeogeography, Palaeoclimatology, Palaeoecology, 389: 4-34.

DELPOMDOR F, TACK L, CAILTEUX J, et al., 2015. The C2 and C3 formations of the Schisto-Calcaire Subgroup (West Congo Supergroup) in the Democratic Republic of the Congo: An example of post-Marinoan sea-level fluctuations as a result of extensional tectonisms[J]. Journal of African Earth Sciences, 110: 14-33.

DELVAUX D, MADDALONI F, TESAURO M, et al., 2021. The Congo Basin: Stratigraphy and subsurface structure defined by regional seismic reflection, refraction and well data[J]. Global and Planetary Change, 198: 103407.

DHANSAY T, NAVABPOUR P, DE WIT M, et al., 2017. Assessing the reactivation potential of pre-existing fractures in the southern Karoo, South Africa: Evaluating the potential for sustainable exploration across its Critical Zone[J]. Journal of African Earth Sciences, 134: 504-515.

DJEUTCHOU C, DE KOCK M, ERNST R E, et al. , 2024. A review of the intraplate mafic magmatic record of the Greater Congo craton[J]. Earth-Science Reviews, 249: 104649.

DYPVIK H, HANKEL O, NILSEN O, et al. , 2001. The lithostratigraphy of the Karoo supergroup in the Kilombero Rift Valley, Tanzania[J]. Journal of African Earth Sciences, 32(3): 451-470.

D'ENGELBRONNER E R, 1996. New palynological data from Karoo sediments, Mana Pools Basin, northern Zimbabwe[J]. Journal of African Earth Sciences, 23(1): 17-30.

ELBURG M, GOLDBERG A, 2000. Age and geochemistry of Karoo dolerite dykes from northeast Botswana[J]. Journal of African Earth Sciences, 31(3): 539-554.

ELIAS E, BINELI B T, 2023. Petrological and geochemical characterisation of the Kgwebe Volcanic Formation in the ghanzi-chobe belt portion of the kalahari copper belt, western Botswana[J]. Journal of African Earth Sciences, 206: 105038.

ERIKSSON P G, CATUNEANU O, BUMBY A J, 2012. First- and second-order global sequence stratigraphic correlations and accommodation charts for the Kaapvaal, Karelian, São Francisco (-Congo) and Slave cratons: An introduction[J]. Marine and Petroleum Geology, 33(1): 1-7.

FAURE K, ARMSTRONG R A, HARRIS C, et al. , 1996. Provenance of mudstones in the Karoo Supergroup of the Ellisras Basin, South Africa: Geochemical evidence[J]. Journal of African Earth Sciences, 23(2): 189-204.

FAURE K, COLE D, 1999. Geochemical evidence for lacustrine microbial blooms in the vast Permian Main Karoo, Paraná, Falkland Islands and Huab Basins of southwestern Gondwana[J]. Palaeogeography, Palaeoclimatology, Palaeoecology, 152(3): 189-213.

FAURE K, WILLIS J P, CLARIS DREYER J, 1996. The Grootegeluk Formation in the Waterberg Coalfield, South Africa: facies, palaeoenvironment and thermal history-evidence from organic and clastic matter[J]. International Journal of Coal Geology, 29(1): 147-86.

FERNANDES P, COGNé N, CHEW D M, et al. , 2015. The thermal history of the Karoo Moatize-Minjova Basin, Tete Province, Mozambique: An integrated vitrinite reflectance and apatite fission track thermochronology study[J]. Journal of African Earth Sciences, 112: 55-72.

FERNANDEZ-ALONSO M, CUTTEN H, DE WAELE B, et al. , 2012. The Mesoproterozoic Karagwe-Ankole Belt (formerly the NE Kibara Belt): The result of prolonged extensional intracratonic basin development punctuated by two short-lived far-field compressional events[J]. Precambrian Research, 216-219: 63-86.

FLINT S S, HODGSON D M, SPRAGUE A R, et al. , 2011. Depositional architecture and sequence stratigraphy of the Karoo Basin floor to shelf edge succession, Laingsburg depocentre, South Africa[J]. Marine and Petroleum Geology, 28(3): 658-674.

FRANCHI F, KELEPILE T, DI CAPUA A, et al. , 2021. Lithostratigraphy, sedimentary petrography and geochemistry of the Upper Karoo Supergroup in the Central Kalahari Karoo Sub-Basin, Botswana[J]. Journal of African Earth Sciences, 173:104025.

FRIMMEL H E, TACK L, BASEI M S, et al. , 2006. Provenance and chemostratigraphy of the Neoproterozoic West Congolian Group in the Democratic Republic of Congo[J]. Journal of African Earth Sciences, 46(3):221-239.

GAITAN C E, PUCéAT E, PELLENARD P, et al. , 2023. Late Cretaceous erosion and chemical weathering record in the offshore Cape Basin: Source-to-sink system from Hf-Nd isotopes and clay mineralogy[J]. Marine Geology, 466:107187.

GALASSO F, FERNANDES P, MONTESI G, et al. , 2019. Thermal history and basin evolution of the Moatize-Minjova Coal Basin (N′ Condédzi sub-basin, Mozambique) constrained by organic maturation levels[J]. Journal of African Earth Sciences, 153:219-238.

GALLO J A, PASQUINI L, REYERS B, et al. , 2009. The role of private conservation areas in biodiversity representation and target achievement within the Little Karoo region, South Africa[J]. Biological Conservation, 142(2):446-454.

GAMA J, SCHWARK L, 2023. Review of earliest Toarcian geological evolution in the East African Coastal Margin: Paleogeography, stratigraphy, and facies implications [J]. Journal of African Earth Sciences, 200:104885.

GARZANTI E, PASTORE G, STONE A, et al. , 2022. Provenance of Kalahari Sand: Paleoweathering and recycling in a linked fluvial-aeolian system[J]. Earth-Science Reviews, 224:103867.

GARZANTI E, VERMEESCH P, VEZZOLI G, et al. , 2019. Congo River sand and the equatorial quartz factory[J]. Earth-Science Reviews, 197:102918.

GASTALDO R A, BAMFORD M K, 2023. The influence of taphonomy and time on the paleobotanical record of the Permian-Triassic transition of the Karoo Basin (and elsewhere) [J]. Journal of African Earth Sciences, 204:104960.

GOMO M, VERMEULEN D, 2015. An investigative comparison of purging and non-purging groundwater sampling methods in Karoo aquifer monitoring wells[J]. Journal of African Earth Sciences, 103:81-88.

GRANATH J, WANKE A, STOLLHOFEN H, 2022. Syn-kinematic inversion in an intracontinental extensional field? A structural analysis of the Waterberg Thrust, northern Namibia[J]. Journal of Structural Geology, 161:104660.

GRENFELL S E, ROWNTREE K M, GRENFELL M C, 2012. Morphodynamics of a gully and floodout system in the Sneeuberg Mountains of the semi-arid Karoo, South Africa: Implications for local landscape connectivity[J]. Catena, 89(1):8-21.

GUADAGNIN F, CHEMALE F, MAGALHÃES A J C, et al. , 2015. Age constraints on crystal-tuff from the Espinhaço Supergroup-Insight into the Paleoproterozoic to Mesoproterozoic intracratonic basin cycles of the Congo-São Francisco Craton[J]. Gondwana Research, 27 (1):363-376.

GUADAGNIN F, CHEMALE J F, MAGALHÃES A J C, et al., 2015. Sedimentary petrology and detrital zircon U-Pb and Lu-Hf constraints of Mesoproterozoic intracratonic sequences in the Espinhaço Supergroup: Implications for the Archean and Proterozoic evolution of the São Francisco Craton[J]. Precambrian Research, 266:227-245.

GUERRA-SOMMER M, CAZZULO-KLEPZIG M, LAQUINTINIE F M L, et al., 2008. U-Pb dating of tonstein layers from a coal succession of the southern Paraná Basin (Brazil): A new geochronological approach[J]. Gondwana Research, 14(3):474-482.

GUERRA-SOMMER M, CAZZULO-KLEPZIG M, MENEGAT R, et al., 2008. Geochronological data from the Faxinal coal succession, southern Paraná Basin, Brazil: A preliminary approach combining radiometric U-Pb dating and palynostratigraphy[J]. Journal of South American Earth Sciences, 25(2):246-256.

GWAVAVA O, SWAIN C J, PODMORE F, et al., 1992. Evidence of crustal thinning beneath the Limpopo Belt and Lebombo monocline of southern Africa based on regional gravity studies and implications for the reconstruction of Gondwana[J]. Tectonophysics, 212 (1):1-20.

HADDON I G, MCCARTHY T S, 2005. The Mesozoic-Cenozoic interior sag basins of Central Africa: The Late-Cretaceous-Cenozoic Kalahari and Okavango Basins[J]. Journal of African Earth Sciences, 43(1):316-333.

HANCOX P J, GÖTZ A E, 2014. South Africa's coalfields-A 2014 perspective[J]. International Journal of Coal Geology, 132:170-254.

HANCOX P J, RUBIDGE B S, 2001. Breakthroughs in the biodiversity, biogeography, biostratigraphy, and basin analysis of the Beaufort group[J]. Journal of African Earth Sciences, 33(3):563-577.

HEINONEN J S, LUTTINEN A V, RILEY T R, et al., 2013. Mixed pyroxenite-peridotite sources for mafic and ultramafic dikes from the Antarctic segment of the Karoo continental flood basalt province[J]. Lithos, 177:366-380.

HERBERT C T, COMPTON J S, 2007. Depositional environments of the lower Permian Dwyka diamictite and Prince Albert shale inferred from the geochemistry of early diagenetic concretions, southwest Karoo Basin, South Africa[J]. Sedimentary Geology, 194(3): 263-277.

HOLT P J, ALLEN M B, VAN HUNEN J, 2015. Basin formation by thermal subsidence of accretionary orogens[J]. Tectonophysics, 639:132-143.

HOLZER L, BARTON J M, PAYA B K, et al., 1999. Tectonothermal history of the western part of the Limpopo Belt: tectonic models and new perspectives[J]. Journal of African Earth Sciences, 28(2):383-402.

HOLZFÖRSTER F, STOLLHOFEN H, STANISTREET I G, 1999. Lithostratigraphy and depositional environments in the Waterberg-Erongo area, central Namibia, and correlation with the Main Karoo Basin, South Africa[J]. Journal of African Earth Sciences, 29(1):105-123.

HOYER L, WATKEYS M K, 2015. Assessing SPO techniques to constrain magma flow:Examples from sills of the Karoo igneous province, South Africa[J]. Tectonophysics, 656:61-73.

IKEDA M, HORI R S, IKEHARA M, et al., 2018. Carbon cycle dynamics linked with Karoo-Ferrar volcanism and astronomical cycles during Pliensbachian-Toarcian (Early Jurassic)[J]. Global and Planetary Change, 170:163-171.

IKEDA M, HORI R S, 2014. Effects of Karoo-Ferrar volcanism and astronomical cycles on the Toarcian Oceanic Anoxic Events (Early Jurassic)[J]. Palaeogeography, Palaeoclimatology, Palaeoecology, 410:134-142.

ISSAH M, UMEJESI I, 2019. Uranium mining and sense of community in the Great Karoo:Insights from local narratives[J]. The Extractive Industries and Society, 6(1):171-180.

JOHNSON M R, VAN VUUREN C J, HEGENBERGER W F, et al., 1996. Stratigraphy of the Karoo Supergroup in southern Africa:An overview[J]. Journal of African Earth Sciences, 23(1):3-15.

JOURDAN F, FÉRAUD G, BERTRAND H, et al., 2006. Basement control on dyke distribution in large igneous provinces:Case study of the Karoo triple junction[J]. Earth and Planetary Science Letters, 241(1):307-322.

JOURDAN F, FÉRAUD G, BERTRAND H, et al., 2007. Distinct brief major events in the Karoo large igneous province clarified by new $^{40}Ar/^{39}Ar$ ages on the Lesotho basalts[J]. Lithos, 98(1):195-209.

JOURDAN F, FÉRAUD G, BERTRAND H, et al., 2004. The Karoo triple junction questioned:evidence from Jurassic and Proterozoic $^{40}Ar/^{39}Ar$ ages and geochemistry of the giant Okavango dyke swarm (Botswana)[J]. Earth and Planetary Science Letters, 222(3):989-1006.

KATAKA M O, MATIANE A R, ODHIAMBO B D O, 2018. Chemical and mineralogical characterization of highly and less reactive coal from Northern Natal and Venda-Pafuri coalfields in South Africa[J]. Journal of African Earth Sciences, 137:278-285.

KEAY-BRIGHT J, BOARDMAN J, 2006. Changes in the distribution of degraded land over time in the central Karoo, South Africa[J]. CATENA, 67(1):1-14.

KEAY-BRIGHT J, BOARDMAN J, 2009. Evidence from field-based studies of rates of soil erosion on degraded land in the central Karoo, South Africa[J]. Geomorphology, 103(3):455-465.

KERAKA G R, MACHEYEKI A S, SHABAN M, 2024. Morphostructure, paleostress and kinematics of the southern Kilombero Rift Basin, southern Tanzania[J]. Journal of African Earth Sciences,211:105189.

KREUSER T, WOPFNER H, KAAYA C Z, et al., 1990. Depositional evolution of Permo-Triassic Karoo basins in Tanzania with reference to their economic potential[J]. Journal of African Earth Sciences (and the Middle East),10(1):151-167.

LAKSHMINARAYANA G, 2015. Geology of barcode type coking coal seams, Mecondezi Sub-Basin, Moatize Coalfield, Mozambique[J]. International Journal of Coal Geology,146:1-13.

LE GALL B, TSHOSO G, DYMENT J, et al., 2005. The Okavango giant mafic dyke swarm (NE Botswana): its structural significance within the Karoo large igneous province [J]. Journal of Structural Geology,27(12):2234-2255.

LE ROUX J P, HAMBLETON-JONES B B, 1991. The analysis of termite hills to locate uranium mineralization in the Karoo Basin of South Africa[J]. Journal of Geochemical Exploration,41(3):341-347.

LEHMANN J, MASTER S, RANKIN W, et al., 2015. Regional aeromagnetic and stratigraphic correlations of the Kalahari Copperbelt in Namibia and Botswana[J]. Ore Geology Reviews,71:169-190.

LEKULA M, LUBCZYNSKI M W, SHEMANG E M, 2018. Hydrogeological conceptual model of large and complex sedimentary aquifer systems-central Kalahari Basin[J]. Physics and Chemistry of the Earth, Parts A/B/C,106:47-62.

LEWIS C A, 2011. Late Quaternary environmental phases in the Eastern Cape and adjacent Plettenberg Bay-Knysna region and Little Karoo, South Africa[J]. Proceedings of the Geologists' Association,122(1):187-200.

LIANG C, LIU X, KRAMERS J D, et al., 2021. Deformation characteristics, kinematic analysis, and formation ages of gneissose Palala granite in the Palala Shear Zone, southern boundary of the Central Zone, Limpopo Belt, South Africa[J]. Journal of African Earth Sciences,175:104092.

LINOL B, DE WIT M J, BARTON E, et al., 2016. U-Pb detrital zircon dates and source provenance analysis of Phanerozoic sequences of the Congo Basin, central Gondwana[J]. Gondwana Research,29(1):208-219.

LIU J, CAO J, HU G, et al., 2020. Water-level and redox fluctuations in a SIChuan Basin lacustrine system coincident with the Toarcian OAE[J]. Palaeogeography, Palaeoclimatology, Palaeoecology,558:109942.

LOMBARD M, DE BRUIN D, ELSENBROEK J H, 1999. High-density regional geochemical mapping of soils and stream sediments in South Africa[J]. Journal of Geochemical Exploration,66(1):145-149.

LOVECCHIO J P, ROHAIS S, JOSEPH P, et al., 2020. Mesozoic rifting evolution of

SW Gondwana:A poly-phased,subduction-related,extensional history responsible for basin formation along the Argentinean Atlantic margin[J]. Earth-Science Reviews,203:103138.

LUCAS S G,2009. Timing and magnitude of tetrapod extinctions across the Permo-Triassic boundary[J]. Journal of Asian Earth Sciences,36(6):491-502.

LUKICH V,ECKER M,2022. Pleistocene environments in the southern Kalahari of South Africa[J]. Quaternary International,614:50-58.

LUTTINEN A V,LEAT P T,FURNES H,2010. Björnnutane and Sembberget basalt lavas and the geochemical provinciality of Karoo magmatism in western Dronning Maud Land,Antarctica[J]. Journal of Volcanology and Geothermal Research,198(1):1-18.

LUTTINEN A,KURHILA M,PUTTONEN R,et al.,2022. Periodicity of Karoo rift zone magmatism inferred from zircon ages of silicic rocks:Implications for the origin and environmental impact of the large igneous province[J]. Gondwana Research,107:107-122.

LYONS R P,KROLL C N,SCHOLZ C A,2011. An energy-balance hydrologic model for the Lake Malawi Rift Basin,East Africa[J]. Global and Planetary Change,75(1):83-97.

LÓPEZ-GAMUNDÍ O, CISTERNA G A, STERREN A F, 2023. Tracking the Eurydesma Fauna transgression across southwestern Gondwana[J]. Sedimentary Geology,458:106535.

LÓPEZ-GAMUNDÍ O,2006. Permian plate margin volcanism and tuffs in adjacent basins of west Gondwana:Age constraints and common characteristics[J]. Journal of South American Earth Sciences,22(3):227-238.

MABITJE M S,OPUWARI M,2023. Determination of total organic carbon content using Passey's method in coals of the central Kalahari Karoo Basin,Botswana[J]. Petroleum Research,8(2):192-204.

MAES S M,FERRÉ E C,TIKOFF B,et al.,2008. Rock magnetic stratigraphy of a mafic layered sill:A key to the Karoo volcanics plumbing system[J]. Journal of Volcanology and Geothermal Research,172(1):75-92.

MAHOOANA P E,MOROENG O M,WAGNER N J,2022. Petrology of the A and B Seams,Ermelo Coalfield(South Africa):Indications for changing palaeoenvironmental and sedimentary conditions[J]. International Journal of Coal Geology,263:104135.

MANZUNZU B,MIDZI V,MULABISANA T F,et al.,2019. Seismotectonics of South Africa[J]. Journal of African Earth Sciences,149:271-279.

MASON T R,CHRISTIE A D M,1986. Palaeoevironmental significance of ichnogenus diplocraterion torell from the Permian Vryheid Formation of the Karoo Supergroup,South Africa[J]. Palaeogeography,Palaeoclimatology,Palaeoecology,52(3):249-265.

MASTER S, BEKKER A, HOFMANN A, 2010. A review of the stratigraphy and geological setting of the Palaeoproterozoic Magondi Supergroup,Zimbabwe-Type locality for the Lomagundi carbon isotope excursion[J]. Precambrian Research,182(4):254-273.

MATENDE K N,ATEKWANA E,MICKUS K,et al.,2021. Crustal and thermal structure of the Permian-Jurassic Luangwa-Lukusashi-Luano Rift, Zambia: Implications for strain localization in magma-Poor continental rifts[J]. Journal of African Earth Sciences, 175:104090.

MATMON A, HIDY A J, VAINER S, et al., 2015. New chronology for the southern Kalahari Group sediments with implications for sediment-cycle dynamics and early hominin occupation[J]. Quaternary Research, 84(1):118-132.

MCCLINTOCK M, WHITE J D L, HOUGHTON B F, et al., 2008. Physical volcanology of a large crater-complex formed during the initial stages of Karoo flood basalt volcanism, Sterkspruit, Eastern Cape, South Africa[J]. Journal of Volcanology and Geothermal Research, 172(1):93-111.

MEADOWS M E, 2003. John Acocks and the expanding Karoo hypothesis[J]. South African Journal of Botany, 69(1):62-67.

MEES F, VAN RANST E, 2011. Euhedral sparitic calcite in buried surface horizons in lake basins, southwestern Kalahari, Namibia[J]. Geoderma, 163(1):109-118.

MILLESON M, MYERS T S, TABOR N J, 2016. Permo-carboniferous paleoclimate of the Congo Basin: Evidence from lithostratigraphy, clay mineralogy, and stable isotope geochemistry[J]. Palaeogeography, Palaeoclimatology, Palaeoecology, 441:226-240.

MODESTO S P, BOTHA-BRINK J, 2010. Problems of correlation of South African and South American tetrapod faunas across the Permian-Triassic boundary[J]. Journal of African Earth Sciences, 57(3):242-248.

MOLEZZI M G, HEIN K A A, MANZI M S D, 2019. Mesoarchaean-Palaeoproterozoic crustal-scale tectonics of the central Witwatersrand basin-Interpretation from 2D seismic data and 3D geological modelling[J]. Tectonophysics, 761:65-85.

MOROENG O M, MURATHI B, WAGNER N J, 2024. Enrichment of rare earth elements in epigenetic dolomite occurring in contact metamorphosed Witbank coals (South Africa)[J]. International Journal of Coal Geology, 282:104405.

MULIBO G D, 2022. Seismotectonics and active faulting of Usangu Basin, East African rift system, with implications for the rift propagation[J]. Tectonophysics, 838:229498.

NGWENYA N S, TAPPE S, 2021. Diamondiferous lamproites of the Luangwa Rift in central Africa and links to remobilized cratonic lithosphere[J]. Chemical Geology, 568:120019.

NILSEN O, DYPVIK H, KAAYA C, et al., 1999. Tectono-sedimentary development of the (Permian) Karoo sediments in the Kilombero Rift Valley, Tanzania[J]. Journal of African Earth Sciences, 29(2):393-409.

NJINJU E A, KOLAWOLE F, ATEKWANA E A, et al., 2019. Terrestrial heat flow in the Malawi Rifted Zone, East Africa: Implications for tectono-thermal inheritance in continental rift basins[J]. Journal of Volcanology and Geothermal Research, 387:106656.

NKODIA H M D,BOUDZOUMOU F,MIYOUMA T,et al.,2024. Brittle faulting and tectonic stress history on the western margin of the Congo Basin between Kinshasa and Brazzaville:Implications for the evolution of the Malebo Pool and the Congo River[J]. Tectonophysics,877:230282.

NYAMBE I A,1999. Tectonic and climatic controls on sedimentation during deposition of the Sinakumbe group and Karoo supergroup,in the Mid-Zambezi Valley Basin,southern Zambia[J]. Journal of African Earth Sciences,28(2):443-463.

OESTERLEN P M,BLENKINSOP T G,1994. Extension directions and strain near the failed triple junction of the Zambezi and Luangwa Rift zones,southern Africa[J]. Journal of African Earth Sciences,18(2):175-180.

OLDKNOW C J,OLDFIELD F,CARR A S,et al.,2020. Palustrine Wetland Formation during the MIS 3 interstadial:Implications for preserved alluvial records in the South African Karoo[J]. Sedimentary Geology,405:105698.

ORPEN J L,SWAIN C J,NUGENT C,et al.,1989. Wrench-fault and half-graben tectonics in the development of the Palaeozoic Zambezi Karoo Basins in Zimbabwe-the "Lower Zambezi" and "Mid-Zambezi" basins respectively-and regional implications[J]. Journal of African Earth Sciences (and the Middle East),8(2):215-229.

OSUKUKU G A,OSINOWO O O,SONIBARE W A,et al.,2023. Using seismic and well data to constrain hydrocarbon trap potential of offshore Lamu Basin,Kenya[J]. Energy Geoscience,4(3):100196.

OWUSU A P C,ROBERTS E M,JELSMA H A,2016. Late Jurassic-Cretaceous fluvial evolution of central Africa:Insights from the Kasai-Congo Basin,Democratic Republic Congo [J]. Cretaceous Research,67:25-43.

PAZOS P J,2002. Palaeoenvironmental Framework of the Glacial-Postglacial Transition (Late Paleozoic) in the Paganzo-Calingasta Basin (Southern South America) and the Great Karoo-Kalahari Basin (Southern Africa):Ichnological implications[J]. Gondwana Research, 5(3):619-640.

PEECOOK B R,BRONSON A W,OTOO B K A,et al.,2021. Freshwater fish faunas from two Permian rift valleys of Zambia,novel additions to the ichthyofauna of southern Pangea[J]. Journal of African Earth Sciences,183:104325.

PERCIVAL L M E,WITT M L I,MATHER T A,et al.,2015. Globally enhanced mercury deposition during the end-Pliensbachian extinction and Toarcian OAE:A link to the Karoo-Ferrar large igneous province[J]. Earth and Planetary Science Letters,428:267-280.

PEREIRA Z,FERNANDES P,LOPES G,et al.,2019. Palynology of the Muarádzi Sub-Basin,Moatize-Minjova Coal Basin,Karoo Supergroup,Mozambique[J]. Review of Palaeobotany and Palynology,269:78-93.

PETRY T S, PHILIPP R P, JAMAL D L, et al. , 2022. U-Pb and Lu-Hf zircon data of the grenvilian arc-related Zâmbué, Fíngoè and Cazula supracrustal complexes, Southern Irumide belt, NW Mozambique[J]. Precambrian Research, 381:106860.

PIRAJNO F, 2020. Subaerial hot springs and near-surface hydrothermal mineral systems past and present, and possible extraterrestrial analogues[J]. Geoscience Frontiers, 11(5): 1549-1569.

PULLEY S, ROWNTREE K, 2016. The use of an ordinary colour scanner to fingerprint sediment sources in the South African Karoo[J]. Journal of Environmental Management, 165:253-262.

QIU R, FANG L, LV P, et al. , 2023. Long eccentricity forcing of the Late Pliensbachian to Early Toarcian (Jurassic) terrestrial wildfire activities in the Tarim Basin, northwestern China[J]. Palaeogeography, Palaeoclimatology, Palaeoecology, 613:111408.

RAINAUD C, MASTER S, ARMSTRONG R A, et al. , 2005. Geochronology and nature of the Palaeoproterozoic basement in the Central African Copperbelt (Zambia and the Democratic Republic of Congo), with regional implications[J]. Journal of African Earth Sciences, 42(1):1-31.

RAKOTOSOLOFO N A, TORSVIK T H, ASHWAL L D, et al. , 1999. The Karoo Supergroup revisited and Madagascar-Africa fits[J]. Journal of African Earth Sciences, 29 (1):135-151.

RAMPINO M R, ESHET-ALKALAI Y, KOUTAVAS A, et al. , 2020. End-Permian stratigraphic timeline applied to the timing of marine and non-marine extinctions[J]. Palaeoworld, 29(3):577-589.

RAO N V C, BURGESS R, LEHMANN B, et al. , 2011. $^{40}Ar/^{39}Ar$ ages of mafic dykes from the Mesoproterozoic Chhattisgarh Basin, Bastar craton, Central India: Implication for the origin and spatial extent of the Deccan large igneous province[J]. Lithos, 125(3): 994-1005.

RETALLACK G J, 2021. Multiple Permian-Triassic life crises on land and at sea[J]. Global and Planetary Change, 198:103415.

RICARDI-BRANCO F, ROHN R, LONGHIM M E, et al. , 2016. Rare Carboniferous and Permian glacial and non-glacial bryophytes and associated lycophyte megaspores of the Paraná Basin, Brazil: A new occurrence and paleoenvironmental considerations[J]. Journal of South American Earth Sciences, 72:63-75.

RINGROSE S, HARRIS C, HUNTSMAN-MAPILA P, et al. , 2009. Origins of strandline duricrusts around the Makgadikgadi Pans (Botswana Kalahari) as deduced from their chemical and isotope composition[J]. Sedimentary Geology, 219(1):262-279.

ROGERS R R, ROGERS K C, MUNYIKWA D, et al. , 2004. Sedimentology and taphonomy of the Upper Karoo-equivalent Mpandi Formation in the Tuli Basin of

Zimbabwe, with a new $^{40}Ar/^{39}Ar$ age for the Tuli basalts[J]. Journal of African Earth Sciences, 40(3): 147-61.

ROUSSOUW N, BIRD M S, PERISSINOTTO R, 2018. Microalgal biomass and composition of surface waterbodies in a semi-arid region earmarked for shale gas exploration (Eastern Cape Karoo, South Africa)[J]. Limnologica, 72: 44-56.

ROWNTREE K M, 2013. The evil of sluits: A re-assessment of soil erosion in the Karoo of South Africa as portrayed in century-old sources[J]. Journal of Environmental Management, 130: 98-105.

RUTHERFORD M C, POWRIE L W, 2010. Severely degraded rangeland: Implications for plant diversity from a case study in Succulent Karoo, South Africa[J]. Journal of Arid Environments, 74(6): 692-701.

SABUNI R A, 2023. Petroleum systems and hydrocarbon potential of the Ruvuma Basin, Tanzania[J]. Geoenergy Science and Engineering, 223: 211588.

SABUNI R, KAGYA M, MTELELA C, 2023. Source-rock evaluation of the Triassic-Jurassic interval of the Tanga Basin, Coastal Tanzania[J]. Geoenergy Science and Engineering, 231: 212327.

SATO A M, LLAMBÍAS E J, BASEI M A S, et al., 2015. Three stages in the Late Paleozoic to Triassic magmatism of southwestern Gondwana, and the relationships with the volcanogenic events in coeval basins[J]. Journal of South American Earth Sciences, 63: 48-69.

SCHANDELMEIER H, BREMER F, HOLL H G, 2004. Kinematic evolution of the Morondava rift basin of SW Madagascar——from wrench tectonics to normal extension[J]. Journal of African Earth Sciences, 38(4): 321-330.

SCHEFFLER K, BUEHMANN D, SCHWARK L, 2006. Analysis of late Palaeozoic glacial to postglacial sedimentary successions in South Africa by geochemical proxies-Response to climate evolution and sedimentary environment[J]. Palaeogeography, Palaeoclimatology, Palaeoecology, 240(1): 184-203.

SCHLUETER T, PICO-OLARKER G, KREUSER T, 1993. A review of some neglected Karoo grabens of Uganda[J]. Journal of African Earth Sciences (and the Middle East), 17(4): 415-428.

SCHNEIDER D A, SCHETSELAAR W M, POWELL J W, et al., 2024. Reconstructing the thermal history of the Morondava Basin, Madagascar, after Gondwanan breakup as resolved through detrital zircon (U-Th)/He and U-Pb geochronology[J]. Marine and Petroleum Geology, 160: 106669.

SCHULTZ C L, MARTINELLI A G, SOARES M B, et al., 2020. Triassic faunal successions of the Paraná Basin, southern Brazil[J]. Journal of South American Earth Sciences, 104: 102846.

SCISCIO L, BORDY E M, HEAD H V, 2020. A Late Triassic aquatic community: Undichna-like and related swimming traces from a freshwater pond in the Lower Elliot Formation of South Africa[J]. Journal of African Earth Sciences, 172:104026.

SCOTT L, BOUSMAN C B, NYAKALE M, 2005. Holocene pollen from swamp, cave and hyrax dung deposits at Blydefontein (Kikvorsberge), Karoo, South Africa[J]. Quaternary International, 129(1):49-59.

SELL B, OVTCHAROVA M, GUEX J, et al., 2014. Evaluating the temporal link between the Karoo LIP and climatic-biologic events of the Toarcian Stage with high-precision U-Pb geochronology[J]. Earth and Planetary Science Letters, 408:48-56.

SELL B, OVTCHAROVA M, GUEX J, et al., 2016. Response to comment on "Evaluating the temporal link between the Karoo LIP and climatic-biologic events of the Toarcian Stage with high-precision U-Pb geochronology"[J]. Earth and Planetary Science Letters, 434:353-354.

SENGER K, BUCKLEY S J, CHEVALLIER L, et al., 2015. Fracturing of doleritic intrusions and associated contact zones: Implications for fluid flow in volcanic basins[J]. Journal of African Earth Sciences, 102:70-85.

SHOKO D S M, 1996. Extension directions and strain near the failed triple junction of the Zambezi and Luangwa Rift zones, southern Africa[J]. Journal of African Earth Sciences, 22(4):617-620.

SHONE R W, BOOTH P W K, 2005. The Cape Basin, South Africa: A review[J]. Journal of African Earth Sciences, 43(1):196-210.

SIDOR C A, MCINTOSH J A, GEE B M, et al., 2023. The Fremouw Formation of Antarctica: Updated vertebrate fossil record and reevaluation of high-latitude Permian-Triassic paleoenvironments[J]. Earth-Science Reviews, 246:104587.

SMITH R M H, ERIKSSON P G, BOTHA W J, 1993. A review of the stratigraphy and sedimentary environments of the Karoo-aged basins of Southern Africa[J]. Journal of African Earth Sciences (and the Middle East), 16(1):143-169.

SPIEKERMANN R, JASPER A, BAMFORD M K, et al., 2022. A fresh look on the morphology of Azaniadendron Rayner: A ligulate lycopsid from the Permian of Gondwana [J]. Review of Palaeobotany and Palynology, 307:104780.

STOLLHOFEN H, GERSCHüTZ S, STANISTREET I G, et al., 1998. Tectonic and volcanic controls on Early Jurassic rift-valley lake deposition during emplacement of Karoo flood basalts, southern Namibia[J]. Palaeogeography, Palaeoclimatology, Palaeoecology, 140(1):185-215.

SUMMONS R E, HOPE J M, SWART R, et al., 2008. Origin of Nama Basin bitumen seeps: Petroleum derived from a Permian lacustrine source rock traversing southwestern Gondwana[J]. Organic Geochemistry, 39(5): 589-607.

SVENSEN H, PLANKE S, CHEVALLIER L, et al., 2007. Hydrothermal venting of greenhouse gases triggering Early Jurassic global warming[J]. Earth and Planetary Science Letters, 256(3): 554-566.

TACK L, WINGATE M T D, LIÉGEOIS J P, et al., 2001. Early Neoproterozoic magmatism (1000~910Ma) of the Zadinian and Mayumbian Groups (Bas-Congo): onset of Rodinia rifting at the western edge of the Congo craton[J]. Precambrian Research, 110(1): 277-306.

TANKARD A, WELSINK H, AUKES P, et al., 2009. Tectonic evolution of the Cape and Karoo basins of South Africa[J]. Marine and Petroleum Geology, 26(8): 1379-1412.

TAPPE S, NGWENYA N S, STRACKE A, et al., 2023. Plume-lithosphere interactions and LIP-triggered climate crises constrained by the origin of Karoo lamproites[J]. Geochimica et Cosmochimica Acta, 350: 87-105.

THOMAS D S G, BURROUGH S L, COULSON S D, et al., 2022. Lacustrine geoarchaeology in the central Kalahari: Implications for Middle Stone Age behaviour and adaptation in dryland conditions[J]. Quaternary Science Reviews, 297: 107826.

THOMAS D S, HOLMES P J, BATEMAN M D, et al., 2002. Geomorphic evidence for late Quaternary environmental change from the eastern Great Karoo margin, South Africa [J]. Quaternary International, 89(1): 151-164.

TURNER B R, 1999. Tectonostratigraphical development of the Upper Karooforeland Basin: Orogenic unloading versus thermally-induced Gondwana rifting[J]. Journal of African Earth Sciences, 28(1): 215-238.

TURUNEN S T, LUTTINEN A V, HEINONEN J S, et al., 2019. Luenha picrites, Central Mozambique-Messengers from a mantle plume source of Karoo continental flood basalts? [J]. Lithos, 346-347: 105152.

VAN DER MERWE G M E, LAKER M C, BÜHMANN C, 2002. Factors that govern the formation of melanic soils in South Africa[J]. Geoderma, 107(3): 165-176.

VAN DER MERWE H, BEZUIDENHOUT H, BRADSHAW P L, 2015. Landscape unit concept enabling management of a large conservation area: A case study of Tankwa Karoo National Park, South Africa[J]. South African Journal of Botany, 99: 44-53.

VAN NIEKERK H S, BEUKES N J, GUTZMER J, 1999. Post-Gondwana pedogenic ferromanganese deposits, ancient soil profiles, African land surfaces and palaeoclimatic change on the Highveld of South Africa[J]. Journal of African Earth Sciences, 29(4): 761-781.

VAN RANST G, FONSECA A C, TACK L, et al., 2022. Exhumation of the passive margin of the DR Congo during pre- and post- Gondwana breakup: Evidence from low-temperature thermochronology, geology and geomorphology[J]. Geomorphology, 398: 108067.

VAN SCHIJNDEL V, CORNELL D H, KARLSSON L, et al., 2011. Baddeleyite geochronology and geochemistry of mafic cobbles from the Dwyka diamictite: New insights into the sub-Kalahari basement, South Africa[J]. Lithos, 126(3): 307-320.